21 世纪高等院校计算机辅助设计规划教材

AutoCAD 2014 实用教程

第 4 版

邹玉堂　路慧彪　刘德良　等编著

U0322671

机 械 工 业 出 版 社

本书介绍了 AutoCAD 2014 的基本内容、使用方法和绘图的技能技巧。

主要内容有：AutoCAD 2014 概述、二维绘图和编辑、绘图技巧、图层的设置与管理、文本标注与尺寸标注、图案填充、块与属性、外部参照与设计中心、三维绘图基础知识、三维建模和操作、输出与打印图形、AutoCAD 的网络功能和 AutoCAD 2014 二次开发基础等。

本书结构严谨，文笔流畅，内容由浅入深、讲解循序渐进，绘图方法简捷实用。本书可作为高等院校、高职、高专等工科院校的教材，也可作为工程技术人员的自学参考书。

本书配有电子教案和素材源文件，需要的教师可登录www.cmpedu.com免费注册、审核通过后下载，或联系编辑索取（QQ：2399929378，电话：010-88379753）。

图书在版编目（CIP）数据

AutoCAD 2014 实用教程 / 邹玉堂等编著. —4 版. —北京：机械工业出版社，2013.8（2019.1 重印）

21 世纪高等院校计算机辅助设计规划教材

ISBN 978-7-111-43594-5

Ⅰ．①A… Ⅱ．①邹… Ⅲ．①AutoCAD 软件－高等学校－教材
Ⅳ．①TP391.72

中国版本图书馆 CIP 数据核字（2013）第 181186 号

机械工业出版社（北京市百万庄大街 22 号 邮政编码 100037）
责任编辑：和庆娣
责任印制：张 博
三河市宏达印刷有限公司印刷
2019年1月第4版·第6次印刷
184mm×260mm·18.75 印张·465 千字
13 801－15 600 册
标准书号：ISBN 978-7-111-43594-5
定价：49.00 元

前　言

AutoCAD 2014 是美国 Autodesk 公司推出的计算机辅助设计软件的最新版本，它以其强大的二维绘图功能、增强的三维建模功能、直观的使用方法、稳定的性能和便利的交互式操作风格赢得了广大用户的喜爱。AutoCAD 自 1982 年推出以来，经过不断改进与完善，使 AutoCAD 2014 较以前版本，功能更为强大，操作更加方便。AutoCAD 是当今科技工作者用得最为广泛的 CAD 产品之一，广泛应用于机械、电气、建筑、造船、航空航天、冶金、轻工、电子、土木工程、石油化工、地质、气象、纺织等领域。

AutoCAD 是一种功能强大的绘图软件，使用它能够绘制出符合我国国家标准要求的工程图样。本书将国家标准 GB/T 18229—2000《CAD 工程制图规则》的相关规定有机地融入书中。通过本书的学习，读者既学习了计算机绘图的技能和技巧，又掌握了计算机绘制工程图样的标准要求，可谓一举两得。

本书采用中文版软件，以方便我国读者使用。在每一个命令、术语或提示第一次出现时，都给出了对应的英文翻译，以便于使用英文版的读者参考。

本书编者多年来一直从事 AutoCAD 的教学与科研工作，积累了丰富的教学经验，掌握了娴熟的绘图技能和技巧，并使用 AutoCAD 软件设计与绘制了大量的工程图样。本书力争使用最精练的语言、最合理的结构、最通俗易懂的使用方法将 AutoCAD 2014 介绍给广大的读者。

为便于阅读，本书给出如下约定：

1）AutoCAD 2014 的命令行输入使用大、小写字母均可，为便于统一，本书一律采用大写字母。

2）本书采用"↵"符号作为按〈Enter〉键的符号。

本书是在第 3 版的基础上，根据 AutoCAD 2014 版本软件的当前变化情况，在内容上进行了相应的增加、删减或调整。

本书主要由邹玉堂、路慧彪、刘德良编著，参与编写的还有原彬、王淑英、曹淑华、于彦、孙昂、于哲夫、连峰、苗华迅。本书在编写过程中，得到了机械工业出版社的大力支持，在此表示衷心的感谢。

书中不足与疏漏之处在所难免，恳请广大读者批评指正。

编　者

目　　录

V

第1章　AutoCAD 2014 概述

本章主要内容
- AutoCAD 2014 新增功能
- AutoCAD 2014 的工作界面
- AutoCAD 2014 的文件管理

计算机辅助设计与绘图作为 CAD 的一项重要功能目前已被广泛应用，而 AutoCAD 作为该功能的主流软件也越来越为用户所重视。

1.1　AutoCAD 2014 介绍

AutoCAD 是美国 Autodesk 公司开发的一种交互式计算机辅助设计与绘图软件，AutoCAD 2014 是该软件的最新版本。AutoCAD 具有强大的二维和三维绘图功能，自1982年推出以来，经过不断完善与改进，吸取计算机技术的最新成果，博采众家之长，一直领先于 CAD 软件市场，是当今世界上应用最为广泛的工程绘图软件，在机械、电子、造船、汽车、城市规划、建筑、测绘等许多行业都得到了广泛的应用。

1.1.1　AutoCAD 的主要功能

1. 绘图功能

AutoCAD 是一种交互式的绘图软件，用户可以简单地使用键盘输入或者鼠标单击激活命令，系统会给出提示信息或发出绘图指令，使得计算机绘图变得简单而易学。

用户可以使用基本绘图命令绘制常用的规则图形或形体，还可以通过块插入、CAD 设计中心或网络功能插入标准件或常用图形，使得绘制图形快捷而高效。

辅助绘图功能包括对象捕捉功能（OSNAP）、正交绘图功能（ORTHO）、对象追踪功能（OTRACK）、动态输入（Dynamic Input）等，使得绘图更加方便、快捷与准确。

2. 图形编辑功能

AutoCAD 具有强大的图形编辑功能，通过复制、平移、旋转、缩放、镜像、阵列等图形编辑功能，可以使绘制图形事半功倍，布尔运算使得三维复杂实体的生成变得简单而易于掌握。

3. 三维建模功能

AutoCAD 具有强大的三维建模功能，用来创建用户设计的实体、线框或网格模型，并可用于检查干涉、渲染、执行工程分析等。

4. 尺寸标注功能

工程图样中都需要标注尺寸，AutoCAD 在标注时不仅能够自动给出真实的尺寸，而且可以方便地通过编辑与样式设置来改变尺寸大小、比例和标注式样。

5. 打印输出功能

绘制好图形后，AutoCAD 可以通过绘图机、打印机等打印输出设备将图形显示在纸介质上。

AutoCAD 绘制好的图形还可以用不同的文件格式传输给其他软件使用，便于数据的共享及资源的最大利用。例如，AutoCAD 2014 绘制的三维实体可以传输到 3ds Max 软件中进行渲染或制作动画。

6. 网络传输功能

AutoCAD 具有网络传输功能。使用 Internet 功能，用户可以方便地浏览世界各地的网站，获取有用的信息，可以下载需要的图形，也可以将绘制好的图形通过网络传输出去，还可以实现多用户对图形资源的共享。

7. 二次开发功能

AutoCAD 具有通用性、易用性，但对于特定的行业，如机械、建筑，在计算机辅助设计中又有特殊的要求。AutoCAD 允许用户和开发者采用 AutoLISP、ObjectARX、VBA 等高级编程语言对其进行扩充和修改（二次开发），能最大限度地满足用户的特殊要求。

1.1.2　AutoCAD 2014 的主要配置及运行环境

AutoCAD 2014 安装和运行于 Windows7/8、Windows XP 或 Windows Vista 操作系统，在安装时，自动检测 Windows 操作系统是 32 位还是 64 位。Web 浏览器要求安装具有 Service Pack 4 以上或更高版本的 Microsoft Internet Explorer 7.0。

硬件推荐 CPU 的主频 1.6GHz 以上，内存 2GB 以上，显示器的最低分辨率为 1600×1050 像素，硬盘空间 6GB 以上。

使用大型数据集、点云和 3D 建模需要更高的配置。如要求主频 3.0GHz 以上，内存 4GB 以上，1280×1024 真彩色视频显示适配器内存 128 MB 或更高，支持 Pixel Shader 3.0 或更高版本的 Microsoft 的 Direct3D 功能的工作站级图形卡等。

1.2　AutoCAD 2014 新增功能介绍

AutoCAD 2014 相比以前的版本新增了许多功能，原有的功能也在许多方面得到加强。AutoCAD 2014 在界面、工作空间、面板、选项板、图形管理、图层、网络等方面进行了改进。通过这些改进，用户可以更快、更轻松、更有效地进行设计和绘图。新增和改进功能主要体现在以下几个方面。

1.2.1　增强的命令行功能

命令行得到了增强，可以提供更智能、更高效的访问命令和系统变量。而且，用户可以使用命令行来找到诸如阴影图案、可视化风格以及联网帮助等内容。命令行的颜色和透明度可以随意改变。它在浮动模式下很好使用，同时也做得更小。其半透明的提示历史可显示多达 50 行。

1. 自动更正

如果命令输入错误，不会再显示"未知命令"，而是会自动更正成最接近且有效的

AutoCAD 命令。例如，如果用户输入了 LTSKALE，则会自动启动 "LTSCALE" 命令。

2．协助输入

协助用户输入命令，支持中间字符搜索。例如，如果用户在命令行中输入 SET，那么在弹出的命令建议列表中将显示所有包含 SET 字符串的命令，而不是只显示以 SET 为字头的命令，如图 1-1 所示。

图 1-1　命令行的协助输入功能

上述各命令在建议列表中的排列顺序最初是基于大多数用户使用频率的默认排序，而后会按照具体用户的使用频率进行调整，以适应不同用户的使用习惯。

如果找不到包含用户输入字符的命令，则会在同义词列表中找到匹配的命令，并返回该命令。例如，如果用户输入 "PARALLEL"，AutoCAD 2014 会找到 "OFFSET" 命令；输入 "BOOLEAN"，AutoCAD 2014 会找到 "UNION" 命令。

用户可以使用管理选项卡的 "编辑别名" 工具添加自行规定的命令别名，还可以添加自定义的同义词到同义词列表中，"编辑别名" 下拉菜单如图 1-2 所示。

图 1-2　"编辑别名" 下拉菜单

3．在帮助或互联网上搜索命令信息

用户可以在建议列表中快速搜索命令或系统变量的更多信息。移动光标到列表中的命令或系统变量上，并选择帮助或网络图标来搜索相关信息。AutoCAD 2014 自动返回当前词的互联网搜索结果，如图 1-3 所示。

图 1-3　在帮助或互联网上搜索命令信息

4．访问用户自定义模块

用户可以使用命令行访问图层、图块、阴影图案/渐变、文字样式、尺寸样式和可视样式。例如，如果用户已建立了一个命名为"my-dimstyle1"的标注样式，在命令行中输入"my-dimstyle1"就可以快速地从建议列表中设置它，如图 1-4 所示。

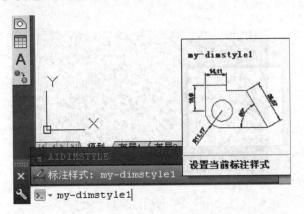

图 1-4　在命令行设置尺寸标注样式

5．输入设置

右键单击命令行时，可以通过弹出的快捷菜单来自定义命令行动作。

1.2.2　文件选项卡

AutoCAD 2014 提供了文件选项卡，它在打开的文件间切换或创建新文件时非常方便。用户可以使用"视图"功能区中的"文件选项卡"控件来打开文件选项卡工具条。当文件选项卡打开后，在图形区域上方会显示所有已经打开的文件的标签，如图 1-5 所示。

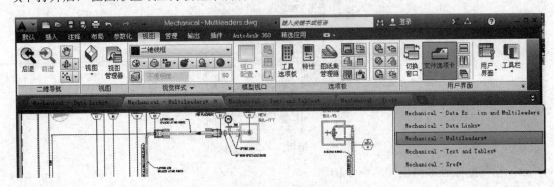

图 1-5　文件选项卡

文件选项卡是以文件打开的顺序来显示的。用户可以拖动标签来更改他们之间的位置。如果没有足够的空间来显示所有的文件标签，此时会在其右端出现一个浮动菜单来访问更多打开的文件。

如果标签上有一个锁定的图标，则表明该文件是以只读的方式打开的。如果有个冒号则表明自上一次保存后此文件被修改过。当用户把光标移到文件标签上时，可以预览该图形的模型和布局。如果用户把光标移到预览图形上时，则相对应的模型或布局就会在图形区域临时显示出来，并且打印和发布工具在预览图中也是可用的。

文件标签的快捷菜单可以新建、打开或关闭文件，包括可以关闭除所单击文件外的其他所有已打开的文件。用户也可以复制文件的全路径到剪贴板或打开资源管理器并定位到该文件所在的目录。

标签右侧的加号"+"图标可以使用户更容易地新建图形，在图形新建后其标签会自动添加进来。

1.2.3 图层合并

在图层管理器上新增了合并选择，它可以从图层列表中选择一个或多个图层并将在这些层上的对象合并到另外的图层上，而被合并的图层将会自动被清理掉，被合并的图层中所绘制的对象特性会更改至与目标图层相一致，如图1-6和图1-7所示。

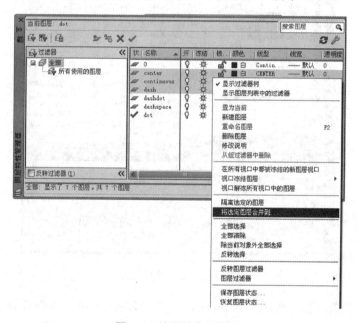

图1-6　选择被合并图层

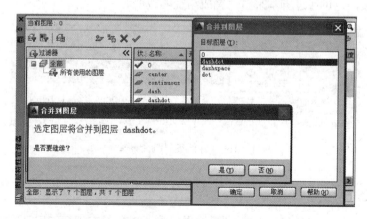

图1-7　选择目标图层

1.2.4 外部参照增强

在AutoCAD 2014 中，加强了外部参照图形的线型和图层的显示功能。外部参照线型不再显示在功能区或属性选项板上的线型列表中，外部参照图层仍然会显示在功能区中以便用户控制它们的可见性，但它们已不在属性选项板中显示。用户可以通过双击"类型"列表改变外部参照的附着类型，在"附着"和"覆盖"之间切换。右键快捷菜单中的一个新选项"外部参照类型"可以使用户在同一时间对多个选择的外部参照改变外部参照类型，如图 1-8 所示。

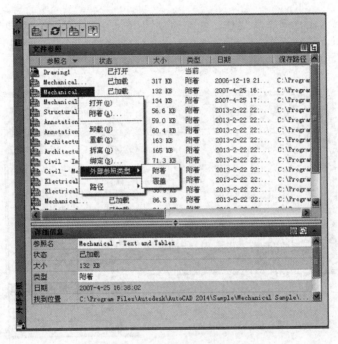

图 1-8　外部参照列表

"外部参照"选项板包含了一个新工具，它可轻松地将外部参照路径改为"绝对"或"相对"路径，也可以完全删除路径，如图 1-9 所示。此外，"XREF"命令包含了一个新的PATHTYPE 选项，也可通过脚本来自动完成路径的改变。

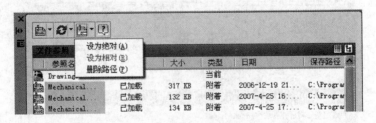

图 1-9　外部参照路径设置

1.2.5　点云支持

点云功能在 AutoCAD 2014 中得到了增强。除了以前版本支持的 PCG 和 ISD 格式外，

AutoCAD 2014 还支持插入由 Autodesk ReCap 产生的点云投影（RCP）和扫描（RCS）文件。用户可以使用从"插入"功能区的"点云"面板上的"附着"命令来插入点云文件，如图 1-10 所示。

图 1-10　插入点云文件

插入点云文件后，选中点云会显示点云编辑选项卡，使得操作点云更为容易。用户可以基于以下几种方式来改变点云的着色风格：原有扫描颜色（扫描仪捕捉到的色彩）、对象彩色（指定给对象的颜色）、普通（基于点的法线方向着色）和强度（点的反射值）。如果普通或强度数据没有被扫描捕获，那这些格式就是无效的。除此之外，更多的裁剪工具显示在功能区上，以利于用户编辑点云的显示区域，如图 1-11 所示。

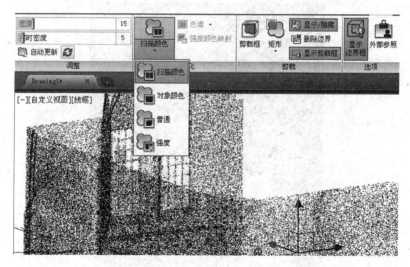

图 1-11　编辑点云文件

1.2.6　受信任位置

恶意可执行代码（也称为恶意软件或病毒）已变得越发普遍并且可能会影响 AutoCAD 用户。如果任其扩散，恶意软件可能会造成知识产权受损并降低工作效率。AutoCAD 2014 安全对策能够最小化执行恶意代码的可能性，方法如下：

1）指定一个或多个唯一只读文件夹路径，授权应用程序能够从这些地址和位置加载和执行。这些地址和位置由"TRUSTEDPATHS"和"TRUSTEDDOMAINS"系统变量控制。

2）限制对 acad2013.lsp 和 acad2013doc.lsp 文件及其后续文件的访问，方法是仅允许它们从其各自默认的安装文件夹（<安装文件夹>\Support 和 <安装文件夹>\support\<语言>）进行加载。

3）在当前 AutoCAD 2014 任务中限制 AutoLISP 和 VBA 应用程序的加载，包括所有 LSP、FAS、VLX 文件和 acad.dvb。加载行为由"SECURELOAD"系统变量控制。

4）在遭受攻击后，可通过在 AutoCAD 2014 启动时完全禁用可执行代码来确保清除过程的安全。此功能由/safemode 启动开关控制并通过只读"SAFEMODE"系统变量来反映。/safemode 开关允许用户安全启动 AutoCAD 2014，以便用户对"SECURELOAD"、"TRUSTEDDOMAINS"和"TRUSTEDPATHS"系统变量进行更改。

1.2.7 其他新增功能

1．实景地图

可以将用户的 DWG 图形与现实的实景地图结合在一起，利用 GPS 等定位方式直接定位到指定位置上去。

2．即时交流社会化合作设计

用户可以在 AutoCAD 2014 中利用即时通信工具，通过网络交互的方式交换设计方案，包括图形文件以及图形文件内的图元图块等，如图 1-12 所示。

图 1-12　即时交流社会化合作设计

3．触屏

AutoCAD 2014 全面支持 Windows 8 操作系统的触屏操作功能。

1.3 AutoCAD 2014 工作界面

启动 AutoCAD 2014，默认进入"草图与注释"界面，此时单击"草图与注释"菜单右侧的小三角形按钮，从弹出的下拉菜单中选择"AutoCAD 经典"→"AutoCAD 经典"命令，如图 1-13 所示，则进入如图 1-14 所示的经典工作界面。

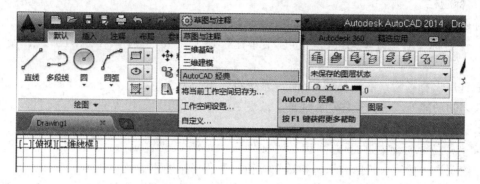

图 1-13 "草图与注释"工作界面

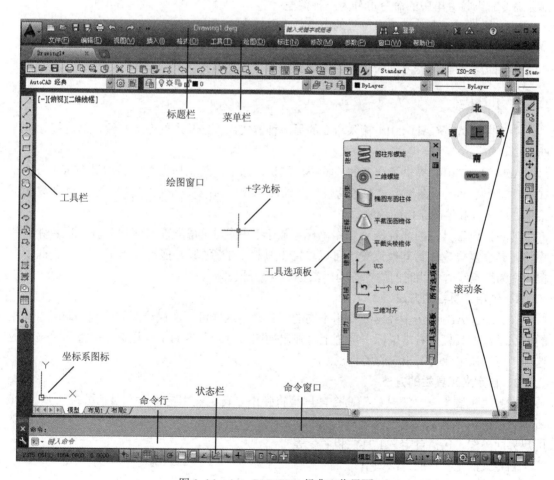

图 1-14 AutoCAD 2014 经典工作界面

AutoCAD 2014 的工作界面主要由标题栏、菜单栏、工具栏、绘图窗口、十字光标、坐标系图标、滚动条、工具选项板、命令行和命令窗口、状态栏等组成。

1.3.1 标题栏和菜单栏

1．标题栏

标题栏在工作界面的最上方，其左端显示软件的图标、名称、版本级别以及当前图形的文件名称，右端 ▬▢✕ 按钮，可以最小化、最大化或者关闭 AutoCAD 2014 的工作界面。

右键单击标题栏（右端按钮除外），系统将弹出一个对话框，除了具有最小化、最大化或者关闭的功能外，还具有移动、还原、改变 AutoCAD 2014 工作界面大小的功能。

2．菜单栏

菜单栏位于标题栏的下方，包括"文件"、"编辑"、"视图"、"插入"、"格式"、"工具"、"绘图"、"标注"、"修改"、"参数"、"窗口"和"帮助"等菜单选项。

单击任一菜单，屏幕将弹出其下拉菜单。利用下拉菜单可以执行 AutoCAD 2014 的绝大部分命令，下拉菜单中的命令可分为三种类型：

- 右边带有一个小三角形符号的命令，表示该命令还有一个次级子菜单
- 右边带有省略符号的命令，表示选择该命令时将弹出一个对话框。
- 右边没有任何符号的命令，表示选择该命令可立即执行相应命令。

1.3.2 工具栏

工具栏是 AutoCAD 2014 输入命令的另一种方式，单击其上的命令按钮，即可执行相应的命令。

AutoCAD 2014 提供了众多的工具栏，默认状态下，其工作界面只显示了"标准"、"样式"、"工作空间"、"图层"、"对象特性"、"绘图"和"修改"七个工具栏，它们分别放置于菜单栏的下方和绘图窗口的两侧。

若想知道工具栏的名称，可以将鼠标停顿于工具栏上的▌位置上，则会显示其名称。若想将工具栏复位或移到其他位置，可以单击工具栏上的▌区域并拖动，当工具栏的边框线由粗线变为细点线时（此时的位置称为"泊位"）松开鼠标即可。

1．调用工具栏的方法

在 AutoCAD 绘图中经常要使用不同的工具栏，这样可以加快绘图的速度。调用工具栏的方法是在工具栏上右击鼠标，屏幕上将弹出如图 1-15 所示的工具栏选项面板，单击相应选项，可以弹出或关闭相应的工具栏。

2．自定义工具栏的方法

选择"视图"→"工具栏"命令，屏幕将弹出"自定义用户界面"对话框，如图 1-16所示。在树状导航窗口中可以选择工具栏、菜单等，用右键打开快捷菜单进行相应的自定义用户界面操作。包括自定义工具栏和命令等。

自定义的工具栏的方法如下：

1）选择"视图"→"工具栏"命令，打开"自定义用户界面"对话框。

2）在树状窗口中选择"工具栏"，右击，从弹出的快捷菜单中选择"新建工具栏"命令，创建新工具栏并命名。

3）从"命令列表"中选择相应的命令，拖到树状窗口中新建的工具栏中即可。完成后

单击"应用"按钮，系统将关闭对话框并自动保存自定义的工具栏。

图 1-15　工具栏选项面板

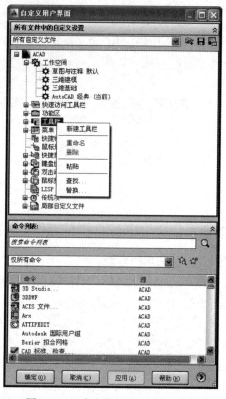

图 1-16　"自定义用户界面"对话框

1.3.3　工具选项板

工具选项板提供组织、共享和放置块以及图案填充的有效方法，如图 1-17 所示。工具选项板还可以包含第三方开发人员提供的自定义工具。

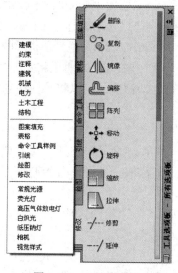

图 1-17　工具选项板

1.3.4 功能区

功能区包括"默认"、"插入"、"注释"、"参数化"、"视图"、"管理"、"输出"、"插件"、"Autodesk360"、"精选应用"10 个功能区，如图 1-18 所示。每个功能区都集成了相关的操作工具，方便了用户的使用。用户可以单击功能区选项后面的 按钮，控制功能的展开与收缩。

图 1-18 功能区

1.3.5 绘图窗口、十字光标、坐标系图标和滚动条

绘图窗口是绘制图形的区域。

绘图窗口内有一个十字光标，其随鼠标的移动而移动，它的功能是绘图、选择对象等。光标十字线的长度可以调整，调整的方法是：

（1）选择"工具"→"选项"下拉菜单（或在命令窗口右击，在弹出的屏幕快捷菜单中选择"选项"），屏幕将弹出"选项"对话框。

（2）选择"显示"选项卡，调整对话框左下角"十字光标大小"窗口的数值（或滑动该窗口右侧的滑块），可以改变十字光标的长度。

绘图窗口的左下角是坐标系图标，它主要用来显示当前使用的坐标系及坐标的方向。

滚动条位于绘图窗口的右侧和底边，单击并拖动滚动条，可以使图纸沿水平或竖直方向移动。

1.3.6 命令行和命令窗口

命令窗口位于绘图窗口的下方，主要用来接受用户输入的命令和显示 AutoCAD 2014 系统的提示信息。默认情况下，命令窗口只显示 1 行命令行。

若想查看以前输入的命令或 AutoCAD 2014 系统所提示的信息，可以单击命令窗口的上边缘并向上拖动，或在键盘上按下〈F2〉快捷键，屏幕上将弹出"AutoCAD 文本窗口"对话框。

AutoCAD 2014 的命令窗口是浮动窗口，可以将其拖动到工作界面的任意位置。

1.3.7 状态栏

状态栏位于 AutoCAD 2014 工作界面的最下边，它主要用来显示 AutoCAD 2014 的绘图状态，如当前十字光标位置的坐标值、绘图时是否打开了正交、对象捕捉、对象追踪等功能。

这些功能的用法请参考本书第 5 章"绘图技巧"。

1.3.8 屏幕快捷菜单

在工作界面的不同位置、不同状态下右击，屏幕上将弹出不同的屏幕快捷菜单，使用屏幕快捷菜单使得绘制、编辑图样更加方便、快捷。

1.4　AutoCAD 2014 图形文件管理

图形文件管理包括建立新的图形文件、打开已有的图形文件、保存现有的图形文件等操作。

AutoCAD 2014 将这 3 种操作的对话框设计成相似的模式，如图 1-19～图 1-21 所示，并在"标准"工具栏上将它们归为一组。

1.4.1　建立新的图形文件

创建一个新的绘图文件，以便于开始绘制一张新图。

1．命令输入方式

命令行：NEW（新建）。

菜单栏：文件→新建。

工具栏：标准→□。

快捷键：Ctrl+N。

2．操作步骤

命令：NEW ↙

屏幕上将弹出"选择样板"对话框，如图 1-19 所示。

图 1-19　"选择样板"对话框

单击"打开"按钮，新建一个绘图文件，文件名将显示在标题栏上。

单击"选择样板"对话框右下角的"打开"按钮右侧的小三角形按钮，将弹出下拉菜单，各选项含义如下：

● "无样板打开—英制(I)"选项：将新建英制无样板打开的绘图文件。

● "无样板打开—公制(M)"选项：将新建公制无样板打开的绘图文件。

● "打开"选项：将新建一个有样板打开的绘图文件。

1.4.2 打开已有的图形文件

打开已经存在的文件，以便于继续绘图、编辑或进行其他操作。

1．命令输入方式

命令行：OPEN（打开）。

菜单栏：文件→打开。

工具栏：标准→📂。

快捷键：Ctrl+O。

2．操作步骤

命令：OPEN ↙

输入命令后，屏幕上将弹出"选择文件"对话框，如图1-20所示。

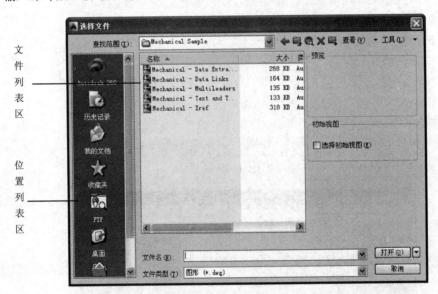

图1-20 "选择文件"对话框

（1）打开文件

单击"查找范围"列表框右侧的小三角形按钮，对话框上将弹出路径列表，选择路径，找到要打开的文件名（此时对话框右上角"预览"窗口将显示该图形），单击"打开"按钮即可打开该图形文件。

AutoCAD 2014允许同时打开多个图形文件，选择"窗口"菜单命令，从弹出的下拉菜单中选择不同的文件名，则已打开的图形文件可以进行切换。

（2）在"位置列表区"中添加或删除文件夹

如图1-20所示对话框左侧的"位置列表区"，提供了对预定义文件夹位置的快速访问。可以将常用的文件夹添加到"位置列表区"，以方便打开文件。

将文件夹添加到"位置列表区"的方法是：在"文件列表区"选择欲添加的文件夹并拖动至"位置列表区"。

若想取消"位置列表区"中的某个文件夹，右击该文件夹，在弹出的快捷菜单中选择"删除"命令即可。

（3）"选择文件"对话框中按钮的含义

- （后退）：返回到上一个文件的位置。
- （向上一级）：回到当前路径树的上一级。
- （搜索 Web）：显示"浏览 Web"选项卡，从中可以访问和存储 Internet 上的 AutoCAD 文件。
- （删除）：删除选定的文件或文件夹。
- （创建新文件夹）：用指定的名称在当前路径中创建一个新文件夹。
- 查看(<u>V</u>) ▼：控制文件列表的外观并指定是否显示预览图形。
- 工具(<u>L</u>) ▼：提供了"查找"、"定位"、"添加/修改 FTP 位置"等工具。

1.4.3 保存现有的图形文件

将现有的图形文件存盘，以备后用。

1．命令输入方式

命令行：SAVE（保存）。

菜单栏：文件→另存为。

工具栏：标准→。

快捷键：Ctrl+S。

2．操作步骤

命令：SAVE↵

输入命令后，屏幕上将弹出"图形另存为"对话框，如图 1-21 所示。

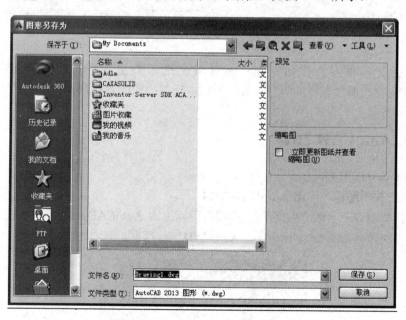

图 1-21 "图形另存为"对话框

（1）保存为不同类型的图形文件

单击"保存于"列表框右侧的小三角形按钮，屏幕上将弹出路径列表，选择保存路径，在"文件名"文本框中输入欲保存图形的文件名,在"文件类型"列表框中选择保存文件的格式(dwg 为"图形"文件,dwt 为"图形模板"文件,dxf 为"图形交换格式"文件),单击"保存"按钮即可保存该图形文件。

(2)自动保存图形

选择"工具"→"选项"菜单命令(或在命令窗口右击,在弹出的快捷菜单中选择"选项"命令),打开"选项"对话框,如图 1-22 所示。

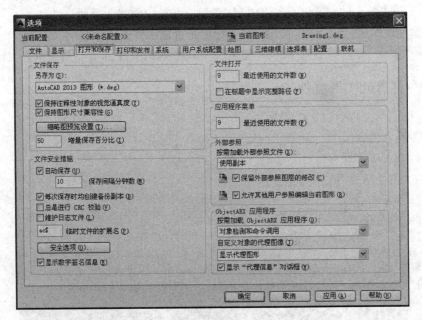

图 1-22 "选项"对话框

单击"打开和保存"按钮,在"文件安全措施"栏内选择"自动保存"项,则 AutoCAD 2014 将按照"保存间隔分钟数"窗口中设置的时间自动保存。

1.5 退出 AutoCAD 2014

退出 AutoCAD 2014 的方法有 4 种。

1. 使用"关闭图标"退出 AutoCAD 2014

单击工作界面右上角的"关闭"按钮 ✕,可以退出 AutoCAD 2014。如果当前图形没有进行过保存,则弹出如图 1-23 所示的"AutoCAD"对话框。

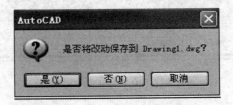

图 1-23 "AutoCAD"对话框

- "是（Y）"按钮，单击此按钮表示要保存文件退出，弹出如图 1-21 所示的"图形另存为"对话框，可以按原名保存，也可以换名保存，单击"保存"按钮即可保存文件退出。
- "否（N）"按钮，单击此按钮，不保存文件退出。
- "取消"按钮，单击此按钮，取消退出操作。

2．使用快捷键退出 AutoCAD 2014

在键盘上按下〈Ctrl+Q〉快捷键，可以退出 AutoCAD 2014。如果当前图形没有进行过保存，其退出的操作步骤与前述所讲相应的操作相同。

3．使用"文件"→"关闭"菜单退出 AutoCAD 2014

选择"文件"→"关闭"菜单命令，可以退出 AutoCAD 2014。如果当前图形没有进行过保存，其退出的操作步骤与前述所讲相应的操作相同。

4．使用 QUIT 命令退出 AutoCAD 2014

在命令行输入"QUIT"命令，然后按〈Enter〉键，可以退出 AutoCAD 2014。如果当前图形没有进行过保存，其退出的操作步骤与前述所讲相应的操作相同。

1.6　习题

1．如何查看命令窗口中的信息？如何调用"文本窗口"？
2．练习调用工具栏的方法。
3．练习创建如图 1-24 所示的工具栏。

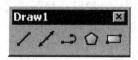

图 1-24　创建工具栏

4．掌握"新建"、"打开"、"保存"和"退出"等 AutoCAD 的功能操作。

第2章 平面绘图

本章主要内容

● AutoCAD 2014 平面绘图的基本知识
● AutoCAD 2014 的二维绘图功能

使用 AutoCAD 正式绘图之前需要进行绘图环境的设置，这是图形绘制的基础工作。主要包括图形单位、坐标系等。而一旦开始绘图，则必须掌握直线、圆和圆弧、矩形、正多边形等基本绘图命令。因为无论多么复杂的图形都是由这些基本的图形组合而成。只有熟练、正确运用这些基本绘图功能，才能使用 AutoCAD 高效地绘图。

2.1 平面绘图基础

绘图的基本知识主要包括命令的输入方式、图形单位和图形界限的设置、坐标系的创建和使用。

2.1.1 绘图界限

设置一个矩形的绘图界限。启用该功能时，绘图只能在界限内进行。

1．命令输入方式

命令行：LIMITS。

菜单栏：格式（F）→图形界限。

2．操作步骤

命令：LIMITS ↵

重新设置模型空间界限：

指定左下角点或 [开(ON)/关(OFF)] <0.0000,0.0000>:（输入左下角点坐标）↵

指定右上角点 <420.0000,297.0000>:（输入右上角点坐标）↵

执行结果：AutoCAD 2014 设置了以左下角点和右上角点为对角点的矩形绘图界限（默认时，AutoCAD 2014 给定的是 A3 图幅的绘图界限）。

若选择"开"（ON），则只能在设定的界限内绘图；若选择"关"（OFF），则绘图没有界限限制（默认状态下，为"关"状态）。

2.1.2 绘图单位

设置绘图使用的长度单位、角度单位以及显示单位的格式和精度等。

1．命令输入方式

命令行：UNITS。

菜单栏：格式（F）→单位。

2．操作步骤

命令：UNITS ↵

屏幕将弹出"图形单位"对话框，如图 2-1 所示。

（1）设置长度单位

"长度"（L）选项区中可以设置绘图的长度单位及其精度。

在"类型"（T）下拉列表中提供了"小数"、"分数"、"工程"、"建筑"、"科学"5 种长度单位类型。其中，"工程"和"建筑"的单位以英制表示。

"精度"（P）下拉列表中可以设置长度值显示时所采用的小数位数或分数大小。

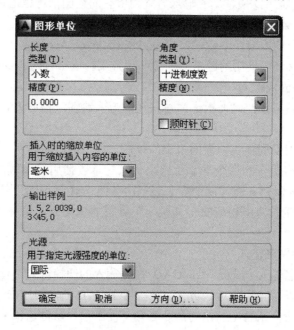

图 2-1 "图形单位"对话框

（2）设置角度单位

"角度"选项区，可以设置绘图的角度格式及其显示精度。

"类型"（Y）下拉列表中提供了"十进制度数"、"弧度"、"度/分/秒"、"百分度"、"勘测单位"5 种角度显示格式。

"精度"（N）可以设置当前角度显示的精度。

勾选"顺时针"（C）复选框，则设置顺时针方向为角度的正方向。

（3）插入时的缩放单位

单击该选项的下拉列表可为插入到当前图形中的块或图形选择插入单位。图形创建时的单位与插入时的单位可以不相同。

（4）输出样例

"输出样例"选项组中显示了当前长度单位和角度设置的样例。

（5）光源

"光源"选项组控制当前图形中光源强度的测量单位。有"国际"、"美国"、"常规"3 种单位。

2.1.3　AutoCAD 2014 常用的命令输入方式

AutoCAD 2014 常用的命令输入方式一般有 4 种，分别为：命令行输入、菜单栏或屏幕菜单输入、工具栏或控制面板输入、快捷键或命令别名输入。可以采用其中的任意一种方式绘图，但绘图的快捷与方便程度是按照上述 4 种方式递增的。

1．命令行输入

在命令窗口中的命令行"命令："后输入绘图命令并按〈Enter〉键，命令行将提示信息或指令，可以根据提示进行相应的操作。

命令行输入是 AutoCAD 最基本的输入方式，所有的绘图都可以通过命令行输入完成。

2．菜单栏或屏幕菜单输入

菜单栏与屏幕菜单的内容是一致的，屏幕菜单是 AutoCAD 采用 Windows 系统以前的模式，可以根据个人的喜好，采用两者中的任意一种方式。该方式比命令行输入更加快捷。

3．工具栏或控制面板输入

可以采用单击工具栏或控制面板上命令按钮的方式绘图，该种方式比菜单栏与屏幕菜单输入方式更加快捷。

但是工具栏的使用受到了工作界面大小的限制，不可能同时将所有的工具栏都打开，而且工具栏上也不可能将所有的命令都显示出来（只显示了使用频率较高的那些命令）。因此只将"标准"工具栏显示，并在控制面板上显示出其他 7 个常用的工具栏。当需要集中执行某些命令时，还可以随时调出相应的工具栏（工具栏的调用方法请见"第 1 章 1.3.2 工具栏"的介绍）。

4．快捷键或命令别名输入

快捷键或命令别名输入方式是 AutoCAD 命令输入的快捷方式。使用这种方式可以不需要工具栏，而采用"清除屏幕"显示功能，一些 AutoCAD 的高级用户喜欢使用这种方式。

需要说明的是：命令别名是简化的命令名称，便于用户从键盘输入命令，操作起来类似于快捷键（如"Line"的命令别名为"L"），所以本书将命令别名与快捷键归为一类。

本书的每一个命令，都按照命令行输入、菜单栏或屏幕菜单输入、工具栏输入、快捷键或命令别名输入的顺序给出，但建议在熟悉各命令以后，尽可能采用后面的输入方式，这样绘图会更加方便和快捷，绘图效率会更高。

另外，在不执行命令的情况下，按〈Enter〉键或在绘图窗口中右击，从弹出的快捷菜单选择相应的命令，都可以重复上一次操作的命令。

2.1.4　坐标系与坐标输入

在 AutoCAD 二维绘图中，一般使用直角坐标系或极坐标系输入坐标值。这两种坐标系，都包含绝对坐标或相对坐标两种形式。

1．直角坐标系

直角坐标系也称笛卡尔坐标系，它有 X、Y 和 Z 三个坐标轴，且两两垂直相交。AutoCAD 二维绘图是在 XY 平面上绘图，X 轴为水平方向，Y 值为竖直方向，两轴的交点为坐标原点，即（0,0）点，默认的坐标原点位于绘图窗口的左下角。

（1）绝对直角坐标

绝对直角坐标是指相对于坐标原点的坐标。输入坐标值时，需要给出相对于坐标系原点沿 X、Y 轴的距离及其方向（正或负）。

要使用绝对直角坐标值指定点，应输入用逗号隔开的 X 值和 Y 值，即（X,Y）。

例如，坐标（5,8）是指在 X 轴正方向距离原点 5 个单位，在 Y 轴正方向距离原点 8 个单位的一个点。

例如，要绘制一条起点为（-20,60），终点为（40,10）的直线，用绝对直角坐标输入的方法为：

命令：LINE ↙

指定第一点：-20,60 ↙

指定下一点或 [放弃(U)]：40,10 ↙

AutoCAD 执行后，绘制了一条直线，如图 2-2 所示。

（2）相对直角坐标

相对直角坐标是基于上一个输入点的。如果知道某点与前一点的位置关系，可以使用相对坐标。要指定相对直角坐标，须在坐标前面添加一个"@"符号。例如，坐标（@10,15）是指在 X 轴正方向距离上一指定点 10 个单位，在 Y 轴正方向距离上一指定点 15 个单位的一个点。

例如，使用相对直角坐标绘制一条直线，该直线起点的绝对坐标为（-30,10），其终点的绝对坐标为（40,50）。用相对直角坐标输入的方法为：

命令：LINE ↙

指定第一点：-30,10 ↙

指定下一点或 [放弃(U)]：@70,40 ↙

AutoCAD 执行后，绘制了一条直线，如图 2-3 所示。

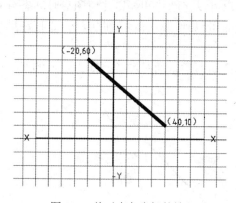
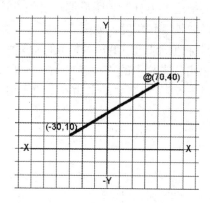

图 2-2　绝对直角坐标的输入　　　　图 2-3　相对直角坐标的输入

2．极坐标系

极坐标系使用距离和角度定位点。

要输入极坐标，须输入距离和角度，并使用小于号("<")隔开。默认情况下，角度逆时针方向为正，顺时针方向为负。例如，输入"10<330"与输入"10<-30"结果相同。

（1）绝对极坐标

绝对极坐标是指相对于坐标原点的极坐标表示。例如，坐标 5<45 是指从 X 轴正方向逆

时针旋转 45°，距离原点 5 个单位的点。

例如，要绘制如图 2-4 所示的两条直线，用绝对极坐标输入的方法为：

命令：LINE ↵

指定第一点：0,0 ↵

指定下一点或 [放弃(U)]：4<120 ↵

指定下一点或 [放弃(U)]：5<30 ↵

（2）相对极坐标

相对极坐标是基于上一个输入点的。例如，相对于前一点距离为 10 个单位，角度为 45°的点，应输入"@10<45"。

例如，要绘制如图 2-5 所示的最后一段直线，用相对极坐标输入的方法为：

指定下一点或 [放弃(U)]：@3<45 ↵

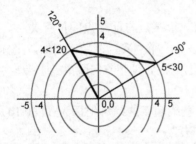 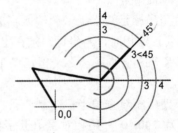

图 2-4　绝对极坐标的输入　　　　图 2-5　相对极坐标的输入

3．坐标的动态输入

启用"动态输入"模式，用户可以直接在光标处快速启动命令、读取提示和输入值，而不需要把注意力分散到图形编辑器外。这使得用户可以在创建和编辑几何图形时动态查看标注值，如长度和角度。如图 2-6 所示，绘制直线时可以利用动态输入的方法，直接在屏幕上输入坐标值。通过〈Tab〉键可在这些值之间切换。

单击状态栏中的"动态输入"按钮 可以切换动态显示的开和关。动态输入的详细内容请参考第 5 章 "5.2.4 动态输入"的介绍。

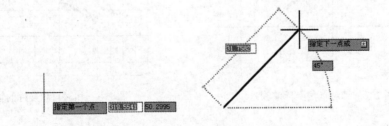

图 2-6　动态输入

4．坐标值的显示

AutoCAD 在工作界面底部的状态栏中显示当前光标位置的坐标值。

也可以选择"工具"→"查询"→"点坐标"菜单命令，然后选中要显示的点，此时命令行将显示该点的坐标值。

2.2 绘制点

"点"的输入是 AutoCAD 最基本的绘图命令,所以绘图命令从点开始介绍。

2.2.1 设置点的显示样式

选择"格式"(F)→"点样式"菜单命令,屏幕上将弹出"点样式"对话框,如图 2-7 所示。

对话框给出了点的 20 种屏幕显示样式,可以任选一种。默认情况下,AutoCAD 给出的是小圆点样式。

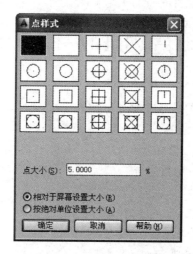

图 2-7 "点样式"对话框

改变对话框上"点大小"右侧文本框的数值,可以改变点样式的大小,其下面两个选项的含义是:

- "相对于屏幕设置大小"单选按钮:选中此单选按钮时,"点大小"右侧文本框的值表示点的尺寸相对于绘图窗口高度的百分比。
- "按绝对单位设置大小"单选按钮:选中此单选按钮时,"点大小"右侧文本框的值表示点样式的绝对尺寸。

2.2.2 绘制单点

执行一次绘制单点命令,只能绘制一个点。

1. 命令输入方式

命令行:POINT。

菜单栏:绘图(D)→点→单点。

2. 操作步骤

命令: POINT↵

当前点模式: PDMODE=3 PDSIZE=0.0000(当前点模式)

指定点:(输入点的坐标或在屏幕适当位置单击)↵

执行结果：在指定位置绘制了一个点，此时命令行将回到命令状态。

2.2.3　绘制多点

执行一次绘制多点命令，可以连续绘制点。

1．命令输入方式

菜单栏：绘图（D）→点→多点。

工具栏：绘图→ ■ 。

2．操作步骤

命令: POINT↵

当前点模式: PDMODE=3　PDSIZE=0.0000（当前点模式）

指定点:（输入点的坐标或在屏幕适当位置单击）↵

执行结果：在指定位置绘制了一个点，此时命令行状态不变，可以继续绘制点。

2.2.4　绘制定数等分点

将指定对象按照指定数目等分或在等分点插入块。

1．命令输入方式

命令行：DIVIDE。

菜单栏：绘图（D）→点→定数等分。

命令别名：DIV。

2．操作步骤

命令：DIVIDE↵

选择要定数等分的对象：（选择要等分的对象）

输入线段数目或 [块]：（输入等分数目）↵

执行结果：将指定对象按照指定数目进行了等分（待读者学完"第 9 章　块与属性"的内容后，再回过来自行练习在等分点插入块的操作）。

如图 2-8 所示，将一直线段定数五等分（注意选择点的显示样式）。

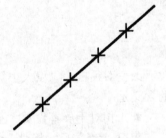

图 2-8　将直线段定数五等分

2.2.5　绘制定距等分点

将指定对象按照指定长度等分或在等分点插入块。

1．命令输入方式

命令行：MEASURE。

菜单栏：绘图（D）→点→定距等分。

命令别名：ME。

2．操作步骤

命令：MEASURE↵

选择要定距等分的对象：（选择要等分的对象）

指定线段长度或 [块]：（输入指定长度）↵

执行结果：将指定对象按照指定长度进行了等分。起始点为靠近鼠标指定点的一端。如图 2-9 所示为将一直线段定距五等分。

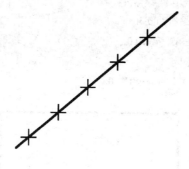

图 2-9　将直线段定距五等分

2.3　绘制线

线是最常用的二维基本图形元素。AutoCAD 中的线包括直线、射线、构造线、多义线等。

2.3.1　绘制直线段

绘制两点确定的直线段。

1. 命令输入方式

命令行：LINE。

菜单栏：绘图（D）→直线段。

工具栏：绘图 →。

命令别名：L。

2. 操作步骤

命令: LINE ↵

指定第一点：（指定第一点）↵

指定下一点或 [放弃](U)：（指定下一点）↵

指定下一点或 [放弃](U)：（指定下一点）↵

指定下一点或 [闭合(C)/放弃(U)]：（指定下一点或输入 C）↵

执行结果：绘制了连续的直线段（输入"C"时，下一点将自动回到起始点，形成封闭图形；输入"U"时，则取消上一步操作）。

【例 2-1】　使用"LINE"命令绘制如图 2-10 所示的图形。

命令: LINE ↵

指定第一点：（指定第一点）50,100↵

指定下一点或 [放弃](U)：85,100↵

指定下一点或 [放弃](U)：85,105↵

指定下一点或 [闭合(C)/放弃(U)]: 110,105↵

指定下一点或 [闭合(C)/放弃(U)]: 110,100↵

指定下一点或 [闭合(C)/放弃(U)]: 120,100↵

指定下一点或 [闭合(C)/放弃(U)]: @0,36↵

指定下一点或 [闭合(C)/放弃(U)]: @-70,0↵

指定下一点 [闭合(C)/放弃(U)]: C↵

执行结果：绘制了如图 2-10 所示的图形。

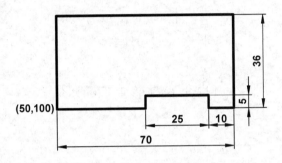

图 2-10 绘制图形

2.3.2 绘制射线

绘制由一点开始向一个方向无限延长的直线。一般用作辅助直线。

1. 命令输入方式

命令行：RAY。

菜单栏：绘图（D）→射线。

2. 操作步骤

命令: RAY ↵

指定起点：（指定起始点）↵

指定通过点：（指定通过点）↵

执行结果：绘制了一条射线。

命令行会继续提示"指定通过点:"，输入通过点后，则会继续画出与第一条射线具有相同起点的射线。

2.3.3 绘制构造线

绘制经过两个点的无限延长直线。一般用作辅助直线。

1. 命令输入方式

命令行：XLINE。

菜单栏：绘图（D）→构造线。

工具栏：绘图 →↗。

命令别名：XL。

2．操作步骤

命令: XLINE ↵

指定点或 [水平(H)/垂直(V)/角度(A)/二等分(B)/偏移(O)]:

各选项含义如下。

（1）指定点

执行该选项，可以通过两个点绘制构造线。

在绘图窗口指定一个点，此时命令行继续提示:

指定通过点：（指定构造线通过的另一点）↵

执行结果：绘制了一条构造线。

此时命令行会继续提示"指定通过点:"，输入通过点后，则会继续画出通过第一点的构造线。

（2）水平（H）

执行该选项，可以通过一个点绘制水平方向构造线。

在键盘上输入"H"并按〈Enter〉键，此时命令行提示:

指定通过点：（指定构造线将通过的一个点）↵

执行结果：绘制了一条水平构造线。

（3）垂直(V)

执行该选项，可以通过一个点绘制竖直方向构造线。

在键盘上输入"V"并按〈Enter〉键，此时命令行提示:

指定通过点：（指定构造线将通过的一个点）↵

执行结果：绘制了一条竖直构造线。

使用指定点、水平和垂直选项绘制的构造线如图 2-11 所示。

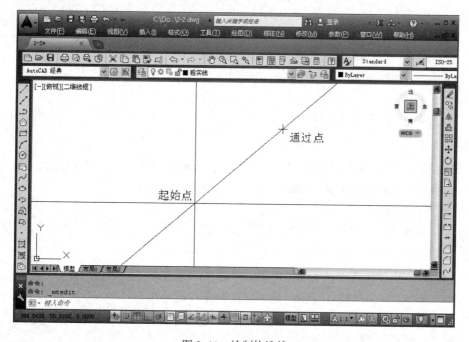

图 2-11　绘制构造线

（4）角度(A)

执行该选项，可以绘制与水平方向成一定角度的构造线。

在键盘上输入"A"并按〈Enter〉键，此时命令行提示：

输入构造线的角度 (0) 或 [参照(R)]:

各选项含义如下：

1）输入构造线的角度 (0)。执行该选项，可以绘制与水平成指定角度的构造线。

输入角度值并按〈Enter〉键，此时命令行提示：

指定通过点：（指定一个通过点）↵

执行结果：绘制了一条与水平成输入角度的构造线。

若默认情况下按〈Enter〉键，则可以绘制水平的构造线。

2）参照(R)。执行该选项，可以绘制与参照直线成一定角度的构造线。

在键盘上输入"R"并按〈Enter〉键，此时命令行提示：

选择直线对象:：（选择一条参照直线）

输入构造线的角度 <0>：（输入与参照直线所夹角度（默认为 0））↵

指定通过点：（指定通过点）↵

执行结果：绘制了一条与参照直线成一定角度的构造线。

（5）二等分(B)

执行该选项，可以绘制一个角的角平分线。

在键盘上输入"B"并按〈Enter〉键，此时命令行提示：

指定角的顶点：（指定角度的顶点）↵

指定角的起点：（指定角度的起点）↵

指定角的端点：（指定角度的端点）↵

执行结果：绘制了一个角的角平分线。

（6）偏移(O)

执行该选项，可以绘制一条已知直线的偏移平行线。

在键盘上输入"O"并按〈Enter〉键，此时命令行提示：

指定偏移距离或 [通过(T)] <通过>:

各选项含义如下：

1）指定偏移距离。执行该选项，可以给定偏移距离来绘制一直线的偏移平行线。

在键盘上输入偏移距离并按〈Enter〉键，此时命令行提示：

选择直线对象：（选择直线对象）↵

指定向哪侧偏移：（指定直线的某一侧）↵

执行结果：绘制了一条距某直线一定距离的平行线。

2）通过(T)。执行该选项，可以绘制通过一点并与某直线平行的直线。

在键盘上输入"T"并按〈Enter〉键，此时命令行提示：

选择直线对象：（选择直线对象）

指定通过点：（指定通过点）↵

执行结果：绘制了一条通过一点并与某直线平行的直线。

2.3.4 绘制二维多义线

绘制连续的等宽或不等宽的直线或圆弧。多义线是一个图形元素。

1．命令输入方式

命令行：PLINE。

菜单栏：绘图（D）→多义线。

工具栏：绘图 →🔧。

2．操作步骤

> 命令: PLINE ↵

指定起点：在绘图窗口指定起始点并按〈Enter〉键，此时命令行提示：

> 当前线宽为 0.0000
>
> 指定下一个点或 [圆弧(A)/半宽(H)/长度(L)/放弃(U)/宽度(W)]:

各选项含义如下。

（1）指定下一个点

执行该选项，可以绘制直线段。

继续指定输入点，则绘制出直线段，此时的操作与"LINE"相同。

（2）圆弧（A）

执行该选项，可以绘制圆弧。

在键盘上输入"A"并按〈Enter〉键，此时命令行提示：

> 指定圆弧的端点或
>
> [角度(A)/圆心(CE)/方向(D)/半宽(H)/直线(L)/半径(R)/第二个点(S)/放弃(U)/宽度(W)]:

各选项含义如下：

- 角度（A）：根据指定的圆弧中心角绘制圆弧。逆时针方向为正。
- 圆心（E）：根据指定的圆心绘制圆弧。
- 方向（O）：根据欲绘制圆弧的起始点切线方向绘制圆弧。
- 半宽（H）：根据设置的圆弧起始与终止的半宽绘制圆弧。
- 直线（L）：绘制方式由圆弧转为直线。
- 半径（R）：根据指定的半径绘制圆弧。
- 第二个点（S）：根据三点绘制圆弧。
- 放弃（U）：撤销上一次所绘制的圆弧。
- 宽度（W）：设置的圆弧起始与终止的宽度。

默认情况下，在命令窗口输入下一个点，即绘制了一个圆弧，该圆弧与多段线的上一段端点相切。此时可以继续输入点绘制圆弧。

（3）半宽（H）

执行该选项，可以设置线段（包括直线和圆弧）的起始与终止的半宽。

在键盘上输入"H"并按〈Enter〉键，此时命令行提示：

> 指定起点半宽 <0.0000>:（输入起点半宽值）↵
>
> 指定端点半宽 <5.0000>:（输入端点半宽值）↵

此时可以继续绘制多义线。

（4）长度（L）

执行该选项，可以沿着原有的直线方向绘制指定的长度（若前一次绘制的是圆弧，则沿着圆弧末端点与十字光标连线的方向绘制线段长度）。

在键盘上输入"L"并按〈Enter〉键，此时命令行提示：

> 指定直线的长度:（输入直线的长度值）↵

此时可以继续绘制多义线。

（5）放弃（U）

执行该选项，可以撤销上一次所绘制的直线段或圆弧。

在键盘上输入"U"并按〈Enter〉键，此时上一次所绘制的圆弧或线段被撤销，可以继续绘制多义线。

（6）宽度（W）

执行该选项，可以设置线段（包括直线和圆弧）的起始与终止宽度。

在键盘上输入"W"并按〈Enter〉键，此时命令行提示：

> 指定起点半宽 <0.0000>:（输入起点宽度值）↵
>
> 指定端点半宽 <5.0000>:（输入端点宽度值）↵

此时可以继续绘制多义线。

【例2-2】 使用"PLINE"命令绘制如图2-12所示的二维多义线。

> 命令：PLINE ↵
>
> 指定起点: 20,30 ↵
>
> 当前线宽为 0.0000
>
> 指定下一个点或 [圆弧(A)/半宽(H)/长度(L)/放弃(U)/宽度(W)]: 20,100 ↵
>
> 指定下一个点或 [圆弧(A)/半宽(H)/长度(L)/放弃(U)/宽度(W)]: W↵
>
> 指定起点宽度 <0.0000>:2 ↵
>
> 指定端点宽度 <0.0000>: 0 ↵
>
> 指定下一个点或 [圆弧(A)/半宽(H)/长度(L)/放弃(U)/宽度(W)]: 20,110 ↵
>
> 指定下一个点或 [圆弧(A)/半宽(H)/长度(L)/放弃(U)/宽度(W)]: ↵
>
> 命令: PLINE
>
> 指定起点: 10,40 ↵
>
> 当前线宽为 0.0000
>
> 指定下一个点或 [圆弧(A)/半宽(H)/长度(L)/放弃(U)/宽度(W)]: 80,40 ↵
>
> 指定下一个点或 [圆弧(A)/半宽(H)/长度(L)/放弃(U)/宽度(W)]: W↵
>
> 指定起点宽度 <0.0000>:2 ↵
>
> 指定端点宽度 <0.0000>: 0 ↵
>
> 指定下一个点或 [圆弧(A)/半宽(H)/长度(L)/放弃(U)/宽度(W)]: 90，40 ↵
>
> 指定下一个点或 [圆弧(A)/半宽(H)/长度(L)/放弃(U)/宽度(W)]: ↵

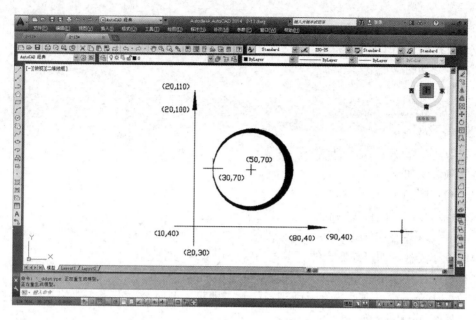

图 2-12　绘制多义线

命令: PLINE ↵

指定起点: 30,70 ↵

当前线宽为 0.0000

指定下一个点或 [圆弧(A)/半宽(H)/长度(L)/放弃(U)/宽度(W)]: W ↵

指定起点宽度 <0.0000>: 0 ↵

指定端点宽度 <0.0000>: 4 ↵

指定下一个点或 [圆弧(A)/半宽(H)/长度(L)/放弃(U)/宽度(W)]: A ↵

指定圆弧的端点或

[角度(A)/圆心(CE)/闭合(CL)/方向(D)/半宽(H)/直线(L)/半径(R)/第二个点(S)/放弃(U)/宽度(W)]: CE ↵

指定圆弧的圆心: 50,70 ↵

指定圆弧的端点或 [角度(A)/长度(L)]: A ↵

指定包含角: -180 ↵

指定圆弧的端点或

[角度(A)/圆心(CE)/闭合(CL)/方向(D)/半宽(H)/直线(L)/半径(R)/第二个点(S)/放弃(U)/宽度(W)]: W ↵

指定起点宽度 <4.0000>: ↵

指定端点宽度 <4.0000>: 0 ↵

指定圆弧的端点或

[角度(A)/圆心(CE)/闭合(CL)/方向(D)/半宽(H)/直线(L)/半径(R)/第二个点(S)/放弃(U)/宽度(W)]: CL

执行结果: 绘制了如图 2-12 所示的多义线。

2.3.5　绘制或修订云线

绘制云线或将封闭图线修订为云线。

1．命令输入方式

命令行：REVCLOUD。

工具栏：绘图→🖰。

2．操作步骤

命令: REVCLOUD ↵

最小弧长: 0.5　　最大弧长: 0.5　　样式: 普通

指定起点或[弧长(A)/对象(O)/样式(S)] <对象>:

各选项含义如下：

（1）指定起点

执行该选项，可以直接绘制云线。此时命令行提示：

沿云线路径引导十字光标...

移动十字光标，即可绘制云线。单击右键停止云线的绘制。

执行结果：绘制了一条云线，如图 2-13a 所示。

要绘制闭合云线，拖动光标返回到它的起点即可，此时命令行提示"修订云线完成"，闭合云线如图 2-13b 所示。

（2）对象（O）

执行该选项，可以将封闭的图形元素修订为云线。

直接按〈Enter〉键或者在键盘上输入"O"并按〈Enter〉键，此时命令行提示：

选择对象: 反转方向 [是(Y)/否(N)] <否>:　（选择欲修订为云线的对象）↵

此时若直接单击右键，则完成云线的绘制；若在键盘上输入"Y"，则将绘制的云线翻转。图 2-13c 所示为将矩形修订为云线的结果。

（3）弧长（A）

执行该选项，可以设置云线的最小和最大弧长。

在键盘上输入"A"并按〈Enter〉键，根据提示，可以指定新的最小和最大弧长，然后可以绘制或者修订云线。默认的弧长最小值和最大值设置均为 0.5000 个单位。弧长的最大值不能超过最小值的 3 倍。

（4）样式（S）

执行该选项，可以设置云线的样式。

直接按〈Enter〉键或者在键盘上输入"S"并按〈Enter〉键，此时命令行提示：

选择圆弧样式 [普通(N)/手绘(C)] <普通>:

"普通"方式绘制是常用的绘制方式，如图 2-13a～c 所示。"手绘"方式是指采用不等宽的线绘制云线，如图 2-13d 所示。

 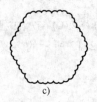 

　　　a)　　　　　　　　　b)　　　　　　　　　c)　　　　　　　　　d)

图 2-13　绘制与修订云线

2.3.6 绘制复合线

复合线是指一组互相平行的线，这些线的线型可以相同，也可以不同。

1．命令输入方式

命令行：MLINE。

菜单栏：绘图（D）→复合线。

命令别名：ML。

2．操作步骤

命令: MLINE ↵

当前设置: 对正 = 上，比例 = 20.00，样式 = STANDARD

指定起点或 [对正(J)/比例(S)/样式(ST)]:

各选项含义如下。

（1）指定起始点

执行该选项，可以绘制复合线。

指定起始点并按〈Enter〉键，此时命令行提示：

指定下一个点：（指定下一个点）↵

指定下一点或 [放弃(U)]:

指定下一点或 [闭合(C)/放弃(U)]:

各选项含义如下：

● 指定下一个点：指定下一个点并按〈Enter〉键，则绘制了一段复合线。

● 放弃（U）：执行该选项，将撤销上一个点。

● 闭合（C）：执行该选项，下一点将自动回到起始点，形成封闭图形。

（2）对正（J）

执行该选项，可以确定复合线的对正方式。

在键盘上输入"J"并按〈Enter〉键，此时命令行提示：

输入对正类型 [上(T)/无(Z)/下(B)] <上>:

"上"选项，在从左向右绘图时，光标在复合线的顶端。

"无"选项，在从左向右绘图时，光标在复合线的中线。

"下"选项，在从左向右绘图时，光标在复合线的底端，如图 2-14 所示。

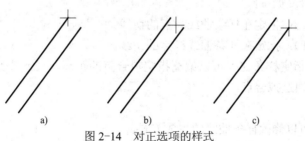

图 2-14　对正选项的样式

a)"上"选项　b)"无"选项　c)"下"选项

（3）比例（S）

执行该选项，可以控制复合线的宽度相对于比例因子的比例，但该比例不影响线型的比例。比例因子以在"复合线样式"定义中建立的宽度为基础，默认时比例因子为1。

（4）样式（ST）

执行该选项，可以设置或查询复合线的样式。默认时，复合线的样式为标准（STANDARD）。

在键盘上输入"ST"并按〈Enter〉键，此时命令行提示：

输入多线样式名或 [?]:

此时，可以输入已有的的复合线样式名，按〈Enter〉键后，使用该样式绘制复合线；也可以输入"？"来查询已有的复合线样式。

设置复合线的命令为"MLSTYLE"，限于篇幅在此不做介绍。

2.3.7 绘制样条曲线

创建非均匀有理 B 样条 NURBS 曲线。可以使用该命令绘制机械图样中的波浪线。

1．命令输入方式

命令行：SPLINE。

菜单栏：绘图（D）→样条曲线。

工具栏：绘图 → $\sim$ 。

命令别名：SPL。

2．操作步骤

命令: SPLINE ↵

当前设置: 方式=控制点　　阶数=3

指定第一个点或 [方式(M)/阶数(D)/对象(O)]:

各选项含义如下。

（1）指定第一个点

在"控制点"模式下执行该选项，可以直接绘制出以指定点为框架的样条曲线。

在"拟合"模式下执行该选项，则系统提示：

输入下一个点或 [起点切向(T)/公差(L)]: （指定下一个点）↵

输入下一个点或 [端点相切(T)/公差(L)/放弃(U)]: （指定下一个点）↵

输入下一个点或 [端点相切(T)/公差(L)/放弃(U)/闭合(C)]: （指定下一个点）↵

其中各选项的含义如下：

● 起点切向（T）：指定在样条曲线起点的切线。

● 端点相切（T）：指定在样条曲线终点的切线。

● 公差（L）：指定样条曲线可以偏离指定拟合点的距离。公差值为 0 时要求生成的样条曲线直接通过拟合点。

（2）方式（M）

执行该选项，可以修改样条曲线的生成方式。

在"指定第一个点或 [方式(M)/阶数(D)/对象(O)]:"提示下，在键盘上输入"M"，并按〈Enter〉键，则命令行提示：

输入样条曲线创建方式 [拟合(F)/控制点(CV)] <拟合>:

采用"拟合"方式定义样条曲线，则生成的样条曲线通过给定的控制点。如图 2-15a 所示。采用"控制点"方式定义样条曲线，生成的样条曲线不通过给定控制点。如图 2-15b 所示。

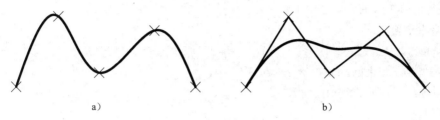

图 2-15　5 个控制点绘制的样条曲线

a）采用"拟合"方式　b）采用"控制点"方式

（3）阶数（D）

执行该选项，可以设置生成的样条去向的多项式阶数。该选项只在控制点模式下才有，是"SPLMETHOD"系统变量的值。

在"指定第一个点或 [方式(M)/阶数(D)/对象(O)]："提示下，在键盘上输入"D"，并按〈Enter〉键，则命令行提示：

输入样条曲线阶数 <3>::（指定多项式的阶数）↵

（4）节点（K）

如果样条曲线的模式为"拟合"，输入"SPLINE"命令后，第二个选项为"节点"。执行该选项，可以控制样条曲线中连续拟合点之间的零部件曲线如何过渡。是"SPLKNOTS"系统变量的值。

在"指定第一个点或 [方式(M)/节点(K)/对象(O)]："提示下，在键盘上输入"K"，并回车，则命令行提示：

输入节点参数化 [弦(C)/平方根(S)/统一(U)] <弦>:

● 弦（C）。（弦长方法）均匀隔开连接每个部件曲线的节点，使每个关联的拟合点之间的距离成正比。

● 平方根（S）。（向心方法）均匀隔开连接每个部件曲线的节点，使每个关联的拟合点之间距离的平方根成正比。此方法通常会产生更"柔和"的曲线。

● 统一（U）。（等间距分布方法）。均匀隔开每个零部件曲线的节点，使其相等，而不管拟合点的间距如何。此方法通常可生成泛光化拟合点的曲线。

（5）对象（O）

执行该选项并选择已有对象，可以将二维或三维的二次或三次样条曲线拟合成多段线或转换成等效的样条曲线。

在键盘上输入"O"并按〈Enter〉键，此时命令行提示：

选择要转换为样条曲线的对象..（选择对象）

可以继续选择对象，按〈Enter〉键停止选择，所选择的对象被转换为样条曲线。

2.3.8　绘制徒手线

绘制徒手线是指绘制不规则的边界线或图线。在徒手绘制之前，先应该指定对象类型

（直线、多段线或样条曲线）、增量和公差。

1．命令输入方式

命令行：SKETCH。

2．操作步骤

命令：SKETCH ↵

类型 = 直线　增量 = 1.0000　公差 = 0.5000

指定草图或 [类型(T)/增量(I)/公差(L)]:

各选项含义如下：

- 类型（T）：指定手画线的对象类型。包括直线、多段线、样条曲线 3 种对象。
- 增量（Z）：定义每条手画直线段的长度。定点设备所移动的距离必须大于增量值，才能生成一条直线。
- 公差（L）：对于样条曲线，指定样条曲线的曲线布满手画线草图的紧密程度。

2.4　绘制矩形

1．命令输入方式

命令行：RECTANG（RECTANGLE）。

菜单栏：绘图（D）→矩形。

工具栏：绘图 →口。

命令别名：REC。

2．操作步骤

命令: RECTANG ↵

指定第一个角点或 [倒角(C)/标高(E)/圆角(F)/厚度(T)/宽度(W)]:

各选项含义如下：

（1）指定第一个角点

指定矩形的一个角点，然后按〈Enter〉键，此时命令行提示：

指定另一个角点或 [面积(A) / 尺寸(D) / 旋转(R)]:

各选项含义如下：

1）指定另一个角点。该选项使用矩形对角线的两个顶点确定矩形。

此时指定矩形的另一个角点，然后按〈Enter〉键。将绘制一个矩形，如图 2-16a 所示。

2）面积（A）。该选项使用矩形的面积和长度或者宽度来确定矩形。

在键盘上输入"A"并按〈Enter〉键，此时命令行提示：

输入以当前单位计算的矩形面积 <100.0000>:（输入矩形面积）↵

计算矩形标注时依据 [长度(L)/宽度(W)] <长度>: L ↵

输入矩形长度 <10.0000>:（输入矩形长度值）↵

在键盘上输入"W"并按〈Enter〉键，则命令行提示"输入矩形宽度"，需要输入矩形宽度。

执行结果：绘制了一个指定面积的矩形。

3）尺寸（D）。按照指定的长宽值绘制一个矩形。

在键盘上输入"D"并按〈Enter〉键，此时命令行提示：

输入矩形长度<10.0000>：（输入矩形长度值）↵

输入矩形宽度<10.0000>：（输入矩形宽度值）↵

指定另一个角点或 [面积(A)/尺寸(D)/旋转(R)]：（移动鼠标确定矩形四个可能位置中的一个）

执行结果：绘制了一个指定长度和宽度值矩形。

4）旋转（R）。该选项为矩形指定一个旋转角度。

在键盘上输入"R"并按〈Enter〉键，此时命令行提示：

指定旋转角度或 [拾取点(P)]：（输入旋转角度）↵

系统接着提示"指定另一个角点或 ［面积(A)/尺寸(D)/旋转(R)]"，重新开始绘制矩形。

在键盘上输入"P"并按〈Enter〉键，则使用两点连线方向来确定旋转的角度。系统命令行提示：

指定第一点：（在屏幕上指定一点）↵

指定第二点：（在屏幕上指定另一点，这两点决定了矩形的一条边的方向）↵

指定另一个角点或 ［面积(A)/尺寸(D)/旋转(R)]：（开始绘制矩形）

执行结果：绘制了一个矩形。

（2）倒角（C）

该选项用来设置矩形的倒角大小。

在键盘上输入"C"并按〈Enter〉键，此时命令行提示：

指定矩形的第一个倒角距离 <0.0000>：（输入矩形的第一个倒角距离）↵

指定矩形的第二个倒角距离 <5.0000>：（输入第二个倒角距离）↵

指定第一个角点或 [倒角(C)/标高(E)/圆角(F)/厚度(T)/宽度(W)]：（指定第一个角点）↵

指定另一个角点或 [面积(A)/尺寸(D)/旋转(R)]：（指定第二个角点）↵

执行结果：绘制了一个带倒角的矩形，如图 2-16b 所示（第一个倒角距离和第二个倒角距离可以相等，也可以不等，图中所示为二者相等的情况）。

（3）圆角（F）

该选项用来设置矩形的圆角大小。

在键盘上输入"F"并按〈Enter〉键，此时命令行提示：

指定矩形的圆角半径 <5.0000>：（输入矩形的圆角半径值）↵

指定第一个角点或 [倒角(C)/标高(E)/圆角(F)/厚度(T)/宽度(W)]：（指定第一个角点）↵

指定另一个角点或 [面积(A)/尺寸(D)/旋转(R)]：（指定第二个角点）↵

执行结果：绘制了一个带圆角的矩形，如图 2-16c 所示。

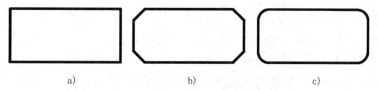

a)   b)   c)

图 2-16 绘制矩形

a）矩形 b）带倒角的矩形 c）带圆角的矩形

（4）标高（E）

该选项用来设置矩形的 Z 坐标值。

在键盘上输入"E"并按〈Enter〉键，此时命令行提示：

指定矩形的标高 <0.0000>:（输入矩形的标高值）↵

指定第一个角点或 [倒角(C)/标高(E)/圆角(F)/厚度(T)/宽度(W)]:（指定第一个角点）↵

指定另一个角点或 [面积(A)/尺寸(D)/旋转(R)]:（指定第二个角点）↵

执行结果：绘制了一个具有一定高度（标高）的矩形，图 2-17 中左侧所示为绘制的 3 个不同标高的矩形（选择"视图"→"三维视图"→"西南等轴测"菜单命令察看）。

（5）厚度（T）

该选项用来设置矩形的高度。

在键盘上输入"T"并按〈Enter〉键，此时命令行提示：

指定矩形的厚度 <0.0000>:（输入矩形的厚度值）↵

指定第一个角点或 [倒角(C)/标高(E)/圆角(F)/厚度(T)/宽度(W)]:（指定第一个角点）↵

指定另一个角点或 [面积(A)/尺寸(D)/旋转(R)]:（指定第二个角点）↵

执行结果：绘制了一个边框具有一定厚度的矩形。如图 2-17 中右侧矩形所示。

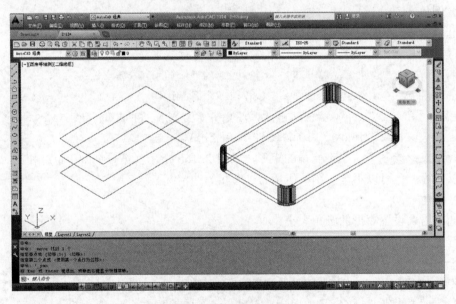

图 2-17　绘制标高矩形

（6）宽度（W）

该选项用来设置矩形的宽度。

在键盘上输入"W"并按〈Enter〉键，此时命令行提示：

指定矩形的宽度<0.0000>:（输入矩形的线宽值）↵

指定第一个角点或 [倒角(C)/标高(E)/圆角(F)/厚度(T)/宽度(W)]:（指定第一个角点）↵

指定另一个角点或 [面积(A)/尺寸(D)/旋转(R)]:（指定第二个角点）↵

执行结果：绘制了一个边框具有一定宽度的矩形。

在绘制矩形时，可以同时设定厚度、宽度、标高、倒角或圆角等选项。

2.5 绘制正多边形

1．命令输入方式

命令行：POLYGON。

菜单栏：绘图（D）→正多边形。

工具栏：绘图 →⬠。

命令别名：POL。

2．操作步骤

命令: POLYGON ↵

输入边的数目<4>：5↵

指定正多边形的中心点或 [边(E)]:

各选项含义如下：

（1）指定正多边形的中心点

该选项表示指定正多边形的中心点绘制正多边形。

在"指定正多边形的中心点或 [边(E)]："提示下，指定中心点，此时命令行提示：

输入选项 [内接于圆(I)/外切于圆(C)] <I>:

各选项含义如下：

1）内接于圆（I）。此选项表示通过指定外接圆的半径绘制正多边形。

在键盘键入"I"并按〈Enter〉键，此时命令行提示：

指定圆的半径：（输入半径值）↵

执行结果：绘制了如图 2-18a 所示的正多边形。

2）外切于圆（C）。此选项表示通过指定内切圆的半径绘制正多边形。

在键盘键入"C"并按〈Enter〉键，此时命令行提示：

指定圆的半径：（输入半径值）↵

执行结果：绘制了如图 2-18b 所示的正多边形。

（2）边（E）

该选项表示通过指定第一条边的端点来绘制正多边形。

输入"E"并按〈Enter〉键，命令行提示：

指定边的第一个端点: (指定第一个端点) ↵

指定边的第二个端点: (指定第二个端点) ↵

执行结果：绘制了如图 2-18c 所示的正多边形。

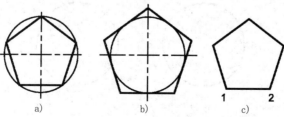

图 2-18　绘制正多边形

a) 内接于圆　b) 外切于圆　c) 指定边

2.6 绘制圆

1. 命令输入方式

命令行：CIRCLE。

菜单栏：绘图（D）→圆。

工具栏：绘图 →⊘。

命令别名：C。

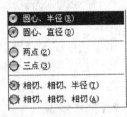

图 2-19 "圆"下拉菜单

2. 操作步骤

AutoCAD 2014 提供了多种绘制圆的方法，如图 2-19 所示。

（1）根据圆心和半径绘制圆（圆心，半径）

命令: CIRCLE ↵

指定圆的圆心或 [三点(3P)/两点(2P)/相切、相切、半径(T)]：（指定圆心）↵

指定圆的半径或 [直径(D)]：（输入半径值）↵

（2）根据圆心和直径绘制圆（圆心，直径）

命令: CIRCLE ↵

指定圆的圆心或 [三点(3P)/两点(2P)/相切、相切、半径(T)]：（指定圆心）↵

指定圆的半径或 [直径(D)]：D ↵

指定圆的直径：（输入直径值）↵

（3）根据两点绘制圆（两点）

命令: CIRCLE ↵

指定圆的圆心或 [三点(3P)/两点(2P)/相切、相切、半径(T)]：2P ↵

指定圆直径的第一个端点：（指定第一个端点）↵

指定圆直径的第二个端点：（指定第二端个点）↵

执行结果：绘制了如图 2-20a 所示的圆。

（4）根据三点绘制圆（三点）

命令: CIRCLE ↵

指定圆的圆心或 [三点(3P)/两点(2P)/相切、相切、半径(T)]：3P ↵

指定圆上的第一个点：（指定第一个点）↵

指定圆上的第二个点：（指定第二个点）↵

指定圆上的第三个点：（指定第三个点）↵

执行结果：绘制了如图 2-20b 所示的圆。

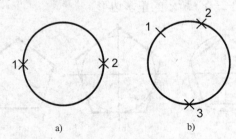

a) b)

图 2-20 绘制圆

a) 两点绘制圆 b) 三点绘制圆

（5）绘制与两个对象相切指定半径的圆（相切，相切，半径）

命令：CIRCLE ↵

指定圆的圆心或 [三点(3P)/两点(2P)/相切、相切、半径(T)]：T ↵

指定对象与圆的第一个切点：（指定第一个相切对象）

指定对象与圆的第二个切点：（指定第二个相切对象）

指定圆的半径 <13.3578>：（输入半径值）↵

执行结果：绘制了与两个给定对象相切的圆，如图 2-21a 所示。

（6）绘制与三个对象相切的圆（相切，相切，相切）

选择"绘图"→"圆"→"相切，相切，相切"菜单命令，此时命令行提示：

命令：_circle 指定圆的圆心或 [三点(3P)/两点(2P)/相切、相切、半径(T)]：_3p 指定圆上的第一个点：_tan 到（选择第一个对象）

指定圆上的第二个点：_tan 到（选择第二个对象）

指定圆上的第三个点：_tan 到（选择第三个对象）

执行结果：绘制了与三个给定对象相切的圆，如图 2-21b 所示。

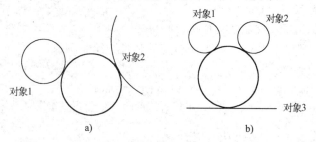

图 2-21　绘制与已知对象相切的圆

a) 绘制与两对象相切指定半径的圆　b)绘制与三个对象相切的圆

2.7　绘制圆弧

1．命令输入方式

命令行：ARC。

菜单栏：绘图（D）→圆弧（A）。

工具栏：绘图 → ⌒。

命令别名：A。

2．操作步骤

AutoCAD 2014 提供了多种绘制圆弧的方法，如图 2-22 所示的"圆弧"下拉菜单所示。

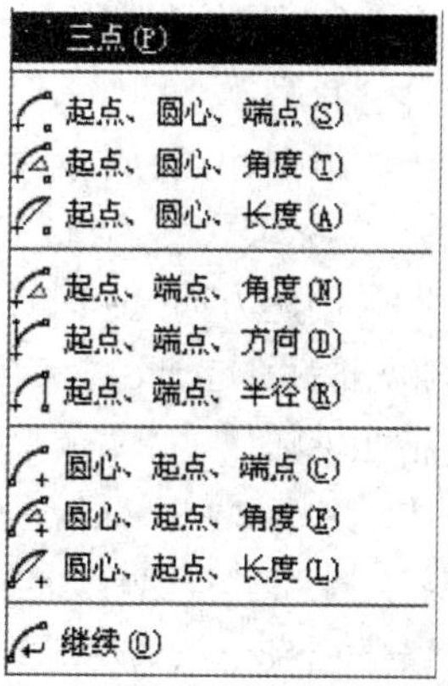

（1）根据三点绘制圆弧

命令：_arc ↵

圆弧创建方向：逆时针（按住〈Ctrl〉键可切换方向）。

指定圆弧的起点或 [圆心(C)]：（指定圆弧的第一个点）↵

指定圆弧的第二个点或 [圆心(C)/端点(E)]：（指定圆弧的第二个点）↵

图 2-22　"圆弧"下拉菜单

指定圆弧的端点：（指定圆弧的第三个点）↵

（2）根据起点、圆心、端点绘制圆弧

命令：_arc ↵

圆弧创建方向：逆时针(按住〈Ctrl〉键可切换方向)。

指定圆弧的起点或 [圆心(C)]：（指定圆弧的起点）↵

指定圆弧的第二个点或 [圆心(C)/端点(E)]：C ↵

指定圆弧的圆心：（指定圆弧的圆心）↵

指定圆弧的端点或 [角度(A)/弦长(L)]：（指定圆弧的终点）↵

（3）根据起点、圆心、圆弧所对应的圆心角绘制圆弧

命令：_arc ↵

圆弧创建方向：逆时针（按住〈Ctrl〉键可切换方向）。

指定圆弧的起点或 [圆心(C)]：（指定圆弧的起点）↵

指定圆弧的第二个点或 [圆心(C)/端点(E)]：C ↵

指定圆弧的圆心：（指定圆弧的圆心）↵

指定圆弧的端点或 [角度(A)/弦长(L)]：A ↵

指定包含角：(输入圆弧所对应的圆心角值)↵

（4）根据起点、圆心、长度（圆弧所对应的弦长）绘制圆弧

命令：_arc ↵

圆弧创建方向：逆时针（按住〈Ctrl〉键可切换方向）。

指定圆弧的起点或 [圆心(C)]：（指定圆弧的起点）↵

指定圆弧的第二个点或 [圆心(C)/端点(E)]：C ↵

指定圆弧的圆心：（指定圆弧的圆心）↵

指定圆弧的端点或 [角度(A)/弦长(L)]：L ↵

指定弦长：（输入圆弧所对应的弦长）↵

 说明

AutoCAD 绘制圆弧，角度或弦长为正值时，逆时针绘制圆弧；角度或弦长为负值时，顺时针绘制圆弧。

（5）根据起点、端点、角度（圆弧所对应的圆心角）绘制圆弧

命令：_arc ↵

圆弧创建方向：逆时针（按住〈Ctrl〉键可切换方向）。

指定圆弧的起点或 [圆心(C)]：（指定圆弧的起点）↵

指定圆弧的第二个点或 [圆心(C)/端点(E)]：E ↵

指定圆弧的端点：（指定圆弧的终点）↵

指定圆弧的圆心或 [角度(A)/方向(D)/半径(R)]：A ↵

指定包含角：（输入圆弧所对应的圆心角）↵

（6）根据起点、端点、方向（圆弧起点处的切线方向）绘制圆弧

命令：_arc ↵

圆弧创建方向：逆时针（按住〈Ctrl〉键可切换方向）。

指定圆弧的起点或 [圆心(C)]：（指定圆弧的起点）↵:

指定圆弧的第二个点或 [圆心(C)/端点(E)]：E ↵

指定圆弧的端点：（指定圆弧的终点）↵

指定圆弧的圆心或 [角度(A)/方向(D)/半径(R)]：D ↵

指定圆弧的起点切向：（指定圆弧起点处的切线方向）

（7）根据起点、端点、半径绘制圆弧

命令：_arc ↵

圆弧创建方向：逆时针（按住〈Ctrl〉键可切换方向）。

指定圆弧的起点或 [圆心(C)]：（指定圆弧的起点）↵

指定圆弧的第二个点或 [圆心(C)/端点(E)]：E ↵

指定圆弧的端点：（指定圆弧的终点）↵

指定圆弧的圆心或 [角度(A)/方向(D)/半径(R)]：R ↵

指定圆弧的半径：（输入半径值）↵

🛈 说明

输入的半径值必须大于起点与终点之间距离的一半。

（8）根据圆心、起点、端点绘制圆弧

命令：_arc ↵

圆弧创建方向：逆时针（按住〈Ctrl〉键可切换方向）。

指定圆弧的起点或 [圆心(C)] C ↵

指定圆弧的圆心：（指定圆弧的圆心）↵

指定圆弧的起点：（指定圆弧的起点）↵

指定圆弧的端点或 [角度(A)/弦长(L)]：（指定圆弧的终点）↵

（9）根据圆心、起点、角度绘制圆弧

命令：_arc ↵

圆弧创建方向：逆时针（按住〈Ctrl〉键可切换方向）。

指定圆弧的起点或 [圆心(C)] C ↵

指定圆弧的圆心：（指定圆弧的圆心）↵

指定圆弧的起点：（指定圆弧的起点）↵

指定圆弧的端点或 [角度(A)/弦长(L)]：A ↵

指定包含角：（输入圆弧所对应的圆心角）↵

（10）根据圆心、起点、长度绘制圆弧

命令：_arc ↵

圆弧创建方向：逆时针（按住〈Ctrl〉键可切换方向）。

指定圆弧的起点或 [圆心(C)] C ↵

指定圆弧的圆心：（指定圆弧的圆心）↵

指定圆弧的起点：（指定圆弧的起点）↵

指定圆弧的端点或 [角度(A)/弦长(L)]：L ↵

指定弦长：（输入圆弧所对应的弦长）↵

（11）绘制连续圆弧

单击下拉菜单"绘图"→"继续"命令，此时命令行提示：

命令: _arc

圆弧创建方向: 逆时针（按住〈Ctrl〉键可切换方向）。

指定圆弧的起点或 [圆心(C)]:

指定圆弧的端点:（输入圆弧终点）↵

2.8 绘制圆环

1. 命令输入方式
命令行：DONUT。

菜单栏：绘图（D）→圆环。

命令别名：DO。

2. 操作步骤

命令: DONUT ↵

指定圆环的内径 <0.5000>:（指定圆环的内径）↵

指定圆环的外径 <1.0000>:（指定圆环的外径）↵

指定圆环的中心点或 <退出>:（指定圆环的中心点）↵

执行结果：绘制了一个圆环，如图 2-23a 所示。

🚫 说明

如果指定内径为零，则圆环成为填充圆，如图 2-23b 所示。

利用"填充"（FILL）命令，可以控制圆环的填充与否。图 2-23c 和图 2-23d 为关闭填充模式时绘制的圆环。

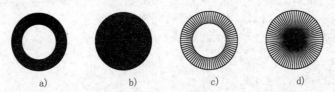

图 2-23　绘制圆环

a) 填充模式、半径非零　b) 填充模式，半径为零　c) 填充关闭，半径非零　d) 填充关闭，半径为零

2.9 绘制椭圆和椭圆弧

椭圆和椭圆弧的绘制是基于中心点、长轴和短轴进行的。

2.9.1 绘制椭圆

1. 命令输入方式
命令行：ELLIPSE。

菜单栏：绘图（D）→椭圆。

工具栏：绘图→⊙。

命令别名：EL。

2. 操作步骤

AutoCAD 2014 提供了 4 种绘制椭圆的方法，分别介绍如下：

（1）根据一个轴上的两个端点和另一个轴上的半轴长度绘制椭圆

命令: ELLIPSE ↵

指定椭圆的轴端点或 [圆弧(A)/中心点(C)]：（指定椭圆轴的端点）↵

指定轴的另一个端点：（指定轴的另一个端点）↵

指定另一条半轴长度或 [旋转(R)]：（指定另一条轴的半轴长度）↵

执行结果：绘制了如图 2-24a 所示的椭圆。

（2）根据长轴上的两个端点和绕长轴旋转的角度绘制椭圆

命令:: ELLIPSE ↵

指定椭圆的轴端点或 [圆弧(A)/中心点(C)]：（指定椭圆轴的端点）↵

指定轴的另一个端点：（指定轴的另一个端点）↵

指定另一条半轴长度或 [旋转(R)]：R ↵

指定绕长轴旋转的角度：（指定绕长轴旋转的角度）

执行结果：绘制了如图 2-24b 所示的椭圆弧。

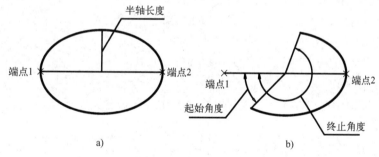

a)   b)

图 2-24　绘制椭圆和椭圆弧

a) 椭圆　b) 椭圆弧

ⓘ **说明**

"旋转角度"是指以所绘制的轴为直径的圆围绕该轴旋转的角度。所以，当旋转角度值为"0"时，所绘制的图形为圆；当旋转角度值为"90"时，所绘制的图形应为一直线（因为直线不是椭圆，所以此时 AutoCAD 提示输入的角度值无效）。

（3）根据椭圆的中心点和一个轴的端点以及另一个轴上的半轴长度绘制椭圆

命令: ELLIPSE ↵

指定椭圆的轴端点或 [圆弧(A)/中心点(C)]：C ↵

指定椭圆的中心点：（指定椭圆的中心点）↵

指定轴的端点：（指定轴的端点）↵

指定另一条半轴长度或 [旋转(R)]：（指定另一条轴的半轴长度）↵

（4）根据椭圆的中心点和长轴的一个端点以及绕长轴旋转的角度绘制椭圆

命令：ELLIPSE ↵

指定椭圆的轴端点或 [圆弧(A)/中心点(C)]：C ↵

指定椭圆的中心点：（指定椭圆的中心点）↵

指定轴的端点：（指定轴的端点）↵

指定另一条半轴长度或 [旋转(R)]：R ↵

指定绕长轴旋转的角度：（指定绕长轴旋转的角度）

2.9.2 绘制椭圆弧

1. 命令输入方式

命令行：ELLIPSE。

菜单栏：绘图（D）→椭圆→圆弧。

工具栏：绘图 → 🔿。

命令别名：EL。

2. 操作步骤

椭圆弧的绘制是在椭圆的命令（选项）下先绘制出椭圆，然后根据指定的角度或参数来完成椭圆弧的绘制。在椭圆的命令（选项）下绘制出椭圆弧的步骤如下：

命令：ELLIPSE ↵

指定椭圆的轴端点或 [圆弧(A)/中心点(C)]：A ↵

指定椭圆弧的轴端点或 [中心点(C)]：（指定椭圆弧的轴端点）↵

指定轴的另一个端点：（指定轴的另一个端点）↵

指定另一条半轴长度或 [旋转(R)]：（指定另一条半轴长度）↵

指定起始角度或 [参数(P)]：

此时，在绘图窗口中已绘制了一个椭圆，命令行中各选项含义如下：

（1）指定起始角度

指定终止角度或 [参数(P)/包含角度(I)]：

下输入起始角度并按〈Enter〉键，此时命令行提示：

指定终止角度或 [参数(P)/包含角度(I)]：

各选项含义如下：

● 终止角度：指定椭圆弧的终止角度。

● 参数（P）：指定椭圆弧的终止参数。

● 包含角度（I）：指定椭圆弧的起始角与终止角之间所夹的角度。

通过上述 3 种方式中的任何一种，都可以完成椭圆弧的绘制。

图 2-24b 所示为指定起始角度（负值）和终止角度（正值）所绘制的椭圆弧。

（2）参数（P）

AutoCAD 中所输入的"参数"值需要通过以下矢量参数方程式创建椭圆弧：

$p(u) = c + a* \cos(u) + b* \sin(u)$

其中 c 是椭圆的中心点，a 和 b 分别是椭圆的长轴和短轴。

在命令行输入"P"并按〈Enter〉键，此时命令行提示：

指定起始角度或 [参数(P)]：P↵

指定起始参数或 [角度(A)]：（输入起始参数）

指定终止参数或 [角度(A)/包含角度(I)]：

命令行中各选项含义与"指定起始角度"中选项相同。

2.10 绘制螺旋线

1．命令输入方式

命令行：HELIX。

菜单栏：绘图（D）→螺旋。

2．操作步骤

命令：_Helix

圈数 = 3.0000　　　　扭曲=CCW

指定底面的中心点：（指定底面的中心）↵

指定底面半径或 [直径(D)] <1.0000>:（指定底面的半径）↵

指定顶面半径或 [直径(D)] <29.6295>:（指定顶面的半径）↵

指定螺旋高度或 [轴端点(A)/圈数(T)/圈高(H)/扭曲(W)] <1.0000>:（输入螺旋线的高度）↵

各选项的含义如下：

- 轴端点（A）：指定螺旋轴的端点位置。
- 圈数（T）：指定螺旋的圈（旋转）数。螺旋的圈数不能超过 500。最初默认值为 3。
- 圈高（H）：指定螺旋内一个完整圈的高度。
- 扭曲（W）：指定螺旋扭曲的方向。顺时针，以顺时针方向绘制螺旋。逆时针，以逆时针方向绘制螺旋。

2.11 习题

1．练习绘图界限、绘图单位的设置。

2．AutoCAD 2014 常用的命令输入方式有几种？

3．如何重复上一次操作命令？

4．使用 PLINE 命令绘制如图 2-25 所示的二维多义线。

5．使用二维绘图命令绘制图 2-26 所示的图形。

图 2-25　绘制二维多义线

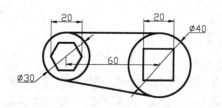

图 2-26　绘制平面图形

第3章 平面图形的编辑

本章主要内容
- 选择对象
- 视图显示
- 编辑对象

使用 AutoCAD 可以很方便地绘制平面图形。但在更多的情况下，需要对已经绘出的图形对象进行编辑，如修改对象的大小、形状和位置等。

3.1 编辑命令的调用

可以使用多种方法修改对象，常用的方法有：

1）在命令窗口或命令行中输入各种编辑命令。

2）在"草图与注释"工作空间中，从"默认"选项卡上的"修改"面板上选择工具编辑图形，如图 3-1 所示。

图 3-1 "修改"面板

3）在"AutoCAD 经典"工作空间中，从"修改"菜单或"修改"工具栏上选择工具编辑图形，如图 3-2 所示。

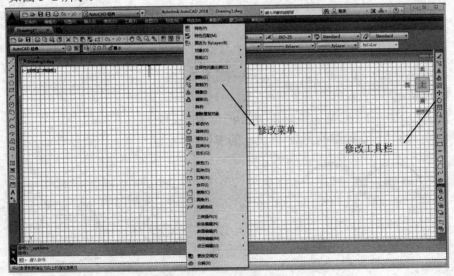

图 3-2 "修改"菜单和"修改"工具栏

4）通过"夹点"实现图形对象的编辑。

5）通过"特性"选项板修改对象的特性。

3.2 选择对象

在 AutoCAD 中要修改对象，首先应将需要修改的对象选中。

可以先输入修改命令，这时在命令窗口中和动态输入光标处会提示"选择对象（Select objects）："，选择要修改的对象，被选择的对象变为虚线且高亮显示，然后按〈Enter〉键确定并结束选择，进行后面相应的修改操作。

当然也可以先选择对象，然后输入修改命令，这时会跳过"选择对象："一步，直接对事先选择的对象进行相应的修改操作。这种情况下，被选择的对象变为虚线且高亮显示并出现蓝色的夹点，如图 3-3 所示的圆形和直线。

为了方便地在各种情况下选择物体，AutoCAD 提供了多种选择方法。在"选择对象："命令提示下输入"？"，AutoCAD 将提示可供选择的方法，有：

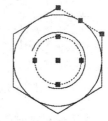

图 3-3　被选择的对象

窗口（W）、上一个（L）、窗交（C）、框（B）、全部（ALL）、栏选（F）、圈围（WP）、圈交（CP）、编组（G）、添加（A）、删除（R）、多个（M）、前一个（P）、放弃（U）、自动（AU）、单个（SI）、子对象（SU）、对象（O）。在命令输入时，可以直接输入各选项中的英文大写字母。如在"选择对象："命令状态下输入"L"，将会选择上一个选择集。

另外，在特性编辑时还可以用过滤等方法快速构造选择集。下面介绍常用的选择方法。

3.2.1 选择的方法

1. 逐个选择

逐个选择是最常用也是最简单的选择方法。把光标（或其他定点设备）移动到被选择对象上，该物体高亮显示，单击，则对象被选中。一次选择一个对象，直到要选择的对象全部变为虚线且高亮显示为止。

如果在逐个选择时，不小心选择了不需要选择的对象，则可以按住〈Shift〉键并再次选择该对象，将其从当前选择集中删除。

在彼此靠近或重叠的对象中选择出所要修改的对象，如在图 3-4 中选择中间的小线段，可以采用如下方法：

在"选择对象："命令提示下，将光标置于要选择的对象之上，然后按住〈Shift〉键并反复按空格键。这些重叠对象循环高亮显示，直到所需对象高亮显示时，松开〈Shift〉键，单击，对象被选中。

也可以打开状态栏上的"选择循环"按钮，这时要选择重叠或靠近的对象时会弹出"选择集"列表

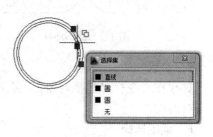

图 3-4　在彼此接近的对象中选择

框，从中选择要操作的对象。如图 3-4 所示。

选择三维实体上重叠的子对象（面、边和顶点）时也可使用上述操作循环浏览对象。

2. 矩形窗口选择

同时选择一个区域内的多个对象时，使用逐个选择的方法是不方便的。

如果在命令行"选择对象："提示下输入"W"（窗口），就可以用光标指定矩形两个对角点拖出一个矩形窗口，所有包含在这个矩形窗口内的对象将被同时选择，如图 3-5 所示。

如果在命令行"选择对象："提示下输入"C"（窗交），就可以用光标拖出一个矩形窗口，所有包含在这个矩形窗口内以及与窗口接触的对象将被同时选择，如图 3-6 所示。

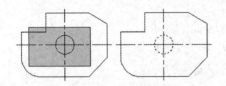
图 3-5　窗口选择

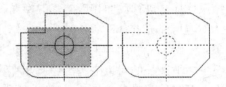
图 3-6　窗交选择

逐个选择对象时，如果在绘图区用光标拖出一个窗口，也能实现窗选的命令。不过要注意，若矩形窗口是从左向右拖出，则实现窗口选择功能；若矩形窗口是从右向左拖出，则实现窗交选择功能。这个功能与在"选择对象"提示下输入"BOX"（框选）一样。

3. 不规则窗口选择

如果图形特别复杂时，矩形窗口选择功能就显得不足了。

如果在命令行"选择对象："提示下输入"WP"（圈围），就可以用鼠标单击若干点，确定一个不规则多边形窗口，所有包含在这个窗口内的对象将被同时选择，如图 3-7 所示。

如果在命令行"选择对象："提示下输入"CP"（圈交），则与窗交类似，所有包含在不规则多边形窗口中以及与窗口接触的对象将被同时选择。

4. 栅栏选择

如果在命令行"选择对象："提示下输入"F"（栏选），就可以用光标像画线一样画出几段折线，所有与折线相交的对象将被同时选择，如图 3-8 所示。

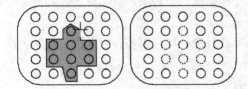
图 3-7　圈围选择

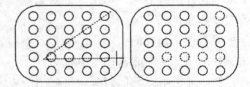
图 3-8　栅栏选择

5. 全选

如果在命令行"选择对象："提示下输入"ALL"（全部），就可以选择非冻结的图层上的所有对象。

6. 编组选择

AutoCAD 允许把不同的对象编为组，根据需要一起选择和编辑。在命令行"选择对象："提示下输入"G"（编组），就可以通过输入编组名来选择编组中的所有对象。

编组方法如下：

1. 命令输入方法

命令行：GROUP。

命令别名：G。

2. 操作步骤

命令：GROUP ↵

选择对象或 [名称(N)/说明(D)]：n↵

输入编组名或 [?]：输入组名↵

选择对象或 [名称(N)/说明(D)]：选择要编组的对象↵

3. 使用传统对象编组对话框

在命令窗口中输入"CLASSICGROUP"命令将弹出"对象编组"对话框，如图 3-9 所示。

图 3-9 "对象编组"对话框

在"对象编组"对话框的"编组标识"选项组中，输入"编组名"（G）和"说明"（D），然后在"创建编组"选项组中，单击"新建"（N）按钮，暂时关闭对话框，回到屏幕，选择若干对象，并按〈Enter〉键，返回对话框，单击"确定"按钮，完成编组。

通过对话框"修改编组"选项组可以对组进行修改，如用"删除"（R）按钮删除组中的对象；用"添加"（A）按钮向组中加入对象；用"分解"（E）按钮将编组分解等。

对象一旦编为一组，就可以作为一个整体同时操作。通过修改系统变量"PICKSTYLE"的值来选择是否能够对组中的单独对象进行操作。

"PICKSTYLE"的值为 0，1，2，3，初始值为 1，含义如下：

- 0：不使用编组选择和关联填充选择。
- 1：使用编组选择。
- 2：使用关联填充选择。
- 3：使用编组选择和关联填充选择。

3.2.2　选择的设置

利用"选项"对话框中的"选择集"选项卡，如图 3-10 所示，可以对选择进行设置。操作方法如下：

命令行：DDSELECT。

菜单栏：工具（T）→选项→选择集。

在此选项卡中可以对选择框的大小、选择预览效果、选择模式以及夹点的大小和模式进行设置。

在"预览"选项组中，单击"视觉效果设置"（G）按钮，可以打开"视觉效果设置"对话框进行设置，如图 3-11 所示。

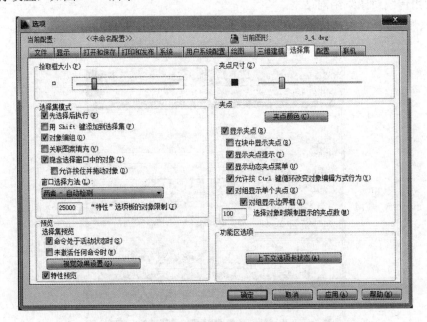

图 3-10　"选择集"选项卡

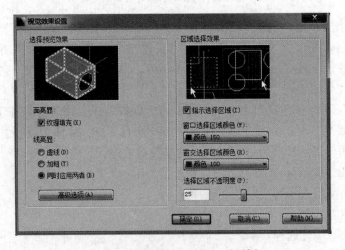

图 3-11　"视觉效果设置"对话框

3.3 图形显示功能

绘制或编辑复杂图形时，经常要察看图形的某些细节。这就需要对图形视图进行放大、缩小或平移。对于重叠对象，有时还需要控制对象叠放的顺序。

（ℹ）说明

对图形视图的操作只改变图形在屏幕上的显示，而图形本身的绝对大小以及在世界坐标系中的位置是不变的。

对图形视图显示的操作一般可以通过命令行、菜单、工具栏、命令窗口和工具面板完成，如图 3-12 所示。

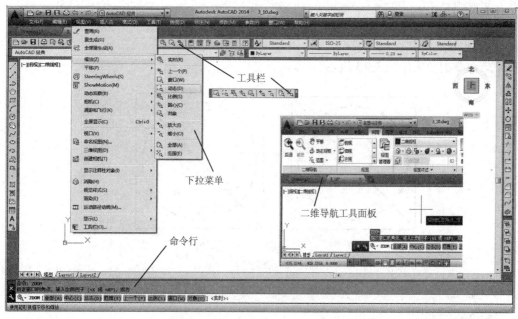

图 3-12　图形视图的命令、菜单和工具栏

3.3.1 视图的重画

在画图或删除过程中，有时屏幕上会留下杂散的像素，如点或残线段等，使视图显得杂乱。这时可利用重画命令消除。

1．命令输入方式

命令行：REDRAW。

菜单栏：视图（V）→重画。

命令别名：R。

2．操作步骤

命令: REDRAW ↵

利用重画命令一次可以清理一个视口。如果要同时清理多个视口，可以用全部重画命令"REDRAWALL"（RA）。

重画命令是 AutoCAD 早期版本中的常用命令，现在已经很少用了。

3.3.2　视图的重生成

有时对象在屏幕上显示会变形，如圆变成了多边形。这时要用"REGEN"命令在当前视口中重生成整个图形并重新计算所有对象的屏幕坐标，优化显示和对象选择的性能。

1．命令输入方式

命令行：REGEN。

菜单栏：视图（V）→重生成。

命令别名：RE。

2．操作步骤

命令：REGEN ↵

利用重生成命令一次可以重生成一个视口。如果要同时重生成多个视口，可以用全部重生成命令"REGENALL"。

重生成命令的效果如图 3-13 所示。

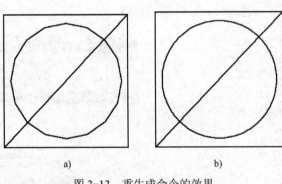

a)　　　　　　　　　　　　　b)

图 3-13　重生成命令的效果

a) 原图　b) 重生成后

3.3.3　视图的平移

不对视图进行缩放只平移视图，以观看图形所需部分。"平移"命令的菜单如图 3-14 所示。

从菜单中可以看出，"平移"命令包括："实时"、"定点"（P）、"左"（L）、"右"（R）、"上"（U）和"下"（D）。其中实时平移是最常用的，如非特别指出，平移就指实时平移。

1．实时平移

命令输入方式如下。

命令行：PAN。

菜单栏：视图→平移→实时。

工具栏：标准（Standard）→🖐。

工具面板：视图→二维导航（Navigate 2D）→🖐

平移。

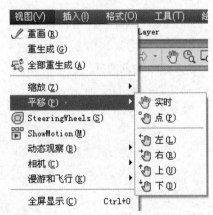

图 3-14　"平移"命令菜单

命令别名：P。

其他方法：水平和垂直移动滚动条；按住鼠标中键的同时移动鼠标。

输入"平移"命令并回车后，光标变为手掌形，并出现命令提示："按〈Esc〉或〈Enter〉键退出，或单击右键显示快捷菜单"，按住鼠标左键，上下左右拖动，就能对视图进行平移，以观看图形所需部分。平移视图命令可用"缩放上一个（Zoom Previous）"命令来恢复。

2．定点平移

定点平移可以指定一个点，点的坐标即平移的相对位移；也可以指定两个点，从第一点（基点）到第二点位移。

定点平移的命令为："-Pan"。

3.3.4　图形视图的缩放

缩放工具位于"视图"选项卡的"二维导航"面板中，如图 3-15 所示。在"标准"工具栏、"缩放"工具栏，以及"视图"→"缩放"菜单命令中也有相应的缩放工具。

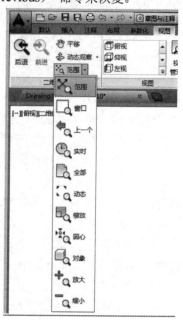

图 3-15　"缩放"工具

1．命令输入方式

命令行：ZOOM。

菜单栏：视图→缩放。

工具面板：视图→二维导航→ 范围 ▾。

命令别名：Z。

2．操作步骤

命令: ZOOM ↵

指定窗口的角点，输入比例因子 (nX 或 nXP)，或者

[全部(A)/中心(C)/动态(D)/范围(E)/上一个(P)/比例(S)/窗口(W)/对象(O)] <实时>:

从命令提示中可以看出，默认情况下可以指定窗口角点，或者输入比例因子"nX"或"nXP"；如果直接按〈Enter〉键，则实现实时缩放；如果输入方括号中的选项，则进入其他的缩放模式。单击鼠标右键，显示视图"缩放"命令的快捷菜单。

各种缩放方法的意义如下：

（1）实时缩放

如果在缩放"ZOOM"命令提示下直接按〈Enter〉键，就可以对视图进行实时缩放。即按住鼠标左键，通过向上拖动，实现动态放大，向下拖动实现动态缩小。

"实时缩放"的工具按钮是 ，另外通过上下滚动鼠标中键，也可实现动态缩放。

（2）全部（A）

如果在"ZOOM"命令提示下输入"A"（All（全部）），则显示当前视口中的整个图形，将图形缩放到图形界限或当前绘图范围两者中较大的区域中。这是经常用的缩放命令，可以用来观察图形的全貌。

（3）中心（C）

如果在缩放命令提示下输入"C"（Center（中心点）），则中心点缩放。即指定一点作为视图显示的中心点，再指定比例因子或窗口高度以确定视图的缩放。操作步骤如下：

命令: ZOOM↵

指定窗口的角点，输入比例因子 (nX 或 nXP)，或者

[全部(A)/中心(C)/动态(D)/范围(E)/上一个(P)/比例(S)/窗口(W)/对象(O)] <实时>: c↵

指定中心点:

输入比例或高度 <175.5033>: 2x

指定窗口高度是要指定新视图视窗的高度，尖括号中的数值是原来视窗的高度。用指定高度的方法，缩放比例为：原来视窗高度/指定高度。指定高度小于原来视窗高度时放大，否则缩小。

（4）动态（D）

在缩入命令提示下输入"D"（Dynamic（动态）），则动态改变视口的位置和大小，使其中的图像平移或缩放，充满整个视口。

操作时首先显示平移视图框。将其移动到所需位置并单击，视图框变为缩放视图框，调整其大小，以确定缩放比例。单击又变为平移视图框，可再次调节其位置，再次单击又变为缩放视图框，如此循环。调整合适后按〈Enter〉键确定缩放。

（5）范围（E）

在"ZOOM"命令提示下输入"E"（Extents（范围）），则缩放以使图形绘图范围内所有对象最大显示。与 Zoom All 相似。

（6）上一个（P）

在"ZOOM"命令提示下输入"P"（Previous（上一个）），则回到上一个视图。"缩放上一个"工具按钮为 ⚲。

在编辑图形时，经常要放大图形的局部，对局部修改完毕后，又要回到以前的状态。这时可以利用"显示上一个视图"命令。

（7）比例（S）

在默认情况下，如果输入的是一个比例因子（Scale Factor），则实现比例缩放。效果如图 3-16 所示。"比例缩放"工具按钮是 ⚲。

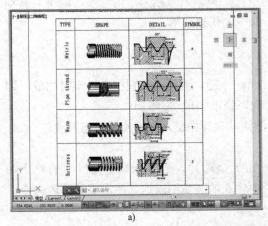
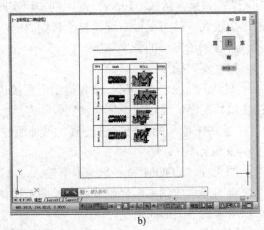

a)   b)

图 3-16　比例缩放

a) 缩放前的视图　　b) 比例因子 0.5x

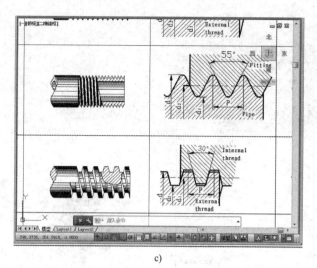

c)

图 3-16 比例缩放（续）

c）比例因子 2x

放大⁺₍ 和缩小 ₋₍，其实也是比例缩放。前者的比例因子为 2x，后者为 0.5x。

（8）窗口（W）

指定窗口角点，即用坐标输入的方法，或利用鼠标拖出一个矩形的两个对角，建立一个矩形观察区域，矩形区域满屏显示，矩形的中心变为新视图的中心，实现了视图的放大或缩小。如果在缩放命令提示下输入"W"（Window（窗口））按〈Enter〉键，则实现同样的功能，即窗口缩放。

（9）对象（O）

缩放以便尽可能大地显示一个或多个选定的对象并使其位于绘图区域的中心。可以在启动"ZOOM"命令之前或之后选择对象。

3.3.5 重叠对象排序

在绘图时，某些图形对象会重叠到一起，有时需要更改叠放对象的显示次序，这时可以使用"绘图次序"工具为重叠对象的默认显示排序。这些工具位于"默认"选项卡"修改"面板的扩展工具中，如图 3-17 所示。"绘图次序"工具栏上也有相同工具。

1．命令输入方式

命令行：DRAWORDER。

命令别名：DR。

2．操作步骤

命令: DRAWORDER↵

选择对象:（选择操作对象）↵

输入对象排序选项[对象上(A)/对象下(U)/最前(F)/最后(B)] <最后>:（选择操作）↵

除"DRAWORDER"命令外，"TEXTTOFRONT"命令将图形中所有文字、标注或引线置于其他对象的前面。"HATCHTOBACK"命令将所有图案填充对象置于其他对象的后面。可以使用"DRAWORDERCTL"系统变量控制重叠对象的默认显示行为。图形对象排序的效果如图 3-18 所示。

图 3-17 "绘图次序"工具

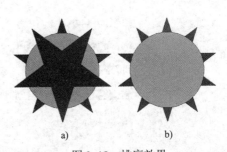

图 3-18 排序效果

a) 圆填充后置 b) 圆填充前置

3.4 夹点模式编辑

夹点（Grips）模式是编辑中常用的方法。要使用夹点编辑，必须启用夹点。

3.4.1 启用夹点

启用夹点的步骤如下。

1）选择"工具"→"选项"菜单命令，弹出"选项"对话框。

2）在"选项"对话框中切换到"选择集"选项卡，在其中选择"启用夹点"复选框，设置夹点的状态，然后单击"确定"按钮。

启用夹点后，当选择对象时，被选中的对象显示出蓝色（默认设置）夹点，如图 3-19 所示。夹点显示了对象的特征。

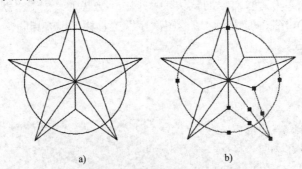

图 3-19 对象的夹点

a) 对象未被选中 b) 对象被选中显示夹点

按〈ESC〉键或改变视图显示，如缩放、平移视图可取消夹点的选择。

选择了对象的夹点，就可以利用夹点对对象进行拉伸（STRETCH）、移动（MOVE）、旋转（ROTATE）、比例缩放（SCALE）和镜像（MIRROR）等编辑，按〈Enter〉键或〈Backspace〉键来循环浏览上述各种编辑模式。

3.4.2　利用夹点修改对象

利用夹点修改对象的步骤如下。

1）选择要修改的对象，显示出对象的夹点。

2）选择其中一个夹点，此夹点变为红色。如不再指定"基点"，则所选点作为基点。

3）命令行显示如下：

拉伸（STRETCH）

指定拉伸点或 [基点(B)/复制(C)/放弃(U)/退出(X)]：

现在可以对对象拉伸。

利用夹点拉伸方法修改对象是很方便的，如要修改一条直线的端点位置，只要选择直线端点处的夹点，输入坐标或捕捉到相应点即可。

4）如果要对对象进行其他修改，保持夹点被选中，按〈Enter〉键，修改方式依次循环切换为"移动"、"旋转"、"比例缩放"、"镜像"、"拉伸"。

利用夹点拉伸、移动、旋转、比例缩放、镜像的效果分别如图 3-20～图 3-24 所示。

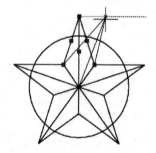

图 3-20　利用夹点拉伸对象

图 3-21　利用夹点移动对象

图 3-22　利用夹点旋转对象

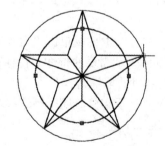

图 3-23　利用夹点缩放对象

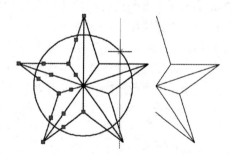

图 3-24　利用夹点镜像对象

夹点编辑中各选项意义如下：

- 基点（B）：选择操作的基点。
- 复制（C）：在修改过程中，制作对象的副本。
- 放弃（U）：放弃命令。
- 参照（R）：在旋转中以参考方式指定转角或在缩放中以参考方式指定比例。详细用法见旋转和缩放命令。

● 退出（X）：退出夹点编辑。

3.5 特性编辑

每个对象都具有特性。有些特性是多数对象所共同具有的，例如图层、颜色、线型和打印样式等是基本特性。有些特性是某个对象所专用的，例如直线的起末点坐标、长度和角度等是对象的专有几何特性。在编辑图形对象时，使用特性编辑是一种非常方便的方法。

3.5.1 特性选项板

在功能区中的"常用"选项卡上，使用"图层"和"特性"面板来设置或更改最常用的特性，如图层、颜色、线宽和线型等。如果要集中更改单个或更多对象特性，可以使用"特性（Properties）"选项板。

1. 命令输入方式

命令行：PROPERTIES。

菜单：修改（M）→特性。

工具栏：标准→📃。

工具面板：默认→特性→↘。

命令别名：CH。

其他方法：Ctrl+1。

2. 操作步骤

命令: PROPERTIES ↵

AutoCAD 弹出"特性"选项板，如图 3-25 所示。图中显示了一个圆的特性。

如果之前已经选择了单个对象，"特性"选项板中将显示该对象的几乎全部特性；如果选定了多个对象，可以查看并更改它们的常用特性。

可以在此选项板中方便地修改被选定对象的各项特性，只需更改数值或选项即可。双击对象也可以打开"快捷特征"选项板。

为方便作图，"特性"选项板可以拖动到屏幕的任何位置，也可以单击"自动隐藏"按钮🔁自动隐藏。可以拖动滚动条或上下推动特性列表，以便显示需要的特性。在标题栏上单击右键时，将显示快捷菜单选项，可以用来对选项板进行移动、隐藏等操作。

特性选项板顶部有"对象类型列表"，可以从中选择要显示和修改哪个被选择的对象的特性。当选择了不同类型的对象，如果在"对象类型列表"中选择"全部"，则只能显示基本特性，如"常规"和"三维效果"。

"对象类型列表"旁边的 3 个按钮是为了方便选择用的，从左到右分别是："切换 PICKADD 系统变量的值"、"选择对象"和"快速选择"。其意义分别如下：

● "快速选择"按钮📇：单击此按钮，可以打开"快速选择"对话框，用来创建基于过滤条件的选择集。

● "选择对象"按钮🖑：单击此按钮，可使用任意选择方法选择所需对象。

● "切换 PICKADD 系统变量的值"按钮▦：打开时，系统变量 PICKADD=1，图标显示为▦，表示每个选定的对象都将添加到当前选择集中；关闭时系统变量

PICKADD=0，图标显示为  ，表示选定对象将替换当前的选择集。

图 3-25 "特性"选项板

3.5.2 快速选择

单击"特性"选项板上"快速选择"按钮 ，可以打开"快速选择"对话框，如图 3-26 所示。该对话框也可以通过输入"QSELECT"命令打开。

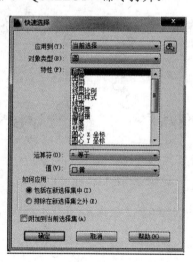

图 3-26 "快速选择"对话框

"快速选择"对话框各选项含义如下：
● "应用到"下拉列表框：将过滤条件应用到整个图形或当前选择集。如果选择了"附加到当前选择集"，过滤条件将应用到整个图形。

- "选择对象"按钮 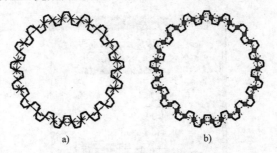：临时关闭"快速选择"对话框，允许用户回到工作空间选择要对其应用过滤条件的对象。
- "对象类型"下拉列表框：指定要包含在过滤条件中的对象类型。
- "特性"列表框：指定过滤器的对象特性。此列表包括选定对象类型的所有可搜索特性。选定的特性决定"运算符"和"值"中的可用选项。
- "运算符"下拉列表框：控制过滤的范围。根据选定的特性，选项可包括"等于"、"不等于"、"大于"、"小于"和"*通配符匹配"（只能用于可编辑的文字字段）。使用"全部选择"选项将忽略所有特性过滤器。
- "值"下拉列表框：指定过滤器的特性值。
- "如何应用"选项组：指定将符合设定过滤条件的对象包括在新选择集内或是排除在新选择集之外。
- "附加到当前选择集"复选框：选择创建的选择集替换还是附加到当前选择集。

利用"快速选择"对话框可以很方便地选择对象，尤其是同时选择某一类或某些具有相同特征的对象，如图 3-27 所示。

在图 3-27a 中，为了制作轮齿，创建了分度圆的等分点，绘制好轮齿后要删除这些点。

为了一次将这些点全部选中，可以执行以下操作：

1）打开"快速选择"对话框。

2）在"对象类型"列表框中选择"点"，这时选择的过滤条件为"点"。

3）在"运算符"列表框中选择"全部选择"选项。

4）单击"选择对象"按钮 ，返回绘图界面确定选择对象的范围，确定并返回对话框。如果不选择任何对象而直接按〈Enter〉键确定，则对整个图形应用过滤条件。

5）单击"确定"按钮，完成点的选择，如图 3-27b 所示。

图 3-27　快速选择对象

a) 要选择的对象点　b) 选择全部点

3.6　删除和恢复

快速有效地删除图形中的辅助性用线和错误线条是绘图人员必备的技巧。

3.6.1　删除

删除对象是一个基本的操作。在 AutoCAD 中可以用以下方法删除对象：

- 使用"删除"命令删除对象。
- 选择要删除的对象后，按〈Delete〉键。
- 选择对象，用"剪切"命令，剪切到剪贴板，以备以后粘贴用。
- 用"清理"命令删除不使用的命名对象，包括块定义、标注样式、图层、线型和文字样。

1. 命令输入方式

命令行：ERASE。

菜单：修改（M）→删除。

工具栏：修改（M）→ ✐。

工具面板：默认→修改→ ✐。

命令别名：E。

2. 操作步骤

命令: ERASE↵

选择对象：（选择要删除的对象）↵

选择对象：（继续选择要删除的对象或回车删除选定的对象）

在用 ERASE 命令删除对象的过程中，可以用 3.2 中提到的所有对象选择方法。

3.6.2 恢复删除误操作

"放弃"指撤销上一个动作，几乎所有的操作都可以用"放弃"命令来恢复。

有时因为意外，删除了不该删除的对象。这时可以用"放弃"命令来恢复意外删除的对象，即放弃前面的删除操作。

"放弃"和"重做"是一对相反的命令，对应的工具按钮分别是位于"快速访问"工具栏上的 ⟲· 和 ⟳· ，"标准"工具栏上也有这两个工具。

这两个工具右边都有小黑三角，表明单击此按钮打开菜单项，可以选择放弃到前面操作中哪一项，重做到已经放弃操作中的哪一项。

3.6.3 删除重复对象

在绘制复杂图形时经常会由于绘图不精确而出现重复绘线或图形间局部重叠的情况，在视觉上很难被发现，但是会影响后续的命令和操作。这时可以使用"删除重复对象"命令或工具。

1. 命令输入方式

命令行：OVERKILL。

工具面板：默认→修改面板扩展工具→ ⚟ 。

2. 操作步骤

命令：OVERKILL ↵

选择对象：（选择要删除的对象）↵

弹出"删除重复对象"对话框，如图 3-28 所示。设置选项后单击"确定"按钮，完成删除重复对象。

图 3-28 "删除重复对象"对话框

"删除重复对象"对话框各选项含义如下：
- "公差"文本框：控制重复对象匹配的精度。
- "忽略对象特性"选项：选择重复对象在比较过程中要忽略的特性。
- "选项"选项组：设置相应选项以及控制直线、圆弧和多段线等对象的处理方式。

3.7 改变对象的位置和大小

改变对象在空间中的位置和大小主要用"移动"、"旋转"、"比例缩放"和"对齐"等修改命令。

3.7.1 移动对象

移动对象是指改变对象在坐标系中的位置。

1. 命令输入方式

命令行：MOVE。

菜单栏：修改（M）→移动。

工具栏：修改→![图标]。

工具面板：默认→修改→![图标]。

命令别名：M。

2. 操作步骤

命令: MOVE↵

选择对象：（选择要移动的对象）↵

选择对象：（继续选择要移动的对象或按〈Enter〉键确定所选的对象）↵

指定基点或 [位移(D)] <位移>：（输入一点的坐标或在绘图区选择点）

指定第二个点或 <使用第一个点作为位移>：（指定第二点或按〈Enter〉键）

从操作提示中可以看出，确定对象移动位移有两种方法：输入一点或输入两点。如果输入一点，对象的位移是这一点的坐标值；如果输入两点，则对象的位移是两点的坐标差。所以移动是有正负方向的。输入两点方式更多的是利用捕捉等方法从绘图区选择点，即把对象从一点精确地移动到另一点。

移动的效果如图 3-29 所示。

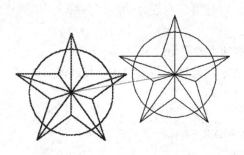

图 3-29 移动的效果

3.7.2 旋转对象

旋转对象是指将选择的对象绕指定点旋转一定的角度。

1．命令输入方式

命令行：ROTATE。

菜单：修改（M）→旋转。

工具栏：修改→⊙。

工具面板：默认→修改→⊙。

命令别名：RO。

2．操作步骤

命令: ROTATE ↵

UCS 当前的正角方向：ANGDIR=逆时针 ANGBASE=0

选择对象：（选择要旋转的对象）

选择对象：（继续选择要旋转的对象或按〈Enter〉键确定所选的对象）↵

指定基点：（指定点旋转中心）

指定旋转角度或 [复制(C)/参照(R)]：（输入角度数值或输入"C（复制）"或输入"R（参照）"）↵

从操作提示中可以看出，旋转可以使用绝对角度和参照角度。

如果在"指定旋转角度或 [复制(C)/参照(R)]："提示下输入"C"后再执行旋转命令则边旋转边复制，即保留旋转的原对象。

（1）绝对角度

绝对角度有两种：

1）输入旋转角度数值，如"45"，表示旋转 45°。

2）绕基点拖动对象并用鼠标在绘图区指定一点或从键盘输入点的坐标。基点和指定点连线方向所确定的角度为旋转角度。

（2）参照角度

在旋转提示"指定旋转角度或 [复制(C)/参照(R)]："下输入"R"，并按〈Enter〉键，命令提示如下：

指定参照角 〈0〉：（输入角度数值或取点）↵

指定新角度：（输入角度数值或取点）↵

旋转角度为"参照角"与"新角度"之差。

如果取点，输入的第一点与第二点连线确定"参照角"，第一点与第三点连线确定"新角度"。

下面用一个例子来说明利用参照角度来旋转对象的方法。

【例 3-1】 如图 3-30 所示，旋转等腰三角形，使其高 BD 的方向角为 90°。

命令操作如下：

命令: ROTATE ↵

UCS 当前的正角方向：ANGDIR=逆时针　ANGBASE=0

选择对象:（选择三角形和高）

选择对象: ↵

指定基点:（利用捕捉方法指定点 D）

指定旋转角度，或 [复制(C)/参照(R)]: r↵

指定参照角 <0>:（利用捕捉方法指定点 D）

指定第二点:（利用捕捉方法指定点 B）

指定新角度或 [点(P)] <0>: 90↵

这里提到的"捕捉"是一种精确取点的方法，具体使用请参考第 5 章 5.2 节。

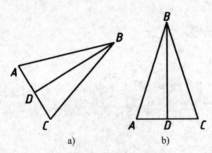

图 3-30　旋转对象

a) 旋转前　　b) 旋转后

3.7.3　缩放对象

缩放对象是指不改变对象间的比例，而放大或缩小对象。

1．命令输入方式

命令行：SCALE。

菜单：修改（M）→旋转。

工具栏：修改→▫。

工具面板：默认→修改→▫。

命令别名：SC。

2．操作步骤

命令: SCALE ↵

> 选择对象：（选择要缩放的对象）
>
> 选择对象：（继续选择要缩放的对象或按〈Enter〉键确定所选的对象）↵
>
> 指定基点：（指定点缩放的中心）
>
> 指定比例因子或[复制(C)/参照(R)] <1.0000>:(指定缩放比例或输入"C(复制)"或输入"R(参考)")↵

从操作提示中可以看出，缩放可以使用绝对比例和参照比例，也可以选择边缩放边复制。这与旋转命令类似。

（1）绝对比例

绝对比例大于 1 时放大对象；绝对比例小于 1 时缩小对象。

（2）参照比例

在键盘上输入"R"并按〈Enter〉键，命令提示如下：

> 指定参照长度 <1>：（输入长度数值或取点）↵
>
> 指定新长度或 [点(P)]：（输入长度数值或取点）↵

缩放的比例为"新长度"与"参照长度"之比。

如果取点，输入第一点与第二点连线长度确定"参照长度"，第一点与第三点连线长度确定新长度。

3.7.4　对齐二维对象

对齐对象是指使对象与另一个对象对齐。

实际上，对齐是一个三维修改命令，但在平面绘图中使用也是非常方便的。

1．命令输入方式

命令行：ALIGN。

菜单：修改（M）→三维操作→对齐。

工具面板：默认→修改面板扩展工具→ 。

命令别名：AL。

2．操作步骤

> 命令: ALIGN ↵
>
> 选择对象：（选择对齐的源物体）
>
> 选择对象：（选择物体或确定选择）↵
>
> 指定第一个源点：（在源物体上指定一点）
>
> 指定第一个目标点：（在目标物体上指定一点）
>
> 指定第二个源点：（继续指定或按〈Enter〉键结束）
>
> 指定第二个目标点：
>
> 指定第三个源点或 <继续>：（继续指定或按〈Enter〉键）↵
>
> 是否基于对齐点缩放对象？[是(Y)/否(N)] <否>：（"Y"缩放或"N"不缩放）↵

对齐命令比较长，但使用起来比较简单。实际上就是要把源物体上的源点，分别对齐到目标物体上的目标点。

● 对齐可以指定一对源点和目标点，这时相当于把源物体从源点移动到目标点。

● 当指定两对源点和目标点时，物体不仅移动而且旋转，即源物体的一条边与目标物体的一条边对齐。多用于平面图形的对齐。

- 当指定三对源点和目标点时，物体不仅移动而且旋转，即源物体的一个面与目标物体的一个面对齐。多用于三维物体的对齐。
- 指定两对点对齐时，可以选择源物体对齐后是否基于对齐点缩放对象。

二维物体的对齐效果如图 3-31 所示。

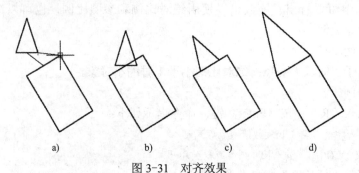

图 3-31　对齐效果

a) 对齐前　b) 一对点对齐　c) 两对点对齐　d) 两对点对齐并缩放

3.8　复制对象的编辑命令

有些编辑命令可以用来在图形中创建与选定对象相同或相似的副本。主要有"复制"、"镜像"、"偏移"和"阵列"。前面已经提到，旋转和缩放的同时也可以选择是否复制对象。

3.8.1　复制命令

复制对象指的是在指定位置处创建对象副本。

1．命令输入方式

命令行：COPY。

菜单栏：修改（M）→复制。

工具栏：修改→。

工具面板：默认→修改→。

命令别名：CO。

2．操作步骤

命令: Copy↵

选择对象：（选择要复制的对象）

选择对象：（继续选择要复制的对象或回车确定所选的对象）↵

当前设置：复制模式 = 多个

指定基点或 [位移(D)/模式(O)] <位移>：（输入坐标或取点以确定复制和基点）

指定第二个点或 <使用第一个点作为位移>：（指定第二点或回车）

指定第二个点或 [退出(E)/放弃(U)] <退出>:↵

细心的读者会发现，对象复制和对象移动的命令操作几乎是一样的。实际上，复制就是把对象移动到指定点而保留原对象，如图 3-32 所示。

复制的模式是指一次复制单个副本还是多个副本。AutoCAD 默认复制模式是多个。

复制时在"指定第二个点或 [退出(E)/放弃(U)]"提示下每指定一个位移点就复制一个对象，实现重复复制对象。直到按〈Enter〉键确定或按〈Esc〉键取消。

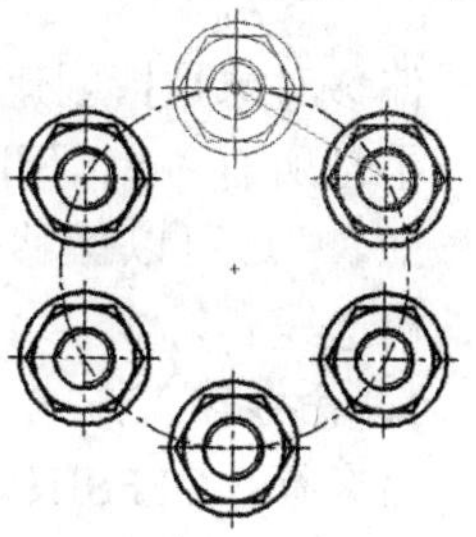

图 3-32　复制

3.8.2　镜像对象

镜像是指创建选定对象的关于指定直线对称的对象（镜像对象）。

1. 命令输入方式

命令行：MIRROR。

菜单栏：修改（M）→镜像。

工具栏：修改→▲。

工具面板：默认→修改→▲。

命令别名：MI。

2. 操作步骤

命令: MIRROR ↵

选择对象：（选择要镜像的源对象）

指定镜像线的第一点：（选择第一点）

指定镜像线的第二点：（选择第二点）

要删除源对象吗？[是(Y)/否(N)] <N>：↵

镜像的效果如图 3-33 所示。

在镜像过程中，在不同的情况下需要决定是否对文字也产生镜像。AutoCAD 在默认下，不对文字镜像。如果要对文字镜像，可以用系统变量"MIRRTEXT"来控制。操作如下：

命令: MIRRTEXT↵

输入 MIRRTEXT 的新值 <0>: 1

"MIRRTEXT"的取值为 0 或 1，具体效果如图 3-34 所示。

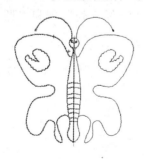

图 3-33　镜像

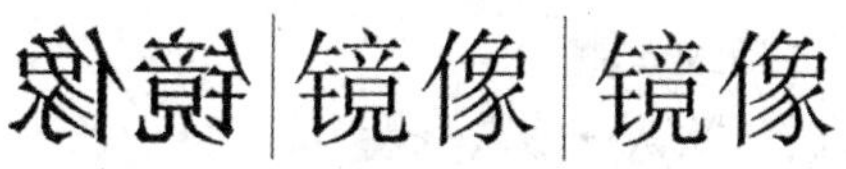

镜像｜镜像｜镜像

a)　　　　　b)　　　　　c)

图 3-34　文字镜像的控制

a) MIRRTEXT=1　b) 源物体　c) MIRRTEXT=0

3.8.3 偏移对象

偏移对象是指创建形状与选定对象形状平行的新对象。

不是所有对象都可偏移。如果对不能偏移的对象使用偏移命令，系统会提示："无法偏移该对象"。可以偏移的对象有：直线、圆、圆弧、椭圆和椭圆弧、二维多义线、样条曲线、构造线和射线。

1. 命令输入方式

命令行：OFFSET。

菜单栏：修改（M）→偏移。

工具栏：修改→⚫。

工具面板：默认→修改→⚫。

命令别名：O。

2. 操作步骤

命令: OFFSET ↵

当前设置: 删除源=否　图层=源　OFFSETGAPTYPE=0

指定偏移距离或 [通过(T)/删除(E)/图层(L)] <通过>：（输入数值或指定两点确定偏移的距离，或输入"T"、"E"、"L"）

选择要偏移的对象，或 [退出(E)/放弃(U)] <退出>：

指定要偏移的那一侧上的点，或 [退出(E)/多个(M)/放弃(U)] <退出>：

选择要偏移的对象，或 [退出(E)/放弃(U)] <退出>：↵

偏移的效果如图 3-35 所示。

"偏移"命令各选项解释如下：

● 通过（T）：偏移类型为指定通过点的方式。

● 删除（E）：控制偏移时是否保留源对象。

● 图层（L）：控制偏移对象是否与源对象在同一层。

● 多个（M）：打开重复多次偏移模式。如果已经指定过偏移距离，则以确定好的距离重复多次偏移的操作。

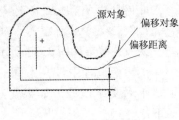

图 3-35　偏移

3.8.4 阵列对象

阵列是指复制对象并形成按规律排列的对象副本。排列规律包括矩形、路径和环形三种，因而"阵列"工具🔡也相应包含"矩形阵列"🔡、"路径阵列"〰和"环形阵列"🔡 3 个按钮。

1. 命令输入方式

命令行：ARRAY。

菜单栏：修改（M）→偏移。

工具栏：修改→🔡。

工具面板：默认→修改→🔡。

命令别名：AR。

2. 操作步骤

命令：ARRAY ↵

70

选择对象：（选择陈列的源对象）↵

选择对象：输入阵列类型 [矩形(R)/路径(PA)/极轴(PO)] <矩形>：

选择阵列类型后，在"草图与注释"工作空间中，会出现相应类型"阵列"上下文功能区，设置并完成操作，也可以直接拖动阵列的夹点或者在命令窗口中修改选项进行设置和操作。

可以通过命令直接进入一种类型阵列操作，跳过选择阵列类型步骤，3 种阵列类型对应命令分别是："矩形"（ARRAYRECT）、"路径"（ARRAYPATH）和"环形"（ARRAYPQLAR）。

3 种阵列具体操作如下：

（1）矩形阵列

命令：ARRAYRECT

选择对象：（选择陈列的源对象）↵

选择对象：↵

类型 = 矩形　关联 = 是

选择夹点以编辑阵列或 [关联(AS)/基点(B)/计数(COU)/间距(S)/列数(COL)/行数(R)/层数(L)/退出(X)] <退出>：

矩形阵列屏幕操作及上下文功能区如图 3-36 所示。

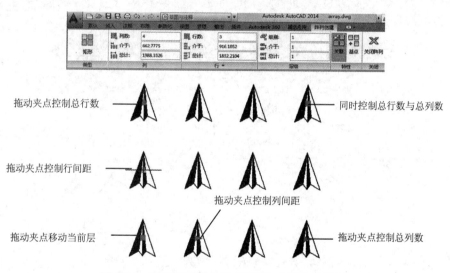

图 3-36　矩形阵列操作及"阵列"上下文功能区

矩形阵列各选项或参数意义如下：

● 关联（AS）：设置阵列项目间是否关联。

● 基点（B）：设置阵列放置项目的基点。

● 计数（COU）：指定行数和列数。

● 间距（S）：指定行间距和列间距。

● 列数（COL）：设置阵列中的列数。

● 行数（R）：设置阵列中的行数。

● 层数（L）：指定阵列中的层数，如图 3-37 所示。

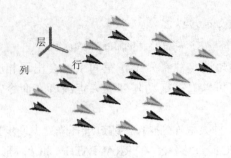

图 3-37　阵列的层

（2）路径阵列

路径阵列屏幕操作及上下文功能区如图 3-38 所示。

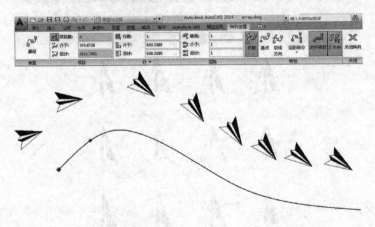

图 3-38　路径阵列操作及"阵列"上下文功能区

路径阵列各选项或参数意义如下：

● 方法（M）：控制如何沿路径分布项目，可以选择"定数等分"和"测量"两种方式。
● 切向（T）：指定阵列中的项目与路径的起始方向对齐方式。可选择"两点"和"普通"。
● 项目（I）：根据"方法"设置，指定阵列项目数或项目之间的距离。
● 对齐项目（A）：指定每个项目是否相对于第一个项目随路径切线方向旋转。
● Z 方向（Z）：当路径是三维路径时，控制项目保持原 Z 方向或者随路径倾斜情况旋转。

（3）环形阵列

命令：ARRAYPOLAR↵

选择对象：（选择陈列的源对象）↵

选择对象：↵

类型 = 极轴   关联 = 是

指定阵列的中心点或 [基点(B)/旋转轴(A)]:

选择夹点以编辑阵列或 [关联(AS)/基点(B)/项目(I)/项目间角度(A)/填充角度(F)/行(ROW)/层(L)/旋转项目(ROT)/退出(X)] <退出>:

环形阵列屏幕操作及上下文功能区如图 3-39 所示。

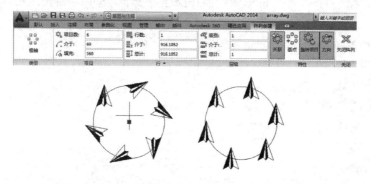

图 3-39   环形阵列操作及"阵列"上下文功能区

环形阵列各选项或参数意义如下：

● 项目间角度（A）：指定项目之间的角度。

● 填充角度（F）：指定阵列中第一个和最后一个项目之间的角度。

● 旋转项目（ROT）：控制在排列项目时是否旋转项目。

3．阵列对话框

经典 AutoCAD 设计中常使用对话框来操作阵列。当前版本仍保留这个功能。当在命令窗口中输入"ARRAYCLASSIC"并按〈Enter〉键后，弹出"阵列"对话框，如图 3-40 所示。

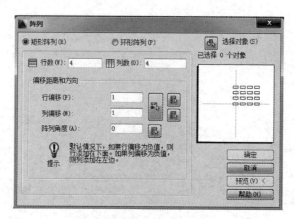

图 3-40   "阵列"对话框

利用该对话框可以完成矩形阵列和环形阵列的设置。

3.9 修改对象的形状

3.9.1 修剪和延伸对象

修剪对象是指使对象精确地终止于由其他对象定义的边界；延伸对象是指使对象精确地延伸至由其他对象定义的边界。

修剪和延伸虽然是两个不同的命令，但在操作中按下〈Shift〉键可以相互切换。

1. 修剪

（1）修剪命令输入方式

命令行：TRIM。

菜单：修改（M）→修剪。

工具栏：修改→ ╱ 。

工具面板：默认→修改→ ╱ 修剪 ▾ 。

命令别名：TR。

（2）操作步骤

> 命令: TRIM ↵
>
> 当前设置:投影=UCS，边=无
>
> 选择剪切边...
>
> 选择对象或 <全部选择>:: （选择剪切边按〈Enter〉键确定选择，直接按〈Enter〉键全部对象都是剪切边）
>
> 选择要修剪的对象，或按住〈Shift〉键选择要延伸的对象，或[栏选(F)/窗交(C)/投影(P)/边(E)/删除(R)/放弃(U)]:

2. 延伸

（1）命令输入方式

命令行：Extend。

菜单：修改（M）→延伸。

工具栏：修改→ ╱ 。

工具面板：默认→修改→ ╱ 。

命令别名：EX

（2）操作步骤

> 命令：Extend ↵
>
> 当前设置:投影=UCS，边=无
>
> 选择边界的边：
>
> 选择对象或 <全部选择>:（选择延伸边界按〈Enter〉键确定，直接按〈Enter〉键全部对象都是延伸边界）↵
>
> 选择要延伸的对象，或按住〈Shift〉键选择要剪切的对象，或 [栏选（F）/交叉（C）/投影(P)/边(E)/放弃(U)]:

在剪切和延伸对象时，投影（P）或边（E）选项可用于剪切三维空间中不相交而在视图中有重影点的对象；或沿对象自身自然路径延伸对象以与三维空间中另一对象或其投影相交。修剪和延伸对象的效果如图 3-41 所示。

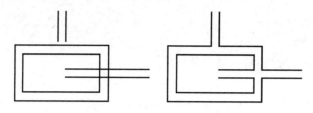

图 3-41　剪切和延伸对象的效果

3.9.2　打断与合并对象

打断对象是指将对象分开成为两个部分。合并对象是指将符合一定条件的多个对象合并为一个对象，如位于同一直线上的两条线段。

1．打断

（1）命令输入方式

命令行：BREAK。

菜单：修改（M）→打断。

工具栏：修改→■。

工具面板：默认→修改面板扩展工具 →■。

命令别名：BR。

（2）操作步骤

命令: BREAK ↵

选择对象:（选择对象，并指定第一点）

指定第二个打断点，或[第一点(F)]: ↵

执行打断命令后，物体分为两部分，并且在第一点与第二点之间的部分被删除。

输入"F"，则重新指定第一个打断点，再指定第二个打断点。

如果在指定打断的第二点时输入"@"，则第一点与第二点重合，物体从断点处一分为二。"打断于点"工具按钮■就可以完成这一功能。

打断对象的效果如图 3-42 所示。

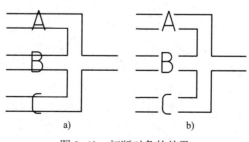

图 3-42　打断对象的效果

a) 原图　b) 打断后

2. 合并

（1）命令输入方式

命令行：JOIN。

菜单：修改（M）→合并。

工具栏：修改→ ⊶⊷ 。

工具面板：默认→修改面板扩展工具→ ⊶⊷ 。

命令别名：J。

（2）操作步骤

合并对象的命令根据合并对象类型的不同，操作和提示也不同。下面操作是合并两段圆弧的操作：

命令:JOIN ↵

选择源对象:选择一段圆弧

选择圆弧，以合并到源或进行 [闭合(L)]:选择与源对象合并的弧

已将 1 个圆弧合并到源

如果选择一段圆弧，在"选择圆弧，以合并到源或进行 [闭合(L)]"提示下输入"L"，则弧封闭成为一个圆。

合并对象的效果如图 3-43 所示。图中使用了两次合并命令：第一次合并了两段圆弧，第二次合并了圆弧和三段直线。

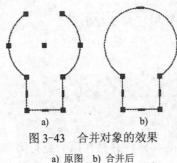

图 3-43　合并对象的效果

a) 原图　b) 合并后

3.9.3　拉伸和拉长对象

拉伸是指以窗交或用圈交方法选择对象的一部分后，移动选区内对象的顶点，使对象变形。拉长对象是指沿对象自身自然路径来修改长度或者圆弧的包角。

1. 拉伸

（1）命令输入方式

命令行：STRETCH。

菜单：修改（M）→拉伸。

工具栏：修改→ ▣ 。

工具面板：默认→修改→ ▣ 。

命令别名：S。

（2）操作步骤

命令:STRETCH ↵

以交叉窗口或交叉多边形选择要拉伸的对象

选择对象：（从右到左移动光标以窗交方式或以交叉多边形方式选择对象）

选择对象：（继续选择或按〈Enter〉键确定选择）↵

指定基点或 [位移(D)] <位移>：（指定基点或位移）

指定第二个点或 <使用第一个点作为位移>：（指定位移的第二个点或 <用第一个点作位移>）

拉伸对象如图 3-44 所示。

2. 拉长

（1）命令输入方式

命令行：LENGTHEN。

菜单：修改（M）→拉长。

工具面板：默认→修改面板扩展工具→ ▨ 。

命令别名：LEN。

（2）操作步骤

命令：LENGTHEN ↵

选择对象或 [增量(DE)/百分数(P)/全部(T)/动态(DY)]：（选择拉长的对象或拉长方式）↵

当前长度

选择对象或 [增量(DE)/百分数(P)/全部(T)/动态(DY)]: dy（指定拉长的方式的动态）↵

选择要修改的对象或 [放弃(U)]: 选择要修改的对象或按〈Enter〉键放弃↵

指定新端点:指定对象的新端点，拉长或缩短对象

拉长的方式有：

- 增量（DE）：以指定的增量来修改对象的长度或圆弧的角度。
- 百分数（P）：指定对象总长度或圆弧总包角的百分数设置对象长度或圆弧角度。
- 全部（T）：指定总长度或总角度的绝对值来设置选定对象的长度或圆弧的包含角。
- 动态（DY）：通过动态拖动对象的一个端点来改变其长度。

动态拉长效果如图 3-45 所示。

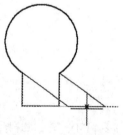

图 3-44　拉伸对象

图 3-45　动态拉长对象

3.9.4　分解对象

分解对象是指将多义线、标注、图案填充、块或三维实体等有关联性的合成对象分解为单个元素，又称为"炸开对象"。

1. 命令输入方式

命令行：EXPLODE。

菜单栏：修改（M）→分解。

工具栏：修改→![图标]。

工具面板：默认→修改→![图标]。

命令别名：X。

2．操作步骤

命令: EXPLODE ⏎

选择对象：（选择要分解的对象）

选择对象：（继续选择对象或确定选择）⏎

在使用分解命令时要注意：

1）对于多义线，分解后的对象忽略所有相关线宽或切线信息，沿多义线中心放置所得的直线和圆弧元素。

2）对于三维实体，将平面表面分解成面域，将非平面表面分解成体。

3）对于尺寸标注，将分解成直线、样条曲线、箭头、多行文字或公差对象等。

4）对于多行文字，分解成单行文字对象。

5）对于面域，分解成直线、圆弧或样条曲线。

6）外部参照插入的块以及外部参照依赖的块不能分解。

3.9.5 圆角、倒角和光顺曲线

圆角就是通过一个指定半径的圆弧来光滑地连接两个对象。倒角与圆角相似，就是通过一个指定的直线连接两条非平行线。光顺曲线是通过在端点之间创建相切或平滑的样条曲线连接两条开放曲线。

1．圆角

（1）命令输入方式

命令行：FILLET。

菜单栏：修改（M）→圆角。

工具栏：修改→![图标]。

工具面板：默认→修改→![圆角图标] 圆角 ▼。

命令别名：F。

（2）操作步骤

命令: FILLET ⏎

当前设置：模式 = 修剪，半径 = 0.0000

选择第一个对象或 [放弃(U)/多段线(P)/半径(R)/修剪(T)/多个(M)]: R ⏎（选择第一条直线或输入选项，一般输入"R"以指定圆角的半径）

指定圆角半径<0.0000>：（输入圆角的半径数值）⏎

选择第一个对象或 [放弃(U)/多段线(P)/半径(R)/修剪(T)/多个(M)]: 选择第一个对象

选择第二个对象，或按住〈Shift〉键选择要应用角点或 [半径(R)]: 选择第二个对象

圆角的各选项意义如下：

● 多段线（P）：为多义线的每两条线段相交的顶点处倒圆角。

● 半径（R）：更改圆角半径。

● 修剪（T）：倒圆角后是否剪去选定的对象圆角外的部分。有两种模式：修剪和不修剪。

● 多个（M）：一次命令给多个对象倒圆角。

在使用圆角命令时要注意：

● 对于不平行的两个对象，当有一个对象长度小于圆角半径时，可能无法倒圆角。

● 可以为平行直线倒圆角（以平行线间距离为圆角直径）。

● 注意在选择对象时光标单击的位置。

● 圆角命令可用于实体等三维对象。

● 按下〈Shift〉键同时选择第二个对象，圆角半径为零，即两对象相交并形成尖角。

2．倒角

（1）命令输入方式

命令行：CHAMFER。

菜单：修改（M）→倒角。

工具栏：修改→▱。

工具面板：默认→修改→▱ 倒角 ▾。

命令别名：CHA。

（2）操作步骤

命令：CHAMFER ↵

（"修剪"模式）当前倒角距离 1 = 0.0000，距离 2 = 0.0000）

选择第一条直线或 [放弃(U)/多段线(P)/距离(D)/角度(A)/修剪(T)/方式(E)/多个(M)]: d ↵（选择第一条直线或输入选项，一般输入"D"以指定倒直角的大小（距离））

指定第一个倒角距离<0.0000>:（指定第一个倒角距离）↵

指定第二个倒角距离:（指定第二个倒角距离或按〈Enter〉键确定）↵

选择第一条直线或 [放弃(U)/多段线(P)/距离(D)/角度(A)/修剪(T)/方式(E)/多个(M)]:（选择第一条直线）

选择第二条直线，或按住〈Shift〉键选要应用角点的直线:（选择第二条直线）

倒角的各选项意义如下：

● 多段线（P）：对整个多义线的每两条线段相交的顶点处倒角。

● 距离（D）：更改倒角大小。

● 角度（A）：用第一条线的倒角距离和第二条线的角度设置倒角距离。

● 修剪（T）：倒角后是否剪去选定的对象倒角外的部分。

● 方式（E）：控制确定倒角大小使用距离还是角度方法。

● 多个（MU）：一次命令给多个对象倒角。

● 按下〈Shift〉键同时选择第二个对象，倒角距离为零。与圆角类似。

圆角和倒角的效果如图 3-46 所示。

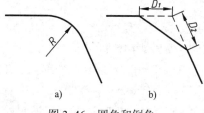

图 3-46　圆角和倒角

a) 圆角　b) 倒角

3．光顺曲线

（1）命令输入方式

命令行：BLEND。

菜单：修改→光顺曲线。

工具栏：修改→〰。

工具面板：默认→修改→〰 光顺曲线 ▾。

（2）操作步骤

命令：BLEND↵

连续性 = 相切

选择第一个对象或 [连续性(CON)]:

选择第二个点:

连续性是指设定连接曲线的过渡类型，分为相切和平滑两种。选择相切则创建一条三阶样条曲线，在选定对象的端点处具有相切连续性；选择平滑则创建一条五阶样条曲线，在选定对象的端点处具有曲率连续性。

3.10 特殊对象的编辑

对于特殊对象，如填充、样条曲线、属性等，AutoCAD 提供了相应的修改工具。这些修改工具位于"常用"选项卡"修改"面板的扩展工具中，在 AutoCAD 经典工作空间中，可以从"修改"菜单下"对象"选项中找到，也可以使用"修改II"工具栏。

在这些对象中，对外部参照、图像、文字等的编辑方法比较简单，对填充（Hatch）等对象的编辑又与其创建方法相似，在此不作介绍。重点介绍多段线（Polyline）、样条曲线（Spline）、多线（Mutiline）的编辑方法。

3.10.1 编辑多段线

1．命令输入方式

命令行：PEDIT。

菜单栏：修改（M）→对象→多段线。

工具栏：修改 II→⬛。

工具面板：默认→修改面板扩展工具→⬛。

命令别名：PE。

2．操作步骤

命令: PEDIT↵

选择多段线或[多条(M)]:（选择要编辑的多段线）↵

选定的对象不是多段线（选定的对象不是多段线时提示）

是否将其转换为多段线? <Y>:（如果选择的对象不是多段线，会有以上两行提示，询问是否将对象转换为多义线，直接会为转换，输入"N"按〈Enter〉键不转换）↵

输入选项 [闭合(C)/合并(J)/宽度(W)/编辑顶点(E)/拟合(F)/样条曲线(S)/非曲线化(D)/线型生成(L)/ 反转(R)/放弃(U)]:（输入要操作的选项）↵

在编辑多段线的命令下，输入一个选项并进行完该选项的操作后，AutoCAD 再次提示：

输入选项 [闭合(C)/合并(J)/宽度(W)/编辑顶点(E)/拟合(F)/样条曲线(S)/非曲线化(D)/线型生成(L)/放弃(U)]:

可以进行各种选项操作。要结束多段线编辑命令，在上面提示下按〈Enter〉键即可。

编辑多段线命令中各选项的意义如下：

- 闭合（C）：闭合所选择的多段线。
- 打开（O）：执行闭合操作后，"闭合"选项变为"打开"选项，用来删除多段线的闭合线段。
- 合并（J）：将端点重合的直线、圆弧或多义线合并为一条多段线。要合并端点不重合的对象，在"选择多段线或[多条(M)]"提示下选择"Multiple（多条）"选项，并设置"模糊距离（Fuzz Distance）"足以包括端点。
- 宽度（W）：指定整条多段线新的线宽。
- 编辑顶点（E）：编辑多段线的顶点。此命令又有以下选项：

输入顶点编辑选项
[下一个(N)/上一个(P)/打断(B)/插入(I)/移动(M)/重生成(R)/拉直(S)/切向(T)/宽度(W)/退出(X)] <N>:

- 拟合（F）：通过多段线的所有顶点并使用指定的切线方向创建圆弧，拟合多义线成为平滑曲线。效果如图 3-47 所示。
- 样条曲线（S）：使用选定多段线的顶点作为控制点或控制框架，拟合 B 样条曲线。若原多段线不是闭合的，所拟合的曲线通过原多段线的第一个和最后一个控制点并被拉向其他控制点，但并不一定通过。效果如图 3-48 所示。

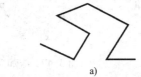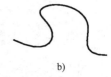

| a) | b) | a) | b) |

图 3-47　多段线拟合平滑曲线　　　　图 3-48　多段线拟合样条曲线

a) 多段线　b) 拟合平滑曲线　　　　　　a) 多段线　b) 拟合样条曲线

- 非曲线化（D）：删除拟合曲线或样条曲线插入的多余顶点，并拉直多段线的所有线段。
- 线型生成（L）：生成经过多段线顶点的连续线型。
- 反转（R）：反转多段线顶点的顺序
- 放弃（U）：撤销选项操作，返回到"PEDIT"命令的开始状态。

3.10.2　编辑样条曲线

1．命令输入方式

命令行：SPLINEDIT。

菜单栏：修改（M）→对象→样条曲线。

工具栏：修改 II→⬠。

工具面板：默认→修改面板扩展工具→⬠。

命令别名：SPE。

2．操作步骤

编辑样条曲线命令的选项意义如下:

- 闭合（C）: 使开放的样条曲线闭合，并使曲线在端点处切向平滑。如果选定的样条曲线已经是闭合的，将出现"打开（O）"选项而不是"闭合（C）"选项。
- 合并（J）: 将选定的样条曲线与其他样条曲线、直线、多段线和圆弧在重合端点处合并，以形成一个较大的样条曲线。
- 拟合数据（F）: 在编辑样条曲线命令提示下输入"F"，AutoCAD 提示如下:

输入拟合数据选项[添加(A)/闭合(C)/删除(D)/扭折(K)/移动(M)/清理(P)/切线(T)/公差(L)/退出(X)]<退出>:

拟合数据各选项解释如下:

① 添加（A）: 指定一个控制点，则该点与其下一控制点亮显，在两控制点间为样条曲线增加拟合点。添加的效果如图 3-49 所示。

图 3-49　添加拟合点

② 闭合（C）: 与编辑样条曲线命令的选项意义相同。

③ 删除（D）: 删除选择的拟合点，样条曲线将用其余点重新拟合。

④ 扭折（K）: 在样条曲线上的指定位置添加节点和拟合点，不保持在该点的相切或曲率连续性。

⑤ 移动（M）: 移动拟合点。

⑥ 清理（P）: 从图形数据库中清除样条曲线的拟合数据，清理过的样条曲线编辑时不再包括"拟合数据"选项。

⑦ 切线（T）: 编辑样条曲线的起点和端点切向。

⑧ 公差（L）: 使用新的公差值将样条曲线重新拟合至现有点。

⑨ 退出（X）: 退出拟合数据选项，回到主提示。

- 编辑顶点（E）: 可以对控制点进行"添加"、"删除"、"移动"和"提高阶数"等操作。
- 转换为多段线（P）: 将样条曲线转换为多段线。
- 反转（R）: 反转样条曲线的方向，首尾倒置。
- 放弃（U）: 取消上一个编辑操作。
- 退出（X）: 退出编辑样条曲线命令。

3.10.3 编辑多线

编辑多线命令通过添加或删除顶点，控制角点接头样式来编辑多线。

1. 命令输入方式

命令行：MLEDIT。

菜单：修改（M）→对象→多线。

2. 操作步骤

命令: MLEDIT ↵

打开"多线编辑工具"对话框，如图 3-50 所示。

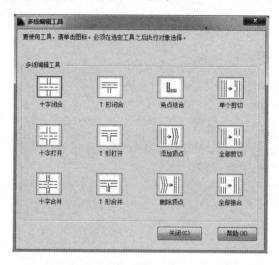

图 3-50 "多线编辑工具"对话框

选择其中一种工具，确定，就可以选择多线对其进行相应的编辑。

"多线编辑工具"对话框上的工具具体如下。

（1）第一列

● 十字闭合：编辑两条多线交点处为闭合的十字交点。

● 十字打开：编辑两条多线交点处为打开的十字交点。

● 十字合并：编辑两条多线交点处为合并的十字交点。

（2）第二列

● 丁字闭合：编辑两条多线交点处为闭合的丁字交点。

● 丁字打开：编辑两条多线交点处为打开的丁字交点。

● 丁字合并：编辑两条多线交点处为合并的丁字交点。

（3）第三列

● 角点结合：编辑两条多线交点处以角点方式结合。角点结合的效果如图 3-51 所示。

● 添加顶点：为多线添加一个顶点。

● 删除顶点：删除多线的一个顶点。

（4）第四列

● 单个剪切：剪切多线上选定的单个元素。

- 全部剪切：剪切多线上的全部元素，分多线为两部分。
- 全部接合：重新接合被剪切过的多线线段。

图 3-52 是利用编辑多线命令绘图的一个例子。

图 3-51　多线角点结合

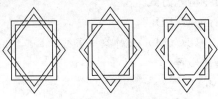

图 3-52　编辑多线

3.11　修改系统变量

以修改系统变量"PICKADD"为例。

（1）输入系统变量名称

命令：PICKADD

输入 PICKADD 的新值 <1>: 0（设置"PICKADD"新值为 0）

这时选定对象将替换当前的选择集。

（2）命令输入方式

命令行：SETVAR。

命令别名：SET。

（3）操作步骤

命令: SETVAR↙

输入变量名或 [?] <PICKADD>↙（输入要设置的系统变量名）

输入 PICKADD 的新值 <0>: 1↙

如果对系统变量不熟悉，可以在"输入变量名或 [?]"提示下输入"？"按〈Enter〉键，则系统将弹出文本窗口，可以列出所有系统变量和它们的当前值，如图 3-53 所示。

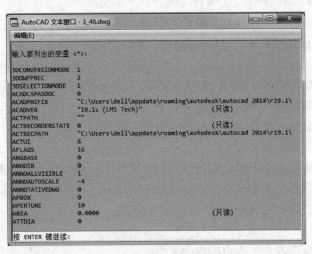

图 3-53　查询系统变量

3.12 习题

1. 熟悉对象的选择方法。
2. 在重叠或邻近的对象间循环选择的方法是按（　　）键。
   - A. Tab+Space（空格键）
   - B. Shift+Space
   - C. Ctrl+Space
   - D. Alt+Space
3. 选择对象时，按（　　）键同时选择对象，可以将对象从当前选择集中删除。
   - A. Tab
   - B. Shift
   - C. Ctrl
   - B. Alt
4. 利用夹点编辑时，循环切换修改方式是利用（　　）键。
   - A. Tab
   - B. Shift
   - C. Enter（回车键）
   - D. Esc
5. 熟悉各种视图的显示控制方法。
6. 练习各种编辑命令，并利用"分解"、"偏移"、"修剪"、"圆角"、"倒角"和 "特性"等编辑命令，把图 3-54a 图形，编辑成图 3-54b 图形（不标注尺寸）。

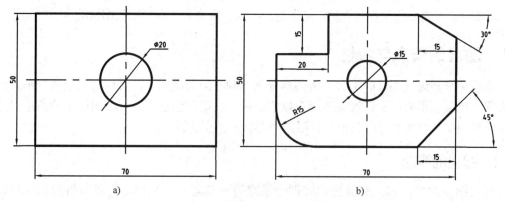

图 3-54　图形编辑的练习

a) 原图　b) 编辑后的图形

7. 绘制图 3-55 所示的图形，练习"阵列"命令。

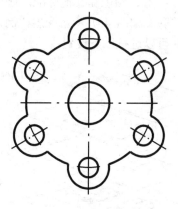

图 3-55　阵列命令练习

第4章 图 层

本章主要内容
- 建立新图层
- 设置图层的颜色、线型、线宽
- 管理图层
- 对象特性修改
- 图层特性的替代

图层是用户在绘图时用来组织图形的工具。绘图时首先要对图层进行设置，如建立新图层、设置当前层、设置图层的颜色、线型以及图层是否关闭、是否冻结、是否锁定等；也可以实现对图层进行更多的设置和管理，如图层的切换、重命名、删除以及图层的显示控制等。

4.1 图层的概念与特性

图层是一种管理图形的工具，将图形分别放到不同的图层上，可以对同层的图形进行统一设置，控制图形的显示，设置图形对象的颜色、线型和线宽，区分开图样上的图形对象，还可以控制图形对象的打印效果，并根据需要修改图层的设置。

4.1.1 图层的概念

任何图形对象，都具有颜色、线型、线宽等一些非几何数据。为了节省时间和存储空间，AutoCAD 将一张图样上具有相同线型、线宽、颜色的对象设置在同一个图层上，由此提出了图层的概念。图层相当于图纸绘图中使用的重叠图纸，可以把它们想象成透明的没有厚度的薄片，各图层都具有相同的坐标系、图形界限和显示缩放倍数。通过使用图层可以实现按功能组织信息，执行线型、线宽、颜色和其他标准。通过创建图层，可以将类型相似的对象指定给同一个图层使其相关联。如图 4-1 所示图层样例，可以将剖面线、轮廓线、中心线分别置于不同的图层上，然后可以进行以下设置：

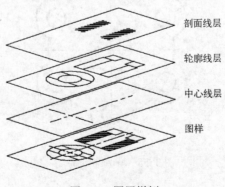

图 4-1 图层样例

1）图上的对象是否在任何视口中都可见。

2）是否打印对象以及如何打印对象。

3）为图层上的所有对象指定何种颜色。

4）为图层上的所有对象指定何种默认线型和线宽。

5）图层上的对象是否可以修改。

4.1.2 图层的特性

AutoCAD 中的图层具有以下几个特性：

1）每个图层都有名字。开始绘制新图形时，AutoCAD 将自动创建一个名为"0"的默认图层，其他的图层名要由用户自己来定义。图层名可由字母、数字以及汉字等组成。

2）每一幅图形中建立的图层数量没有限制。

3）通常情况下，同一图层上的对象只能是一种线型，一个线宽，一种颜色。但用户可以使用图层命令改变各图层的线型、颜色和线宽。

4）用户只能在当前图层上进行绘图操作，但可以通过使用图层操作命令改变当前图层。

5）用户可以对图层的状态进行操作，如对各图层进行打开或关闭、冻结或解冻、锁定或解锁等，详见 4.2 节。

4.2 图层设置与管理

1. 命令输入方式

命令行：LAYER。

菜单栏：格式→图层。

工具栏：图层→ 。

命令别名：LA。

2. 操作步骤

输入命令后，屏幕将弹出"图层特性管理器"对话框，如图 4-2 所示，通过该对话框可以实现对图层的设置与管理。

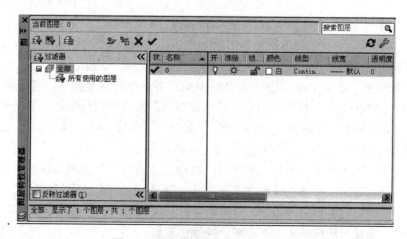

图 4-2 "图层特性管理器"对话框

4.2.1 设置图层

1. 新建图层

单击"图层特性管理器"对话框中的 ✏ "新建"按钮或使用快捷键〈Alt+N〉，就会建立一个名为"图层1"的新图层，同时"图层1"会在对话框中的图层列表的"名称"项的对应列中显示出来。用户也可以根据需要更改图层的名字，单击"图层1"，在文本框中输入新的图层名即可。默认情况下，新建图层与当前图层的状态、颜色、线型及线宽等设置相同。

ⓘ **注意**

根据国家标准 GB/T18229—2000《CAD 工程制图规则》，CAD 工程图的图层建立要符合 CAD 工程图的管理要求，详见表 4-1 中图线的颜色及其对应的图层。

2. 颜色设置

在"图层特性管理器"对话框的图层列表中单击颜色列的"白色"，屏幕将弹出"选择颜色"对话框，如图 4-3 所示。

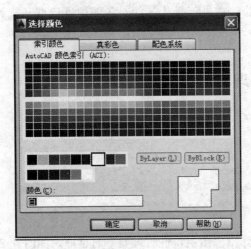

图 4-3 "选择颜色"对话框

在"选择颜色"对话框中，可以使用"索引颜色"、"真彩色"和"配色系统"等选项卡来选择颜色。"真彩色"和"配色系统"选项卡是 AutoCAD 2004 的新增功能，在 AutoCAD 2006 及以后的版本中继续沿用。对于对话框中的选项卡有以下几个说明：

1) "索引颜色"选项卡中的颜色是 AutoCAD 中使用的标准颜色。每一种颜色用一个 ACI 编号（1～255 的整数）标识。由 3 个调色板组成：最大的调色板显示了编号 10～249 的颜色；第二个调色板显示了编号 1～9 的颜色；第三个调色板显示了编号 250～255 的颜色。例如：1 红色，2 黄色，3 绿色，4 青色，5 蓝色，6 洋红色等。

当鼠标在调色板上的某一颜色上悬浮时，该颜色的编号以及它的 RGB 值就会显示在调色板的下面。直接单击某一颜色或在文本框中输入该颜色号，即表示指定了某一个颜色，此时在某图层上绘制的对象均为该颜色。根据国家标准 GB/T 18229—2000《CAD 工程制图规则》中的要求，图线一般应按表 4-1 中提供的颜色设置。

表 4-1　图线的颜色及其对应的图层

图线类型	粗实线	细实线	波浪线	双折线	粗虚线	细虚线	细点画线	粗点画线	双点画线
颜色	白色	绿色			黄色		红色	棕色	粉红色
图层	01	02			03	04	05	06	07

2）"真彩色"选项卡中的颜色使用 24 位颜色定义显示 16M 色。指定真彩色时，可以使用 HSL 或 RGB 颜色模式。如果使用 HSL 颜色模式，则可以指定颜色的"色调"、"饱和度"和"亮度"要素，如图 4-4 所示。如果使用 RGB 颜色模式，则可以指定颜色的红、绿、蓝组合，如图 4-5 所示。

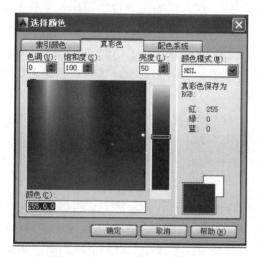

图 4-4　HSL 颜色模式

图 4-5　RGB 颜色模式

3）"配色系统"选项卡如图 4-6 所示，包括几个标准"Pantone"配色系统，也可以输入其他配色系统，例如 DIC 颜色指南或 RAL 颜色集。输入用户定义的配色系统可以进一步扩充可供使用的颜色选择。

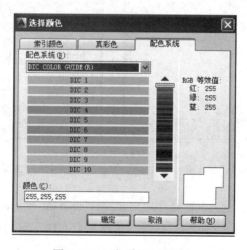

图 4-6　"配色系统"选项卡

4）"ByLayer"按钮：颜色为随层方式，即所绘对象的颜色总是与所在图层的颜色一致，这是最为常用的方式。

5）"ByBlock"按钮：颜色为随块方式。在作图时图形的颜色为白色，此时如果将绘制的图形创建为图块，块成员的颜色将随着块的插入而变为与插入时当前层的颜色相一致，但前提是插入时颜色设为随层方式。

⚠ 注意

"随层"和"随块"两个选项不能应用于"光源"命令中。

3．线型设置

线型是指作为图形基本元素的线条的组成和显示方式。在绘图过程中要用到各种不同的线型，每种线型在图形中所代表的含义也各不相同。在所有新建立的图层上，用户都要对线型进行选择，否则系统均按默认方式将这些图层的线型定义为"Continuous"（实线）线型。除选择线型外，还可以设置线型比例以控制横线和空格的大小，也可以创建自定义线型。

（1）选择线型

在"图层特性管理器"对话框的图层列表中单击"线型"列的 Continuous（实线型），打开"选择线型"对话框，如图 4-7 所示。在"已加载的线型"列表中选择所需的线型，然后单击"确定"按钮即可。

但是通常在默认情况下，在"选择线型"对话框的"可用线型"列表框中，只有"Continuous"一种线型，若需要其他线型，必须对线型进行加载，将所需的线型添加到列表框中。单击对话框中的"加载"（L）按钮，打开"加载或重载线型"对话框，如图 4-8 所示。在对话框中，显示当前线型库中的线型，用户可从这些线型中进行选择并加载。直接单击所需线型，被选中线型高亮显示，单击"确定"按钮即可。

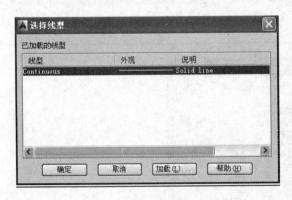

图 4-7 "选择线型"对话框

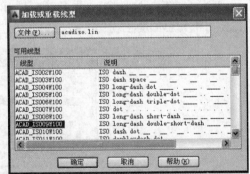

图 4-8 "加载或重载线型"对话框

AutoCAD 2014 中的线型包含在线型库定义文件 acad.lin 和 acadiso.lin 中。其中，用户可以单击对话框中的"文件"（F）按钮，打开"选择线型文件"对话框，如图 4-9 所示，来选择合适的库文件。

图 4-9 "选择线型文件"对话框

（2）线型定制

在 AutoCAD 2014 的线型库文件 acad.lin 和 acadiso.lin 中提供了标准线型库。用户可以直接使用已有的线型，也可以对它们进行修改或自定义线型。

1）定义格式如下。

系统规定每个线型包括一个标题行和一个定义行，其格式如下：

*线型名，[说明]　　　　　　　　　（标题行）

A，DASH-1，DASH-2，…，DASH-n　　（定义行）

其中"*"是标题行的标记，不可省略。它的后面紧跟着线型名，线型名由字母、数字、字符任意组成，但线型名称不能包含空格，长度也不能超过 47 个字符。线型说明部分可用文字说明，也可用"·"和"−"来说明，说明部分可以省略。

字母"A"是线型的排列码，表示排列方式为两端对齐方式，使用该方式，可以保证直线和圆弧的端点处为实线段，目前只此一种码值。

DASH-1，DASH-2，…，DASH-n 来描述线型的具体形式。DASH-i 为正值时，表示要画出长度为该值的线段；DASH-i 为负值时，表示为空白段，空白段的长度为 DASH-i 的值；DASH-i 为零时，则表示要画一个点。

2）操作步骤如下。

命令：-LINETYPE ↵

输入选项[? /创建(C)/加载(L)/设置(S)]：C↵

输入要创建的线型名：

输入线型名并按〈Enter〉键后，屏幕弹出如图 4-10 所示的"创建或附加线型文件"对话框，要求用户选取或建立存放的线型文件。如果选择现有文件，则新的线型名将被添加到文件的线型名称中。

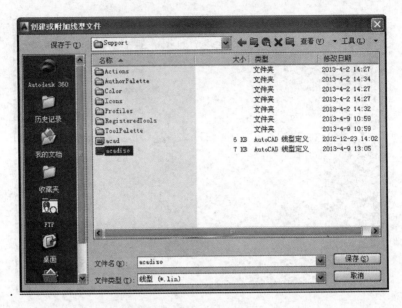

图 4-10 "创建或附加线型文件"对话框

确定了文件名后，系统继续提示：

说明文字：（输入用于说明新线型的文字）↵

输入线型图案（下一行）：

A，

上面的提示要求用户在"A，"的后面输入新线型的定义，定义规则同 1），如 4，-2，0，-2，0，-2，4 然后按〈Enter〉键，这表示一种重复图案，以 4 个图形单位长度的画线开头，然后是 2 个图形单位长度的空移、一个点和另一个 2 个图形单位长度的空移、再一个点和另一个 2 个图形单位长度的空移。该图案延续至直线的全长，并以 4 个图形单位长度的画线结束。该线型如图 4-11 所示。系统继续提示：

新线型定义已保存到文件

输入选项[？/创建(C)/加载(L)/设置(S)]：↵

此时定义的如图 4-11 所示线型存入线型文件中，并结束定义过程。

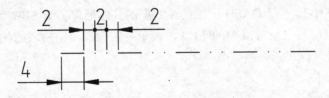

图 4-11　定制的线型

用户自定义的线型既可以放到 AutoCAD 的标准线型文件（acad.lin）中，也可以放到自己建立的专用线型文件（*.lin）中。创建线型时，自定义线型不会自动加载到图形中，要使用"选择线型"对话框中的"加载"（L）按钮。

4. 线宽设置

线宽指的是在图层上绘图时所使用的线型的宽度。用户要对线型进行线宽设置，否则，在所有新建立的图层上，系统均按"默认"线宽为 0.25mm。

在"图层特性管理器"对话框的图层列表中单击"线宽"列的"默认"选项，打开"线宽"对话框，选择所需的线宽，然后单击"确定"按钮即可，如图 4-12 所示。

图 4-12 "线宽"对话框

4.2.2 管理图层

1. 图层状态设置

用图层绘制图形时，新对象的各种特性由当前图层的默认设置决定，即为随层。要改变对象的特性，使新设置的特性覆盖原来随层的特性，可通过使用"图层特性管理器"对话框来实现，在该对话框中包含有以下特性选项：

（1）状态

AutoCAD 2014 的"图层特性管理器"对话框中的"图层"列表中新增添了"状态"列，显示图层和过滤器的状态。其中被删除的图层标识为❌，当前图层标识为✅。

（2）名称

默认情况下，图层的名字按 0（默认）、图层 1、图层 2 等的编号依次递增，用户可以根据需要更改图层的名字，但不能重命名 0 图层。

（3）开关状态

显示图层打开与否。小灯泡图标颜色是淡黄色💡时，表示该图层为打开状态，此时该图层上的图形可以在显示器上显示，也可以在输出设备上打印；若要关闭该图层，则单击小灯泡，使其颜色变为灰色💡，此时该图层上的图形不能显示，也不能打印输出。反过来，若要将关闭的图层打开，同样需要单击小灯泡，其颜色由灰色变为淡黄色。若要关闭当前层，屏幕会弹出如图 4-13 所示的"图层-关闭当前图层"提示框，以确认关闭当前层。

（4）冻结

如果图层被冻结，此时显示雪花图标❄，表示该图层上的图形不能被显示出来，也不能打印输出，而且也不能被编辑或修改；如果图层被解冻，则显示太阳图标☼，表示该图层上的图形可以被显示出来，也能够打印输出，并且可以在图层上编辑或修改图层对象。用户不能冻结当前层，也不能将冻结层转换为当前层，此时屏幕会弹出如图 4-14 所示的"图层-无法冻结"提示框，以提出警告。

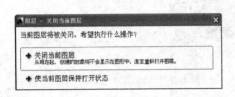

图 4-13　"图层-关闭当前图层"提示框　　　　图 4-14　"图层-无法冻结"提示框

（5）锁定

如果图层被锁定，此时显示图标为🔒，锁定状态并不影响该图层上的图形对象的显示，但不能对其进行编辑。但是用户可以在锁定的图层上作图，也可以使用查询命令和对象捕捉功能。解锁时，图标显示为🔓。

（6）打印式样

显示图层的输出样式。需要注意的是：如果使用的是彩色绘图仪，则不能改变打印样式。

（7）打印

显示图层的输出状态，表明该图层是否打印输出。打印时，图标显示为🖨；不打印时，图标显示为🖨。值得注意的是，打印功能只对可见的图层起作用，即只对没有冻结和没有关闭的图层起作用。

（8）冻结新视口

在"图层特性管理器"对话框中的图层列表"冻结新视口"列中，可以对视口进行冻结或解冻的操作。

（9）说明

在"图层特性管理器"对话框的图层列表"说明"列中，可以为图层或组过滤器添加必要的说明信息。

2．切换当前层

在"图层特性管理器"对话框的图层列表中，选择某一图层后，单击"确认"按钮✔，即将该图层设置为当前层；也可以通过工具栏中的"图层控制"下拉列表框来实现图层切换。

3．删除图层

在"图层特性管理器"对话框的图层列表中，选择某一图层后，单击"删除"按钮✘，即可将该图层删除。但 0 图层、当前层、包含对象的图层以及依赖外部参照的图层不能被删除，此时屏幕会弹出如图 4-15 所示的"图层-未删除"提示框，以提出警告。

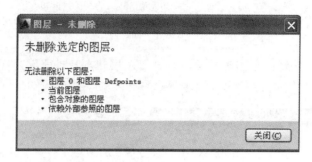

图 4-15 "图层-未删除"提示框

4. 保存与恢复图层状态

图层设置包括图层状态和图层特性。图层状态包括图层是否打开、冻结、锁定、打印和在新视口中自动冻结；而图层特性包括颜色、线型、线宽和打印样式。用户可以选择要保存的图层状态和图层特性，保存图形的当前图层设置，以便于以后恢复此设置。如果在完成图形的不同阶段或打印的过程中需要恢复所有图层的指定设置，保存图形设置可以节省时间。这对于包含大量图层的图形尤其方便。例如，可以选择只保存图形中图层的"冻结/解冻"设置，忽略所有其他设置。恢复图层状态时，除了每个图层的冻结或解冻设置以外，其他设置保持当前设置。

（1）图层状态管理器

在"图层特性管理器"对话框中，单击"图层状态管理器"按钮，弹出"图层状态管理器"对话框，如图 4-16 所示。通过该对话框可以实现对所有图层的状态进行管理。对话框中各选项功能如下：

图 4-16 "图层状态管理器"对话框

1）"图层状态"（E）列表框：显示当前图层已保存下来的图层状态名称，以及从外部输入的图层状态名称。

2）"新建"（N）按钮：单击该按钮，打开"图层状态管理器"对话框中显示"要恢复的图层特性"选项，如图 4-17 所示，创建新的图层状态。

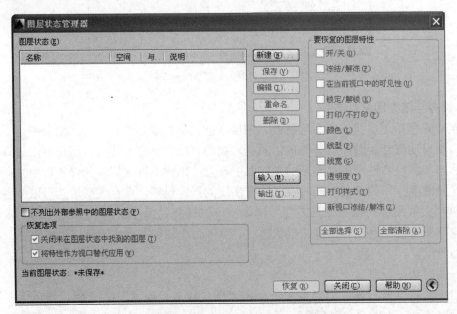

图 4-17 "要恢复的图层特性"选项

3）"删除"（D）按钮：单击该按钮，可以删除选中的图层状态。

4）"输入"（M）按钮：单击该按钮，将打开"输入图层状态"对话框，可以将外部图层状态输入到当前图层中。

5）"输出"（X）按钮：单击该按钮，将打开"输出图层状态"对话框，可以将当前已保存下来的图层状态输出到一个 LAS 文件中。

6）⊙按钮：单击该按钮，在"图形状态管理器"中显示出"要恢复的图层特性"选项组，通过选中相应的复选框来设置图层状态和特性，如图 4-17 所示。单击"全部选择（S）"按钮，可以选中全部复选框。单击"全部清除（A）"按钮，可以取消对所有复选框的选中。

7）"恢复"（R）按钮：单击该按钮，可以将选中的图层状态恢复到当前图形中，且只有保存的图层特性和状态才能够恢复到图层中。

（2）保存图层设置

单击"图层状态管理器"对话框中的"保存"按钮，打开"要保存的新图层状态"对话框，如图 4-18 所示。在"新图层状态名"下拉列表框中输入图层状态的名称，在"说明"文本框中输入相关的图层说明文字，然后单击"确定"按钮，返回"图层状态管理器"对话框，在"要恢复的图层特性"选项组中设置恢复选项，然后单击"关闭"（C）按钮即可。

图 4-18 "要保存的新图层状态"对话框

（3）恢复图层状态

在"图层特性管理器"对话框中，如果改变了图层的显示等状态，还可以恢复以前保存的图层设置。打开"图层状态管理器"对话框后，选择需要恢复的图层状态，单击"恢复"按钮即可。

5．过滤图层

自 AutoCAD 2008 后，改进后的图层过滤功能简化了在图层方面的操作。可以通过两种方式来过滤图层：

（1）使用"图层过滤器特性"对话框过滤图层

单击"图层特性管理器"对话框中的"新建特性过滤器"按钮 或按〈Alt+P〉组合键，打开"图层过滤器特性"对话框过滤图层，来命名图层过滤器，如图 4-19 所示。

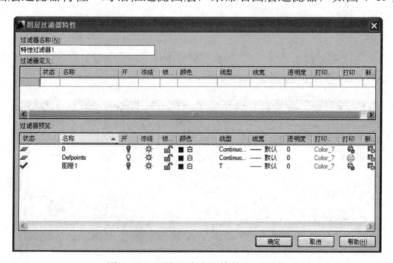

图 4-19 "图层过滤器特性"对话框

在"图层过滤器特性"对话框的"过滤器名称"（N）文本框中输入过滤器名称。在"过滤器定义"列表中，设置包括图层名称、状态等的过滤条件。在"过滤器预览"中显示了用户定义的过滤器。

（2）使用"新建组过滤器"过滤图层

单击"图层特性管理器"对话框中的"新建组过滤器"按钮 或按〈Alt+G〉组合键，就会在该对话框的左侧过滤器列表中添加一个"组过滤器 1 "。在过滤器树中单击"所有使用图层"的节点或其他过滤器，显示对应的图层信息，然后将需要分组过滤的图层拖动到创建的"组过滤器 1 "上即可，如图 4-20 所示。

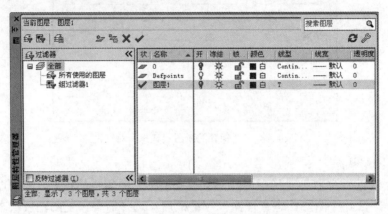

图 4-20　使用新组过滤器过滤图层

6．转换图层

为了实现图形的标准化和规范化，在 AutoCAD 2014 中，使用图层转换器可以转换图层。可以转换当前图形中的图层，使之与其他图形的图层结构或 CAD 标准文件相匹配。

（1）命令输入方式

命令行：LAYTRANS。

菜单栏：工具（T）→CAD 标准→图层转换器。

工具栏：CAD 标准→ 图。

（2）操作步骤

输入命令后，屏幕将弹出"图层转换器"对话框，如图 4-21 所示，通过该对话框可以实现对图层的转换。对话框中各选项功能如下：

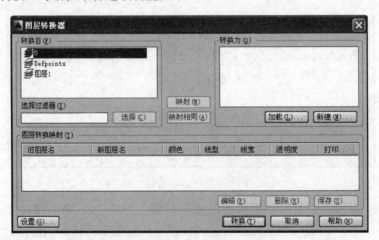

图 4-21　"图层转换器"对话框

1）"转换自"（F）选项组：显示当前图形中即将被转换的图层结构，可以在列表框中选择，也可以通过选择过滤器（I）来选择。

2）"转换为"（O）选项组：显示可以将当前图形的图层转换成的图层名称。单击"加载"（L）按钮，打开"选择图形文件"对话框，如图 4-22 所示，可以从中选择作为图层标准的图形文件，同时将该图层结构显示在"转换为"（O）列表框中。单击"新建"（N）按钮，打开"新图层"对话框，如图 4-23 所示，可以从中创建新图层作为转换匹配图层，新建的图层也会显示在"转换为"（O）列表框中。

图 4-22 "选择图形文件"对话框

3）"映射"（M）按钮：可以将"转换自"（F）列表框中选中的图层映射到"转换为"（O）列表框中，同时被映射的图层将从"转换自"（F）列表框中删除。

4）"映射相同"（A）按钮：将"转换自"（F）列表框中和"转换为"（O）列表框中名称相同的图层进行转换映射。

5）"图层转换映射"（Y）选项组：显示已经映射的图层名称和相关的特性值。选中一个图层后，单击"编辑"（E）按钮，打开"编辑图层"对话框，如图 4-24 所示，用户可以在该对话框中修改转换后的图层特性。单击"取消"按钮，可以取消图层的转换映射，并且该图层将重新显示在"转换自"（F）选项组中。单击"保存"（S）按钮，打开"保存图层映射"对话框，如图 4-25 所示，将图层的转换关系保存到一个标准配置文件 dws 中。

图 4-23 "新图层"对话框

图 4-24 "编辑图层"对话框

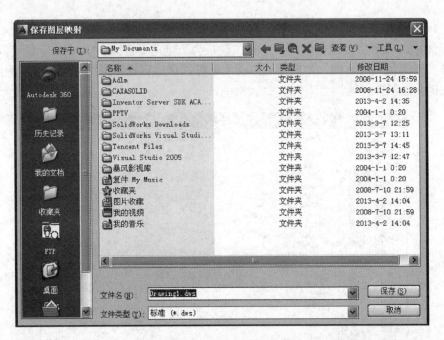

图 4-25 "保存图层映射"对话框

6)"设置"（G）按钮：单击该按钮，打开"设置"对话框，如图 4-26 所示，可以设置图层的转换规则。

7)"转换"（T）按钮：单击该按钮，开始转换图层，同时关闭"图层转换器"对话框。

7. 改变对象所在图层

在绘图过程中，如果绘制完某一图形元素后，发现该元素并没有绘制在预设的图层上，可以选中该图形元素，并在"特性"工具栏的"图层控制"下拉列表框中选择预设的图层名，然后按〈Esc〉键就可以改变对象所在的图层。

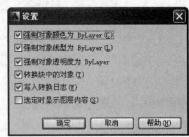

图 4-26 "设置"对话框

4.3 对象特性的修改

对象特性（颜色、线型及线宽）的修改，可以通过"特性"工具栏来实现，如图 4-27 所示。

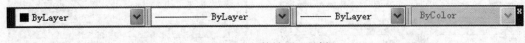

图 4-27 "特性"工具栏

1. 修改颜色

选中要修改的对象后，单击工具栏 ▇ByLayer 后面的 ▼ 符号，在颜色选项窗口中选择所需的颜色，此时对象仍以高亮显示，按〈Esc〉键即可。

2. 修改线型

选中要修改的对象后，单击工具栏 `———————ByLayer———————▼` 后面的 `▼` 符号，在线型选项窗口中选择所需的线型，此时对象仍以高亮显示，按〈Esc〉键即可。若窗口显示中没有所需的线型，单击"其他"按钮，屏幕弹出"线型管理器"对话框，如图 4-28 所示。

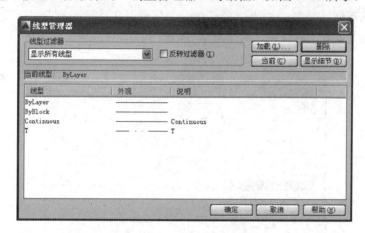

图 4-28 "线型管理器"对话框

对话框中显示了满足过滤条件的线型，若需要其他线型，需要对线型进行加载，加载的方法和步骤如前所述，然后再重新对线型进行修改。

利用"线型管理器"对话框除了可选择其他的线型外，还可通过其他选项对线型进行管理。

1）"删除"按钮：删除选中的线型。

2）"显示细节"（D）按钮：单击该按钮，可在"线型管理器"对话框中显示"详细信息"选项区，如图 4-29 所示，可以设置线型的"全局比例因子"（G）、"当前对象缩放比例"（D）等参数。

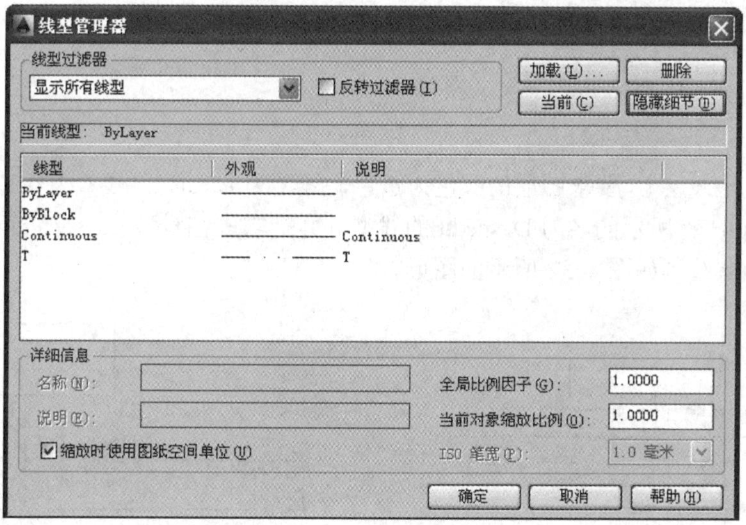

图 4-29 "线型管理器"对话框

3. 修改线宽

选中要修改的对象后，单击工具栏 ▭▭▭ 0.20 mm ▾ 后面的 ▾ 符号，在线宽选项窗口中选择所需的宽度，此时对象仍以高亮显示，按〈Esc〉键即可。

如果要在屏幕上显示线宽，单击状态条上的 ⊞ 按钮。

右键单击 ⊞ 按钮，屏幕会弹出一个选项卡，选择其中的"设置"（S）选项，弹出如图4-30 所示的"线宽设置"对话框，通过滑动对话框中"调整显示比例"选项中的滑块，可以调整显示线宽。

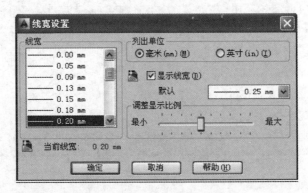

图 4-30　"线宽设置"对话框

利用"线宽设置"对话框，还可以实现对线宽的更多设置和修改。

4.4　图层对象的替代

自 AutoCAD 2008 后，新增添了图层对象的替代功能。对象可以在图纸空间的各个视口中以不同方式显示，同时保留其在模型空间中的原始图层特性。

布局视口为当前视口时，可以将特性替代指定给一个或多个图层，从而使新设置仅应用于该视口。

4.5　习题

1. 建立"虚线层"，要求图层的颜色为黄色，线型为 Dashed，线宽为 0.20mm。
2. 定制图 4-31 所示的名为 Dashedtt 的线型，并把它放在线型文件 acad.lin 中。
3. 使用图层绘制如图 4-32 所示的图形。

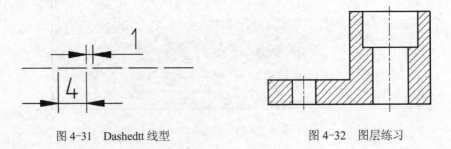

图 4-31　Dashedtt 线型　　　　　　　图 4-32　图层练习

第 5 章 绘 图 技 巧

本章主要内容
- 对象捕捉模式
- 对象追踪模式
- 栅格模式
- 查询命令
- 计算方法
- 几何约束

如果仅用绘图和编辑命令来绘制复杂的图形，是比较困难的。因为在实际绘图中，图形对象的给定条件经常是这样的："过点 A 作圆 C 的切线"或"用半径为 R 的圆弧光滑连接圆 A、圆 B"。在前几章中，涉及精确取点时，只能用坐标输入的方法。所以用前面讲到的知识，在绘制较复杂的图形时必须进行复杂的计算，如计算切点、垂足等。实际上，AutoCAD 提供了许多工具，可以使图形绘制快速、精确而无需进行计算。

本章绘图技巧就是要介绍更精确、更快捷、更方便地绘制图形的方法。

5.1 命令与输入技巧

本节将介绍命令的快捷调用及输入的技巧以提高用户的绘图效率。

5.1.1 鼠标操作

在绘图时，鼠标各键功能如图 5-1 所示。

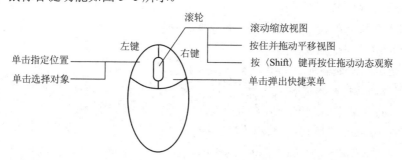

图 5-1 绘图中鼠标的各键功能

在不同命令环境下，右击鼠标可能会弹出不同的快捷菜单。

5.1.2 确定和重复命令

在执行命令当中，用得最多的就是按〈Enter〉键来确认命令的输入，AutoCAD 中一般使用〈Enter（回车）〉或〈Space（空格）〉键，或单击鼠标右键。在此要注意，在提示输入文本时按〈Space〉键不起确认命令输入的功能。

如果在一项命令或操作结束后，再次按〈Enter〉或〈Space（空格）〉键，或单击鼠标右键，这时可重复刚使用过的命令，以重复创建某类对象或连续进行某个操作。

如果仅记住一个命令的开头部分，而忘记了命令全名，可以在命令行中输入该命令的开头部分，命令窗口会出现所有可能命令的提示，可以通过单击或使用方向键〈↑〉或〈↓〉来查到所需命令，然后按〈Enter〉键或空格键确认选择；也可以在输入命令的开头部分，按〈Tab〉键来查找所需的命令，然后确认选择。

如果要使用前几步使用过的命令，可以在命令窗口中使用方向键〈↑〉或〈↓〉来查找这个命令。

当不知道一个命令如何访问时，可以单击"应用程序"按钮▲，在搜索命令栏中输入命令，然后在搜索结果中选择需要的命令，单击启动该命令。

5.1.3　透明命令

透明命令就是在一个命令正在使用时输入的另一些命令，可以使原命令暂时中断，等到执行完透明命令的操作后，再恢复原命令下面的操作。

透明命令经常用来在命令执行中更改图形设置或显示，输入格式为：命令名的前面加一个单引号"'"。

透明命令有许多，经常透明使用的命令有：

- CAL：几何图形计算器。
- COLOR（COL）：打开选择颜色对话框。
- FILL：填充。
- HELP（可以用"?"代替）：帮助。
- LINETYPE（LT）：打开线型管理器。
- LAYER（LA）：打开图层特性管理器。
- PAN（P）：平移视图。
- REDRAW（R）：重画。
- SETVAR（SET）：列出系统变量或修改变量值。
- ZOOM（Z）：缩放视图。

下面是透明命令举例：

命令: CIRCLE↵
指定圆的圆心或 [三点(3P)/两点(2P)/切点、切点、半径(T)]: （指定圆心）
指定圆的半径或 [直径(D)]: 'cal（输入透明命令）↵
>>>> 表达式: 20*PI（输入要计算的表达式）↵
正在恢复执行 CIRCLE 命令。
指定圆的半径或 [直径(D)]: 62.8318531（显示计算结果并直接指定计算结果为圆的半径）

允许透明使用的命令，如果该命令有快捷键或工具按钮，可以在操作中用快捷键或工具按钮直接透明使用。例如在绘制图形命令中可以单击"实时缩放视图"按钮🔍，等到按〈Esc〉或〈Enter〉键，或单击右键显示快捷菜单退出实时缩放后，恢复原先的绘图命令。

使用透明命令时要注意：

- 使用透明帮助时，将打开 AutoCAD 帮助文档，显示当前命令的帮助信息。
- 在命令行提示输入文字时，不可透明使用命令。
- 不能同时执行两项以上的透明命令。例如不可能既缩放又平移。
- AutoCAD 以 ">>>>" 提示显示透明命令。
- 不选择对象、创建新对象或结束绘图任务的命令通常可以透明使用。
- 透明打开的对话框中所做的修改，直到被中断的命令已经执行后才能生效。
- 透明重置系统变量时，新值在开始下一命令时才能生效。

5.1.4 角度替代

角度替代是指以指定的角度锁定光标，不论"栅格捕捉"、"正交"模式和"极轴捕捉"是否打开，但坐标输入和对象捕捉优先于角度替代。

角度替代类似于极坐标输入。

具体操作为：在指定下一点的提示下输入 "<" 和指向的角度，再指定距离。如：

> 命令: Line
>
> 指定第一点:（指定线段起点）
>
> 指定下一点或 [放弃(U)]: <45（指定线段方向）↵
>
> 角度替代: 45
>
> 指定下一点或 [放弃(U)]: 100（指定线段长度）↵
>
> 指定下一点或 [放弃(U)]: ↵（直接按〈Enter〉键退出命令）

以上命令画出长为 100，方向为 45° 的线段。

5.1.5 坐标过滤

在绘图中，多数情况下要取的点会与其他对象坐标相关。这种情况有时使用坐标过滤器是比较方便的。坐标过滤器可以将下一个点输入限制为特定的坐标值。

使用坐标过滤器输入点的方式为：".xy"、".xz"、".yz"、".x" 或 ".y" 等，即以 "." 来代替某一个或两个坐标值。在指定坐标时可以用坐标输入，也可以用对象捕捉的方法。指定第一个值之后，AutoCAD 将提示输入其余的坐标值。

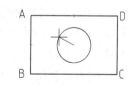

图 5-2　使用坐标过滤器确定圆心

下面是一个具体操作，如图 5-2 所示。

> 命令: CIRCLE ↵
>
> 指定圆的圆心或 [三点(3P)/两点(2P)/相切、相切、半径(T)]:　.x（使用坐标过滤器方式取点）↵
>
> 于（Of）（捕捉直线 AD 边中点，指定圆心的 X 坐标）
>
> (需要 YZ(need YZ)):（捕捉直线 AB 边中点，指定圆心的 Y 和 Z 坐标）
>
> 指定圆的半径或 [直径(D)]:（指定圆半径）

用以上命令，确定圆心为矩形 AB 边中点的水平方向和 AD 边中点的垂直方向的交点。从坐标过滤器的输入形式上可以看出，坐标过滤器同时适用于二维和三维坐标。

5.2 绘图辅助工具

在使用 AutoCAD 绘图时，捕捉、追踪等辅助工具的使用对精确、快速绘图非常重要。

辅助工具按钮位于工作界面最下方的状态栏上。选择一个按钮，右击，在弹出的快捷菜单中选择"设置"，可以打开"草图设置"对话框，对辅助工具进行设置，如图 5-3 所示。

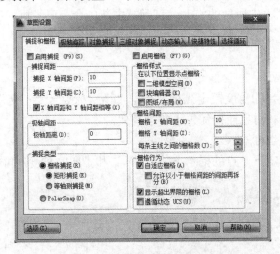

图 5-3 "草图设置"对话框

"草图设置"对话框有 7 个选项卡，分别是："捕捉和栅格"、"极轴追踪"、"对象捕捉"、"三维对象捕捉"、"动态输入"、"快捷特性"和"选择循环"。

5.2.1 对象捕捉

对象捕捉是指利用鼠标等定点设备在绘图选择点时，精确地将指定点迅速定位在对象确切的特征几何位置上。利用对象捕捉，可以实现精确绘图，而不用输入坐标和进行计算。要在提示输入点时指定对象捕捉，可以使用以下方法：

● 按住〈Shift〉键并单击鼠标右键，弹出"对象捕捉"快捷菜单。
● 单击鼠标右键，然后从"捕捉替代"子菜单选择对象捕捉。
● 单击"对象捕捉"工具栏上的"对象捕捉"按钮。
● 输入对象捕捉的名称。
● 在状态栏的"对象捕捉"按钮上单击鼠标右键。
● 在状态栏中打开"对象捕捉"，设置并使用自动捕捉功能。

1. 对象捕捉模式及对象捕捉工具栏

【例 5-1】 任意绘制两个圆，并绘制两圆的连心线。

命令如下：

命令: LINE ↵

指定第一点: cen（捕捉圆心）↵

cen 于（光标移动到一个圆心附近，圆心处出现捕捉标记和提示，单击）

指定下一点或 [放弃(U)]: cen ↵

cen 于（光标移动到另一个圆心附近，圆心处出现捕捉标记和提示，单击）

指定下一点或 [放弃(U)]: ↵（按〈Enter〉键结束直线命令）

上例中，在要求指定点时，输入了"CEN"，指定"捕捉模式"为中心点，表示要捕捉圆心。常用的捕捉模式如表 5-1 所示。

表 5-1　常用的捕捉模式

捕 捉 模 式	说　明	光标标记	工具按钮
端点（E）	捕捉到几何对象的最近端点或角点	□	✎
中点（M）	捕捉到几何对象的中点	△	✎
中心点（C）	捕捉到圆弧、圆、椭圆或椭圆弧的中心点	○	◎
节点（N）	捕捉到点对象、标注定义点或标注文字原点	⊗	⊡
象限点（Q）	捕捉到圆弧、圆、椭圆或椭圆弧的象限点	◇	✦
交点（I）	捕捉到几何对象的交点	×	✕
延伸（E）	当光标经过对象的端点时，显示临时延长线或圆弧，以便用户在延长线或圆弧上指定点	‑‑·	‑‑‑
插入点（I）	捕捉到对象（如属性、块或文字）的插入点	⅃	⅃
垂足（P）	捕捉到垂直于选定几何对象的点	┖	┖
切点（T）	捕捉到圆弧、圆、椭圆、椭圆弧、多段线圆弧或样条曲线的切点	○	⊙
最近点（N）	捕捉到对象（如圆弧、圆、椭圆、椭圆弧、直线、点、多段线、射线、样条曲线或构造线）最近点	⊠	✗
外观交点（A）	捕捉在三维空间中不相交但在当前视图中看起来可能相交的两个对象的视觉交点	⊠	⊠
平行（P）	约束新直线段、多段线线段、射线或构造线以使其与标识的现有线性对象平行	∥	∥
捕捉自（F）	指定一个基点，由相对于基点的偏移确定捕捉点	⌐	⌐
临时追踪（T T）	创建对象捕捉所使用的临时点		⊷

ⓘ 说明

两个对象在三维空间不相交，但可能在当前视图中看起来相交为"外观交点"。两个对象如果沿它们的自然路径延长将会相交为"延伸外观交点"。输入名称的前三个字符来指定一个或多个对象捕捉模式，如果输入多个名称，名称之间以逗号分隔。

2. 自动捕捉设置

在 AutoCAD 中，使用捕捉模式最方便的方法是自动捕捉。即事先设置好一些捕捉模式，当光标移动到符合捕捉模式的对象时显示捕捉标记和提示，可以自动捕捉。这样就不再需要输入命令或按工具按钮了。需要注意：命令、菜单和工具栏的对象捕捉命令优先于自动捕捉。

打开或关闭自动捕捉用"对象捕捉"按钮▣，快捷键为〈F3〉。自动捕捉设置要利用"草图设置"对话框中的"对象捕捉"选项卡，如图 5-4 所示。

一般要选择打开常用的捕捉模式，但最好也不要设置过多捕捉项。如果设置了多个执行对象捕捉，可以按〈Tab〉键为某个对象遍历所有可用的对象捕捉点。例如，如果在光标位于圆上的同时按〈Tab〉键，自动捕捉将可能显示用于捕捉象限点、交点和中心的选项。

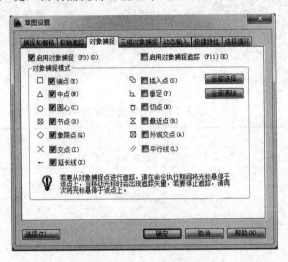

图 5-4　"对象捕捉"选项卡

5.2.2　正交模式

在实际绘图中，多数的直线是水平或垂直的。使用"正交"模式创建或移动对象时，可以将光标限制在水平或垂直轴上。

1．命令输入方式

命令行：ORTHO。

快捷键：F8。

快捷方法："正交"状态按钮▆。

2．操作步骤

命令: ORTHO ↙

输入模式 [开(ON)/关(OFF)] <关>: on（输入"on"打开或输入"off"关闭正交模式）↙

使用正交模式绘图时要注意：

1）当正交模式打开移动光标时，定义位移的拖引线沿水平轴还是垂直轴移动，取决于光标离哪个轴近。

2）正交模式绘图光标不一定只限制在水平或垂直轴上。这取决于当前的捕捉角度、UCS 的轴向或等轴测栅格和捕捉设置。

3）正交模式的开关，不影响用坐标输入方式取点。例如用坐标输入方法，输入直线的两个端点分别为（0,0）和（100,100），绘出的直线仍然是 45°方向的斜线。

5.2.3　自动追踪模式

使用正交模式，可以把取点限制在水平或垂直方向上。能否限制在任意角度上呢？这就是追踪要解决的问题。追踪包括两种追踪选项："极轴追踪"和"对象捕捉追踪"。

1．极轴追踪

利用"极轴追踪"模式可以在创建或修改对象时，控制沿指定的极轴角度和极轴距离取点，并显示追踪的路径。

打开或关闭极轴追踪模式用"极轴"按钮，快捷键为〈F10〉。

当极轴追踪模式打开时，正交模式就会关闭。同样，当正交模式打开时，极轴追踪模式就会关闭，让人很容易以为二者的功能是一样的。实际上，两种模式有较大的不同。

以直线命令为例，极轴追踪模式打开时，利用鼠标取点的方法仍然可以向各个方向画线，这与正交模式是不同的。但当取点时光标移动到与上一点水平或垂直位置附近时，会显示出虚线的极轴并出现提示，此时光标的移动也锁定在极轴方向，这样可以轻松绘出水平、垂直或特定角度的线段。

当光标从水平和垂直的角度上移开时，虚线的极轴和提示消失。

如果对极轴追踪模式进行设置，还可以对任意指定的角度进行追踪。设置极轴追踪的方法如下：

打开"草图设置"对话框，选择"极轴追踪"选项卡，如图5-5所示。

极轴追踪选项板各选项意义如下：

- "启用极轴追踪"复选框：打开或关闭极轴追踪。可用〈F10〉键或"AUTOSNAP"系统变量来控制。
- "增量角"下拉列表框：输入任何角度或从下拉列表中选择常用角度来设置极轴追踪的极轴角增量，范围为 0°～360°，光标到达指定角度，或指定角度的倍数（增量）时，AutoCAD 显示极轴和提示。这个倍数可以为负，即角度逆方向测量。图5-6显示设置增量角为45°时的情况。

图5-5 "极轴追踪"选项卡

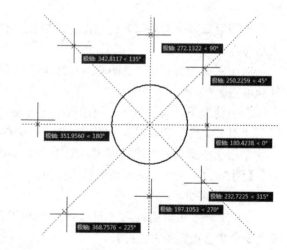

图5-6 设置增量角为45°

- "附加角"复选框：添加角度到列表中，极轴追踪时使用列表中的任何一种附加角度。附加角度用"新建"按钮指定，最多 10 个，极轴追踪时不追踪附加角度的增量。附加角度用"删除"按钮删除。
- "对象捕捉追踪设置"选项组：设置对象捕捉追踪打开时，是沿对象捕捉点的正交追踪路径进行追踪，还是沿对象捕捉点的任何极轴角追踪路径进行追踪。
- "极轴角测量"选项组：设置测量极轴追踪对齐角度的基准，是根据当前 UCS（用户坐标系）确定极轴追踪角度，还是根据上一个绘制线段确定极轴追踪角度。

极轴追踪的运用很灵活，当"极轴追踪"和"对象捕捉"同时打开，且对象捕捉可以捕捉交点时，在绘图和编辑中可以捕捉极轴追踪路径与其他对象的交点。

利用"草图设置"对话框"捕捉和栅格"选项卡中的"极轴捕捉"功能，还可以指定捕捉时沿极轴追踪路径上光标移动的距离增量。

2. 对象捕捉追踪

"对象捕捉追踪"是指从对象的捕捉点进行追踪，即沿着基于对象捕捉点的追踪路径进行追踪。必须和"对象捕捉"一起使用。

打开或关闭对象捕捉追踪模式用"对象追踪"按钮◢，快捷键为〈F11〉。

"对象捕捉追踪"的设置首先包括"对象捕捉"模式的设置（见 5.2.1 节），用来确定要追踪什么对象。其次包括"对象捕捉追踪设置"。对象捕捉追踪设置在"草图设置"对话框中的"极轴追踪"选项卡下"对象捕捉追踪"设置区中设置，主要用来确定以什么方式追踪。

对象捕捉追踪应用相当灵活，如图 5-7 所示。

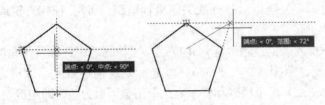

图 5-7　对象捕捉追踪

使用对象捕捉追踪时，已追踪到的捕捉点将显示一个小乘号（×），一次最多可以获取 7 个追踪点。

对于对象捕捉追踪，AutoCAD 自动获取对象点。但是，可以选择仅在按〈Shift〉键时才获取点。

一般情况下，为了更快、更准确、更方便地绘图，在绘图开始时就要同时打开"极轴追踪"、"对象捕捉"和"对象捕捉追踪" 3 个状态按钮。

掌握了捕捉模式和追踪模式，配合绘图和编辑命令，现在就可以方便地绘图了。

【**例 5-2**】　绘制如图 5-8 所示的折扇。

具体步骤如下：

1）检查"极轴追踪"、"对象捕捉"和"对象捕捉追踪" 3 个状态按钮是否已打开。

2）绘制一条垂直线。

3）选择所绘的直线，对其进行环形阵列编辑。阵列的中心利用最近点（NEA）捕捉模式，捕捉直线上靠近下端一点。项目总数设为"12"，填充角度为设为"60"，取消关联，确定。图形如图 5-9 所示。

图 5-8　折扇

4）将图形沿垂直线镜像。

5）用"圆弧"（圆心，起点，端点）命令和对象捕捉，绘制 4 条圆弧。如图 5-10 所示。

6）利用"剪切"命令编辑图形，然后删除扇子顶端的两圆弧。

图 5-9　阵列后的图形　　　　　　　　　图 5-10　绘制圆弧

7）利用"直线"命令并捕捉端点，画出折线，如图 5-11 所示。

8）单击"图案填充"按钮▨（图案填充的具体方法见第 8 章），填充图案为"SOLID"，为图形填充图案。绘图结果如图 5-12 所示。

图 5-11　绘制折线　　　　　　　　　　图 5-12　填充效果

5.2.4　动态输入

动态输入提供一种在鼠标指针位置附近显示命令提示，输入数据或选项的模式。现在的许多 CAD 软件都采用了动态输入数据的模式。

打开或关闭动态输入模式用"动态输入"按钮▣，快捷键为〈F12〉。

动态输入的设置方法如下：

右击"动态输入"按钮▣，打开"草图设置"对话框，选择"动态输入"选项卡，如图 5-13 所示。

图 5-13　"动态输入"选项板

各选项组意义如下：

1）"启用指针输入"复选框：选择启用指针输入后，当一个命令在执行时，在指针附件会出现工具提示框，在这个提示框中，可以像在命令栏中一样，输入坐标等数据。

动态输入如图 5-14 所示。在此执行的是"LINE"命令，输入的数据是"@100<25"。

单击"设置"按钮可以弹出"指针输入设置"对话框，如图 5-15 所示。

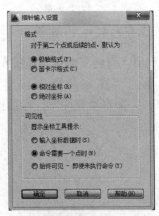

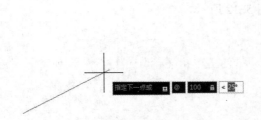

图 5-14　动态输入　　　　　　　　　　图 5-15　"指针输入设置"对话框

2）"动态提示"选项组：动态提示打开后，在指针附近出现提示框，并可以用键盘上的〈↓〉键来打开命令选项，用光标选择并执行。用〈↑〉键显示最近的输入。

3）"可能时启用标注输入"复选框：在绘制圆、椭圆、弧、直线、多段线等物体时，显示距离和角度等数值选项，并可以输入。当有多个选项，如距离和角度时，可以用〈Tab〉键来切换输入的选项，如图 5-16 所示。

单击"设置"按钮可以弹出"标注输入的设置"对话框，如图 5-17 所示。

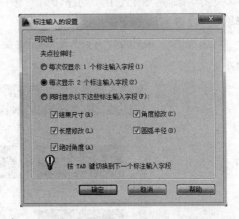

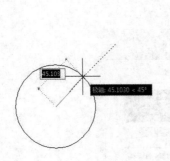

图 5-16　启用标注输入　　　　　　　图 5-17　"标注输入的设置"对话框

5.2.5　栅格模式绘图

在绘图过程中，使用栅格就好像在图形下放置一张坐标纸，可以粗略地显示对象的大小，还可以限制光标的位置，精确地捕捉栅格上的点。

在 AutoCAD 中，栅格是点的矩阵，延伸到指定为图形界限的整个区域。

1．栅格的显示及设置

打开或关闭栅格模式用"栅格"按钮▦，快捷键为〈F7〉。

设置栅格模式的方法如下：

（1）命令输入方式

命令行：DSETTINGS。

命令别名：DS。

快捷方法：右击"栅格"（Grid）状态按钮→选择"设置"。

（2）操作步骤

命令: DSETTINGS ↵

弹出"草图设置"对话框。在对话框中选
择"捕捉和栅格"选项卡，如图 5-18 所示。

"捕捉和栅格"选项卡用于设置捕捉模式
和栅格模式。各选项意义如下：

1）"启用捕捉"复选框：打开或关闭"捕
捉"模式。

2）"捕捉间距"选项组：该区域用于对捕
捉间距进行设置。

- "捕捉 X 间距"文本框：指定 X 方向
的捕捉间距。间距值必须为正实数。

- "捕捉 Y 间距"文本框：指定 Y 方向
的捕捉间距。间距值必须为正实数。

图 5-18　"捕捉和栅格"选项卡

3）"极轴间距"选项组：控制极轴捕捉的
距离增量。

4）"捕捉类型"选项组：设置捕捉模式是捕捉栅格还是捕捉极轴。

- "矩形捕捉"单选按钮：将捕捉样式设置为标准矩形捕捉模式。

- "等轴测捕捉"单选按钮：将捕捉样式设置为等轴测捕捉模式。

等轴测捕捉的栅格和光标如图 5-19 所示。

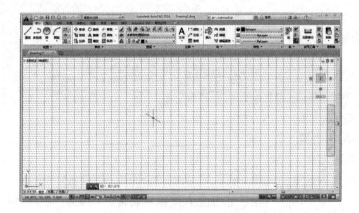

图 5-19　等轴测捕捉样式

5）"启用栅格"复选框：打开或关闭"栅格"模式。

6）"栅格间距"选项组：该区域用于对栅格的间距进行设置。

● "栅格 X 间距"文本框：指定 X 方向的栅格点间距。

● "栅格 Y 间距"文本框：指定 Y 方向的栅格点间距。

7）"栅格行为"选项组：主要设置栅格在缩放过程中的动态更改。

2．栅格的捕捉

捕捉模式用于控制光标按照用户定义的间距移动。有助于使用鼠标或键盘上的方向键来精确地定位点。

打开或关闭捕捉模式用"捕捉"按钮 ▦ ，快捷键为〈F9〉。

捕捉模式的设置方法如下：

（1）利用"草图设置"对话框中的"捕捉和栅格"选项卡

（2）命令输入方式

命令行：SNAP。

命令别名：SN。

（3）操作步骤

命令: SNAP↵

指定捕捉间距或 [打开(ON)/关闭(OFF)/ 纵横向间距(A)/传统(L)/样式(S)/类型(T)] <10.0000>：（输入选项或按〈Enter〉键采用默认值）↵

各选项意义如下：

● 指定捕捉间距：用指定的值激活"捕捉"模式。

● 打开（ON）/关闭（OFF）：打开或关闭"捕捉"模式。

● 纵横向间距（A）：分别指定水平和垂直间距。

● 传统（L）：设置捕捉的新旧行为，即是始终捕捉到捕捉栅格，还是仅在操作正在进行时捕捉到捕捉栅格。

● 样式（S）：设置捕捉栅格的样式，即设置标准（矩形）捕捉或等轴测捕捉。

● 类型（T）：设置捕捉类型是栅格还是极轴。

如果要设置捕捉样式为等轴测捕捉，除了可以在"草图设置"对话框中设置外，还可以用如下命令：

命令: SNAP↵

指定捕捉间距或 [打开(ON)/关闭(OFF)/纵横向间距(A)/传统(L)/样式(S)/类型(T)] <10.0000>：s（设置捕捉的样式）↵

输入捕捉栅格类型 [标准(S)/等轴测(I)] <S>: i（指定捕捉样式为等轴测）↵

指定垂直间距<10.0000>:.↵（默认垂直间距设置）

现在的栅格和光标如图 5-19 所示，并按此方式捕捉。

3．正等轴测图的绘制

（1）正等轴测图简介

工程中的图样大多是多面正投影图，可以比较全面地表现物体的形状，具有良好的度量性，绘图也简单，但是立体感较差，非专业人员很难看懂。如果将机件按特定的投影方向绘图，图样同时获得反映物体长、宽、高三个方向形状的图形，则立体感强，也容易读懂。这种图称为轴测投影图，简称轴测图。轴测图一般用作辅助图样，多用于插图、广告、说明书等，用以表达物体和零件的效果，尤其是零部件之间的装配关系。常用的轴测视图有正等轴测图和斜二轴测图等。

正等测轴测图中的三个轴间角都等于120°，如图5-20所示。

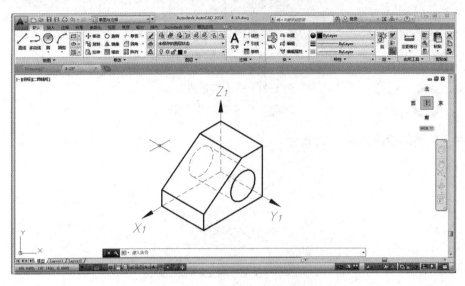

图5-20　正等测图及其轴测轴

根据计算，轴向伸缩系数 $p = q = r = 0.82$。为了方便绘图，都取为1。

从图中可以看出，将捕捉样式设置为等轴测，很容易来绘制等轴测图。如果捕捉角度是0，那么轴测轴分别是-30°、90°和150°。

（2）等轴测平面

为了表达机件不同表面，绘制正等测图时要变换等轴测平面。

命令输入方式：

命令行：ISOPLANE。

快捷方式：〈Ctrl+E〉或〈F5〉键。

操作步骤：

命令: ISOPLANE ↵

当前等轴测平面：上

输入等轴测平面设置 [左视(L)/俯视(T)/右视(R)] <右视>:L↵

当前等轴测面：左视

用这个命令，可以使前等轴测面在"左视图"、"俯视图"和"右视图"间切换。当然，最方便的方法是用〈F5〉键来切换。

3个等轴测面分别如图5-21所示。

要注意，选择三个等轴测平面之一，打开"正交"模式，十字光标将沿相应的等轴测面对齐，而不再只限定在水平和垂直方向。

（3）等轴测平面上的圆

圆在与其不平行的投影面上的投影是椭圆。对于正等测图，各坐标面与轴测投影面是等倾的，因此，平行于各坐标面的圆的正等测投影是形状相同而方向不同的椭圆。

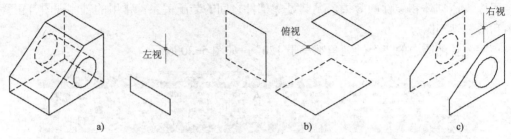

图 5-21　三个等轴测面

a) 左视图　b) 俯视图　c) 右视图

各面上的圆的投影如图 5-22 所示。

图 5-22　等轴测平面上的圆的投影

在 AutoCAD 中，绘制 3 个等轴测面形状正确的椭圆，更简单的方法是使用"椭圆"命令中的"等轴测圆"选项。具体步骤如下：

1）设置捕捉样式为"等轴测捕捉"。

2）利用椭圆命令绘图。具体操作如下：

命令：ellipse ↵

指定椭圆轴的端点或 [圆弧(A)/中心点(C)/等轴测圆(I)]：i（绘制等轴测圆）↵

指定等轴测圆的圆心：（选择圆心）

指定等轴测圆的半径或 [直径(D)]：（指定圆的半径或直径，此半径或直径为原始圆的大小）↵

这样根据当前等轴测面的不同就可以绘出不同方向的椭圆。当然，要绘制好轴测图还应该掌握更多的轴测图的原理和制图的知识。

5.3　查询和计算

在 AutoCAD 平台中通过查询和计算操作可以增强交互性及快捷性。

5.3.1　查询命令

在绘图中，对象间经常是互相参照的。有时需要知道对象的一些性质，如一条直线的长度和方向等。

在 AutoCAD 中，可以通过"查询"命令，得到想知道的对象的信息。

1. 命令输入方式

命令：MEASUREGEOM。

菜单：工具→查询→ ⊨ 距离(D) 。

工具栏：查询工具栏 ⊨ ⊑ ⊑ ⊑ 。

工具面板：默认→实用工具→ ⟷ 。

命令别名：MEA。

2．操作步骤

命令: MEASUREGEOM↵

输入选项 [距离(D)/半径(R)/角度(A)/面积(AR)/体积(V)] <距离>: _distance

指定第一点:（用输入或捕捉等方法指定测量查询起点）

指定第二个点或 [多个点(M)]: （指定测量查询终起点）

操作后显示测量结果

"距离 = 144.7794，XY 平面中的倾角 = 28， 与 XY 平面的夹角 = 0

X 增量 = 127.9576， Y 增量 = 67.7343， Z 增量 = 0.0000"

各选项意义如下：

1）距离：测量指定点之间的距离，以及两点间 X、Y 和 Z 轴的增量并给出两点连线相对于 UCS 的角度。如果在指定第二点时输入"M"（多个点），则出现"指定下一个点或 [圆弧(A)/长度(L)/放弃(U)/总计(T)] <总计>:"的提示，可以测量并显示连续点之间的总距离，或输入相应选项，进行相应的测量。

测量距离也可以使用"DIST"命令。

2）半径：用于测量并显示指定圆弧、圆或多段线圆弧的半径和直径。

3）角度：用于测量与选定的圆弧、圆、多段线线段和线对象关联的角度。测量圆弧，则以圆弧的圆心作为顶点，测量在圆弧的两个端点之间形成的角度。测量圆则以圆心作为顶点，测量在最初选定圆的位置与第二个点之间形成的锐角。测量直线则测量两条选定直线之间的锐角（直线无需相交）。选择"指定顶点"，则先指定一个点作为顶点，然后再选择其他两个点，测量三点形成的锐角。

4）面积：测量对象或定义区域的面积和周长，不能测量自交对象的面积。

测量面积也可以使用"AREA"命令。

5）体积：测量并显示对象或定义区域的体积。

3．查询坐标

（1）命令输入方式

命令行：ID。

菜单栏：工具→查询→点坐标。

工具栏：查询→ ⌕ 。

（2）操作步骤

命令: ID ↵

指定点:（指定要查询的点）

显示指定点 X、Y 和 Z 三个坐标信息。

4．查询面域/质量特性

（1）命令输入方式

命令行：MASSPROP。

菜单栏：工具→查询→面域/质量特性。

工具栏：查询→🔲。

（2）操作步骤

命令: MASSPROP ↵

这个命令是用于对面域和实体进行查询的，可以查询面域的面积、周长、边界和形心，实体的惯性矩、旋转半径等。

5．列表显示

列表显示对象的数据库信息，包括对象的类型、对象图层、相对于当前用户坐标系（UCS）的 X、Y、Z 位置以及对象位于模型空间还是图纸空间。

（1）命令输入方式

命令行：LIST。

菜单栏：工具→查询→列表显示。

工具栏：查询→🗐。

命令别名：LI。

（2）操作步骤

命令: LIST ↵

选择对象：（选择查询的对象）

AutoCAD 自动打开文本窗口，显示被查询对象的数据库信息。

5.3.2　几何图形计算器

在 5.1 节"透明"命令中曾经使用过几何图形计算器。

利用几何图形计算器在命令行中输入公式，可以迅速解决数学问题或定位图形中的点。

表达式的运算符按优选级依次为：编组运算符"（ ）"、指数运算符"^"、乘除运算符"*"和"/"、加减运算符"+"和"−"。

下面来介绍运用几何图形计算器如何方便地取点。

如果从两个圆的圆心连线中点再绘制一个圆，可以用下面的操作：

命令: CIRCLE ↵

指定圆的圆心或 [三点(3P)/两点(2P)/ 切点、切点、半径(T)]: 'cal（透明使用几何图形计算器）↵

>>>> 表达式: (cen + cen)/2（取中点的公式，要注意这里的变量必须是在 AutoLISP 中有值的，如中点 Mid、圆心 Cen 等）↵

>>>> 选择图元用于 CEN 捕捉：（选择第一个圆的圆心）

>>>> 选择图元用于 CEN 捕捉：（选择第二个圆的圆心）

正在恢复执行"CIRCLE"命令。

指定圆的圆心或 [三点(3P)/两点(2P)/ 切点、切点、半径(T)]: 205,185,0（显示计算出的点的坐标并指定为圆心）

指定圆的半径或 [直径(D)]: （指定圆的半径或直径）↵

结果如图 5-23 所示。

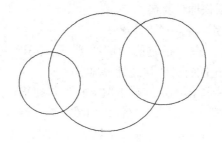

图 5-23　利用几何图形计算器定位圆心

5.3.3　快速计算器

在 AutoCAD 中如果需要进行比较复杂的数学计算，用几何图形计算器或 LISP 语言来进行这些工作是非常麻烦的。过去遇到这种情况，用户一般只能在 AutoCAD 之外来进行。

AutoCAD 中附带一个"快速计算器"，可以随时调用，并执行数值计算、科学计算、单位换算，几何计算等功能。

1. 打开快速计算器的方法

命令行：QUICKCALC。

菜单栏：工具→选项板→快速计算器。

工具栏：标准→▦。

工具面板：默认→实用工具→▦。

命令别名：QC。

执行命令后，打开"快速计算器"，如图 5-24 所示。

图 5-24　快速计算器

快速计算器有 4 个选项板，分别是：

● 基本计算器模式：实现一个普通标准计算器的功能。

● 科学：实现科学计算器功能，可以进行科学或工程计算。

● 单位转换：可以实现长度、面积、体积等在公制和英制间转换各种单位。

● 变量：可以对全局常数和变量进行定义、编辑、删除等操作。

快速计算器上方的工具按钮意义分别为：

● ✎：清除输入行，使之归零。

● ☝：清除历史记录列表中的记录。

● ☝：把输入行的数值输入到命令行中。

● ☜：获取屏幕上点的坐标。可以用捕捉的方法。

● ▦：测量并获取屏幕上两点间的距离。

● ◬：测量并获取屏幕上两点所形成的方位角。

● ✖：获取四点决定的两条直线的交点坐标。

计算器执行一般的数值计算或单位转换的功能比较简单，在此不再详细解释。要注意的是在命令执行中打开"快速计算器"后可以进行三维几何运算。

2．命令活动状态下使用快速计算器

仍以从两圆的连心线中点再画一个圆为例：

1）输入"绘圆"命令。在"指定圆的圆心或[三点(3P)/两点(2P)/相切、相切、半径(T)]:"提示下单击按钮▤，透明打开"快速计算器"。

2）在"快速计算器"中单击"从屏幕上取坐标"按钮✖，选择第一个圆的圆心，得到其坐标。用相同的方法得到第二个圆心的坐标，如图 5-25 所示。

3）用"()"和运算符号将两坐标连成一个算式，如图 5-26 所示。

图 5-25 取两点坐标

图 5-26 用两点坐标编辑算式

4）单击"应用（A）"按钮，退出"快速计算器"，恢复"绘圆"命令，并且指定圆心为前两个圆心连线的中点。

以上操作全部命令如下：

```
命令: CIRCLE ↵
指定圆的圆心或 [三点(3P)/两点(2P)/ 切点、切点、半径 (T)]:'_quickcalc
>>>> 输入点:
>>>> 输入点:
正在恢复执行 CIRCLE 命令。
指定圆的圆心或 [三点(3P)/两点(2P)/切点、切点、半径 (T)]: 75,175,0
指定圆的半径或 [直径(D)] <60.82764>:
```

5.4 参数化绘图

AutoCAD 2014 强大的参数化绘图功能，可让用户通过基于设计意图的图形对象约束来大大提高绘图效率。几何和尺寸约束帮助确保对象在修改后还保持特定的关联及尺寸。创建和管理几何约束与尺寸约束的工具显示于"参数化"功能区中，如图 5-27 所示。

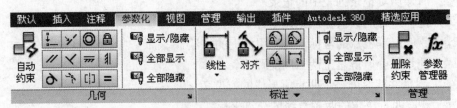

图 5-27 "参数化"功能区

5.4.1 几何约束

1. 添加几何约束

几何约束建立和维持对象间、对象上的关键点间以及对象和坐标系间的几何关联。同一对象上的关键点对或不同对象上的关键点均可约束为相对于当前坐标系统的垂直或水平方向。例如，可添加平行约束使两条直线一直平行，添加重合约束使两端点重合、两个圆一直同心等，应用约束后，只允许对该几何图形进行不违反此类约束的更改。通过"参数化"功能区的"几何"面板来添加几何约束，约束的种类如表5-2所示。

表5-2　几何约束

按钮图标	约束名称	几何意义
	重合约束	使两个点或一个点和一条直线重合
	共线约束	使两条直线位于同一条无限长的直线上
	同心约束	使选定的圆、圆弧或椭圆保持同一中心点
	固定约束	使一个点或一条曲线固定到相对于世界坐标系（WCS）的指定位置和方向上
	平行约束	使两条直线保持相互平行
	垂直约束	使两条直线或多段线的夹角保持90°
	水平约束	使一条直线或一对点与当前 UCS 的 x 轴保持平行
	竖直约束	使一条直线或一对点与当前 UCS 的 y 轴保持平行
	相切约束	使两条曲线保持相切或与其延长线保持相切
	平滑约束	使样条曲线与其他样条曲线、直线、圆弧或多段线保持几何连续性
	对称约束	使两个对象或两个点关于选定直线保持对称
	相等约束	使两条直线或多段线具有相同长度，或使圆弧具有相同半径
	自动约束	根据选择对象自动添加几何约束。单击"几何"面板右下角的箭头，打开"约束设置"对话框，通过"自动约束"选项卡设置添加各类约束的优先级及是否添加约束的公差值

在添加几何约束时，选择两个对象的顺序将决定对象怎样更新。通常，所选的第二个对象会根据第一个对象进行调整。例如，应用垂直约束时，选择的第二个对象将调整为垂直于第一个对象。

约束标记显示了应用到对象的约束。用户可使用"CONSTRAINTBAR"命令来控制约束标记的显示，也可以通过在"参数化"功能区中的"几何"面板上的"显示"、"全部显示"、"隐藏"选项来控制，如图5-28为选择"全部显示"后的状态。当约束标记显示后，用户可将光标对准约束标记来查看约束名称和约束到的对象。也可以通过"约束设置"对话框中的"几何"选项卡来控制约束标记的显示。选项包括可

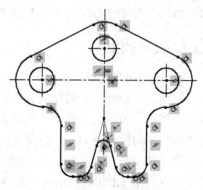

图5-28　平面图形的几何约束

调节哪种类型的约束显示在约束标记中、设置透明度以及应用约束到选定对象后自动显示约束标记而不管当前约束标记的可见性设置。

2．编辑几何约束

添加几何约束后，在对象的旁边出现约束图标。将光标移动到图标或图形对象上，AutoCAD 将亮显相关的对象及约束图标。对已加到图形中的几何约束可以进行显示、隐藏和删除等操作。

1）单击"参数化"中"几何"面板上的 全部隐藏 按钮，图形中的所有几何约束将全部隐藏。

2）单击"参数化"中"几何"面板上的 全部显示 按钮，则图形中所有的几何约束将全部显示。

3）单击"参数化"中"几何"面板上的 显示/隐藏 按钮，将显示/隐藏选中对象的几何约束。

4）将光标移动到某一约束上，该约束将加亮显示，单击鼠标右键，选择快捷菜单中的"删除"命令可以将该几何约束删除。选择快捷菜单的"隐藏"命令，该几何约束将被隐藏，要想重新显示该几何约束，可运用"参数化"功能区中"几何"面板上的按钮。

5）选择快捷菜单中的"约束栏设置"命令或单击"几何"面板右下角的箭头将弹出"约束设置"对话框，如图 5-29 所示。通过该对话框可以设置哪种类型的约束显示在约束栏图标中，还可以设置约束栏图标的透明度。

6）选择受约束的对象，单击"参数化"功能区中"管理"面板上的"删除"按钮，将删除图形中所有几何约束和尺寸约束。

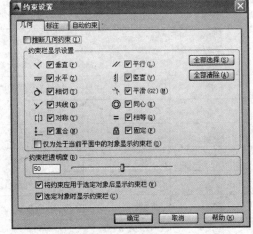

图 5-29 "约束设置"对话框

7）修改已添加几何约束的对象时，若使用关键点编辑模式修改受约束的几何图形，该图形会保留应用的所有约束；若使用"MOVE"、"COPY"、"ROTATE"和"SCALE"等命令修改受约束的几何图形后，结果会保留应用于对象的约束；在有些情况下，使用"TRIM"、"EXTEND"及"BREAK"等命令修改受约束的对象后，所加约束将被删除。

5.4.2 尺寸约束

1．添加尺寸约束

尺寸约束控制二维对象的大小、角度及两点间距离等，此类约束可以是数值，也可是变量及方程式。改变尺寸约束，则约束的驱动对象将发生相应变化。可通过"参数化"功能区的"标注"面板来添加尺寸约束。约束种类、约束转换及显示如表 5-3 所示。

尺寸约束分为两种形式："动态约束"和"注释性约束"。默认情况下是动态约束，系统变量"CCONSTRAINTFORM"为 0。若为 1，则默认尺寸约束为注释性约束。动态约束：标注外观由固定的预定义标注样式决定，不能修改，且不能被打印。在缩放操作过程中动态约束保持相同大小。注释性约束：标注外观由当前标注样式控制，可以修改，也可打印。在缩放操作过程中注释性约束的大小发生变化。可把注释性约束放在同一图层上，设置颜色及改变可见性。动态约束与注释性约束间可相互转换，选择尺寸约束，单击鼠标右键，选中"特性"选项，打开"特性"对话框，在"约束形式"下拉列表中指定尺寸约束要采用的形式。

表 5-3　尺寸约束

按钮图标	约束名称	几何意义
	线性约束	约束两点之间的水平或竖直距离
	对齐约束	约束两点、点与直线、直线与直线间的距离
	半径约束	约束圆或者圆弧的半径
	直径约束	约束圆或者圆弧的直径
	角度约束	约束直线间的夹角、圆弧的圆心角或 3 个点构成的角度
	转换	将普通尺寸标注（与标注对象关联）转换为动态约束或注释性约束 使动态约束与注释性约束相互转换 利用"形式(F)"选项指定当前尺寸约束为动态约束或注释性约束

2．编辑尺寸约束

对于已创建的尺寸约束，可采用以下方法进行编辑：

1）"尺寸约束"的显示/隐藏操作与几何约束相同。

2）双击"尺寸约束"或利用"DDEDIT"命令编辑约束的值、变量名称或表达式。

3）选中"尺寸约束"，拖动与其关联的三角形关键点改变约束的值，同时驱动图形对象改变。

4）选中约束，单击鼠标右键，利用快捷菜单中相应选项编辑约束。

3．用户变量及方程式

变量化设计使参数值可赋予表达式，给产品设计带来很大的方便。AutoCAD 2014 的参数变量化的功能，使所有参数都可以赋予表达式，支持三角函数、乘方等常用的数学表达式。单击"参数化"功能区中"标注"面板上的 f_x 按钮，打开"参数管理器"对话框，利用该管理器修改变量名称、定义用户变量及建立新的表达式等，如图 5-30 所示。单击 f_x 按钮可建立新的用户变量。

图 5-30　用户变量及方程式

5.5　绘图实例

通过下面的例子，要求掌握一个较为完整的图形绘制过程。

【例 5-3】　按照给定的尺寸绘制图 5-31 所示的图形，不进行尺寸标注。

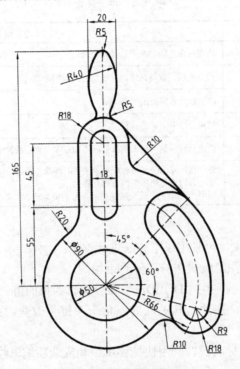

图 5-31　图形绘制练习

（1）设置图形界限

1）使用"图形界限"命令设置图形界限为：左下角（0，0），右上角（210，297），正好是纵向的 A4 图幅。

2）使用"单位"命令对图形单位等进行设置；对捕捉和栅格间距进行设置；设置自动对象捕捉模式。

（2）设置图层

1）按照第 4 章的方法和标准设置图层。

2）将当前视图缩放到图形界限。

命令: ZOOM↵

指定窗口的角点，输入比例因子 (nX 或 nXP)，或者

[全部(A)/中心(C)/动态(D)/范围(E)/上一个(P)/比例(S)/窗口(W)/对象(O)] <实时>: a↵（全部显示）

（3）绘制图形的定位线

命令: LINE↵

指定第一点：50,100↵（指定直线起点）

指定下一点或 [放弃(U)]：@80,0↵（指定直线终点，绘出水平线）

指定下一点或 [放弃(U)]：↵（结束直线命令）

命令：LINE ↵

指定第一点：100,50↵（指定直线起点）

指定下一点或 [放弃(U)]：@0,220↵（指定直线终点，绘出垂直线）

指定下一点或 [放弃(U)]：↵（结束直线命令）

命令：LINE ↵

指定第一点：100,100↵（指定直线起点）

指定下一点或 [放弃(U)]：<45↵（角度替代）

角度替代：45

指定下一点或 [放弃(U)]：89↵（指定直线长度）

指定下一点或 [放弃(U)]：↵（结束直线命令）

命令: LINE

指定第一点：100,100↵（指定直线起点）

指定下一点或 [放弃(U)]：<-15↵（角度替代）

角度替代：345

指定下一点或 [放弃(U)]：89↵（指定直线长度）

指定下一点或 [放弃(U)]：↵（结束直线命令）

再利用"偏移"命令，绘出其他的定位线，如图 5-32 所示。

（4）绘制圆

打开"对象自动捕捉"模式，捕捉各交点，绘出各圆，如图 5-33 所示。

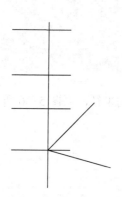

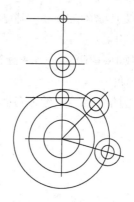

图 5-32　绘制图形的定位线　　　　　　图 5-33　绘制已知尺寸各圆

（5）绘制弯槽

命令：ARC↵

指定圆弧的起点或 [圆心(C)]：c ↵（指定圆弧圆心）

指定圆弧的圆心：（用捕捉方法指定圆弧圆心）

指定圆弧的起点：int ↵（捕捉交点）

于（指定 R18 圆与-15°方向斜线的交点）

指定圆弧的端点或 [角度(A)/弦长(L)]：int ↵（捕捉交点）

于（指定 R18 圆与 45°方向斜线的交点）

用相同的方法绘出另三条弧。利用"剪切"命令，切去多余图线。在绘图中可以对视图进行缩放控制。利用"打断"命令，修改 R66 的圆成圆弧。注意中心线要超出轮廓线 3～5mm，如图 5-34 所示。

（6）绘制直槽

打开"极轴追踪"、"对象自动捕捉"和"对象极轴捕捉"模式。捕捉圆的象限点向下绘四条直线，对图形剪切，并将最外侧圆弧延伸到最右侧直线处，结果如图 5-35 所示。

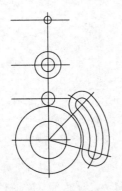

图 5-34 绘制弯槽

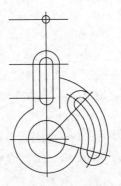

图 5-35 绘制直槽

（7）绘制切线

命令：line
指定第一点：tan ↲（捕捉切点）
到（选择 R18 圆外侧）
指定下一点或 [放弃(U)]：tan ↲（捕捉切点）
到（选择大弧外侧）
指定下一点或 [放弃(U)]：↲（结束命令）

（8）绘制圆角

1）利用"圆角"命令，绘制各圆角。注意设置圆角的半径，如图 5-36 所示。

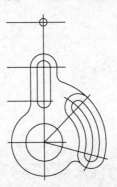

图 5-36 绘制各圆角

2）利用"延伸"命令封闭由于倒圆角而使圆弧产生的缺口。

（9）绘制手柄（头部）

1）将中心垂直线偏移 10 个单位（mm），作辅助线。

2）绘 R40 的圆。

命令：CIRCLE ↵

指定圆的圆心或 [三点(3P)/两点(2P)/相切、相切、半径(T)]：t↵（设置绘圆模式为"相切、相切、半径"方式）

指定对象与圆的第一个切点：（选择辅助线）

指定对象与圆的第二个切点：（选择 R5 圆）

指定圆的半径 <9.0000>：40↵（指定圆的半径）

3）删除作图辅助线。

4）以中心垂直线为对称线将 R40 的圆镜像。

5）用"剪切"命令切去多余元素。

6）用"倒圆角"命令绘出 R5 圆弧，并以中心垂直线为对称线镜像。

7）用"剪切"命令切去多余元素。

8）用"延伸"命令封闭由于倒圆角而使圆弧产生的缺口。

9）利用"剪切"或"打断"以及"拉伸"等命令修改各中心线，使其超出轮廓线 3～5mm。

10）将各图线指定到其相应的图层，完成图形的绘制

当学习了尺寸标注的相关内容后，将此图形标注尺寸。

5.6 习题

1. 透明命令的输入格式为：命令名前面加（　　　）符号。

A. :   B. '   C. ;   D. <<

2. 在等轴测捕捉样式下，可以用功能键（　　　）来切换等轴测面。

A. F2   B. F5   C. F7   D. F9

3. 练习"对象捕捉"、"极轴追踪"和"对象捕捉追踪"模式绘图。

4. 根据物体的三视图，绘制其正等轴测图，如图 5-37 所示。

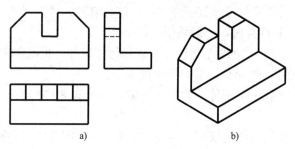

a)   b)

图 5-37　绘制正等轴测图

a) 物体三视图　b) 物体正等轴测图

第6章 文字与表格

本章主要内容
- 文字样式
- 创建和编辑文字
- 表格样式
- 创建和编辑表格

文字是 AutoCAD 绘图中重要的图形要素，也是工程图样中必不可少的组成部分，通常用于工程图样中的标题栏、明细表、技术要求、装配说明、加工要求等一些非图形信息的标注。

文字标注包括单行文字标注和多行文字标注。

6.1 设置文字样式

AutoCAD 中的文字样式规定了字体、字号、倾斜角度、方向和其他文字特征。默认情况下输入文字时，AutoCAD 使用标准文字样式，但不符合我国工程制图的要求。

为了使用 AutoCAD 绘制出符合我国国家标准的图样，应该先了解我国国家标准中对于字体的有关规定。

6.1.1 CAD 制图中使用字体的说明

CAD 制图中字体执行 GB/T 18229—2000《CAD 工程制图规则》。

在 CAD 制图中，所用字体应做到字体端正、笔画清楚、排列整齐、间隔均匀。要求：

1）在绘制 CAD 工程图样时，一般采用矢量字体。

2）数字和字母采用 ISO 3098 字体，可写成斜体和正体。机械制图中一般以斜体输出。小数点进行输出时，应占一个字位，并位于中间靠下方。

3）汉字在输出时一般采用正体，并采用国家正式公布和推行的简化字。不推荐采用繁体字。

4）在图样中的标注及说明的汉字、标题栏、明细栏等中汉字一般应采用长仿宋矢量字体（GB/T 14691—1993）；在 CAD 文件的大标题、小标题、图册封面、目录清单、标题栏中的设计单位名称、图样名称、工程名称、地形图等一般应采用单线字体、宋体、仿宋体、楷体、黑体（GB/T 14691—1993）。

5）标点符号应按其含义正确使用，除省略号和破折号为两个字位外，其余均为一个符号一个字位。

6）字体高度的公称尺寸系列为：1.8，2.5，3.5，5，7，10，14，20mm，按 $\sqrt{2}$ 的比率

递增。

7）字体与图纸幅面之间的选用关系见 GB/T18229—2000《CAD 工程制图规则》表 4。

8）字体的最小字（词）距、行距以及间隔线或基准线与书写字体之间的最小距离见 GB/T18229—2000《CAD 工程制图规则》表 5。

6.1.2　使用文字样式

1. 命令输入方式

命令行：STYLE。

菜单栏：格式→文字样式。

工具栏：样式→ ![]。

执行命令后，打开"文字样式"对话框，如图 6-1 所示。

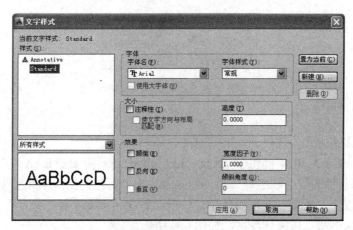

图 6-1 "文字样式"对话框

2. 选项说明

（1）"样式"列表

选择样式的名称。可利用"新建"和"删除"两个命令来新建和删除文字样式。文字样式名称最长可达 255 个字符。名称中可包含字母、数字和特殊字符，如"$"、"_"、"-"等。不能删除"Standard（标准）"文字样式。

（2）"字体"选项组

- 字体名：在下拉列表框中选择需要的字体。可以利用"使用大字体"来选择是否使用大字体。

（3）"大小"选项组

- "注释性"复选框用来指定文字为注释性文字；
- "使文字方向与布局匹配"复选框用来指定图纸空间视口中的文字方向与布局方向匹配。如果清除"注释性"选项，则该选项不可用；
- "高度"文本框中设置默认字高。

（4）"效果"选项组

可以设置文字的颠倒、反向、垂直等效果。

- "宽度因子"文本框中设置宽度系数,确定文本字符的宽高比。当比例系数为1时表示将按字体文件中定义的宽高比标注文字。当此系数小于1时字会变窄,反之变宽。
- "倾斜角度"来设置文字字头的倾斜角度。角度为0时不倾斜,为正时向右倾斜,为负时向左倾斜。颠倒和反向选项对多行文字对象无影响,修改宽度比例和倾斜角度对单行文字无影响。

(5)"置为当前"按钮

用于将选定的样式设置为当前。

(6)"新建"按钮

- "新建"按钮用于新建文字样式。单击此按钮系统弹出如图6-2所示的"新建文字样式"对话框,并自动为当前设置提供名称"样式n"(其中n为所提供样式的编号)。可以采用默认值或在该框中输入名称。

图 6-2 "新建文字样式"对话框

(7)预览

预览所设置文字样式的效果。

实际上,AutoCAD 2014 提供了 gbenor.shx、gbeitc.shx 和 gbcbig.shx 字体文件。可以用 gbeitc.shx 来书写斜体的数字和字母,用 gbenor.shx 来书写正体的数字和字母,用 gbcbig.shx 来书写长仿宋体汉字。所以在实际操作中,一般要新建两个文字样式,一个用来书写字母和数字,另一个用来书写长仿宋体汉字,如图6-3所示。

 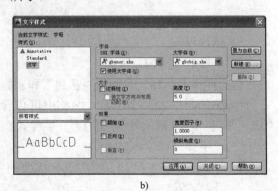

a)	b)

图 6-3 设置文字样式

a) 字母及数字样式 b) 汉字样式

由于目前个人计算机广泛采用 Windows 操作系统,所以 AutoCAD 还可以使用"TrueType"字体。TrueType 字体中没有长仿宋体,故在使用时,可以将"Width Factor(宽度比例)"改为 0.707 将仿宋体改为长仿宋体。

在 AutoCAD 中,除了默认的 Standard(标准)文字样式外,必须创建任何所需的文字样式。要使用某文字样式来创建文字,应将该文字样式置于当前。

6.2 使用文字

AutoCAD 提供了多种创建文字的方法。对简短的输入项使用单行文字，虽然名称为单行文字，但是在创建过程中仍然可以用〈Enter〉键来换行。对带有内部格式的较长的输入项使用多行文字，多行文字的编辑选项比单行文字多。

6.2.1 使用单行文字

1．命令输入方式

命令行：TEXT。

菜单栏：绘图→文字→单行文字。

工具栏：Text→ **A|** 。

2．操作步骤

> 命令：TEXT ↵
> 当前文字样式："Standard"文字高度：2.5000 注释性：否 对正：中上
> 指定文字的中上点或[对正(J) 样式(S)]：

各选项含义如下：

（1）指定文字的中上点

提示指定文字起始点是 AutoCAD 2014 的默认设置，指定单行文字的基线的起始点位置。

AutoCAD 为单行文字定义了"顶线"、"中线"、"基线"和"底线"用于确定文字的位置。顶线位于大写字母的顶部，基线是指大写字母底部所在线。无下行的字母基线即是底线，下行的字母（有伸出基线以下部分的字母，如 j、p、y 等）底线与基线并不重合，而中线随文字中有无下行字母而不同，若无下行字母，即为大写字母的中部，如图 6-4 所示。

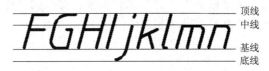

图 6-4　顶线、中线、基线和底线

在确定了文字的中上点位置后，用户需要在下述 AutoCAD 2014 提示下，依次输入文字的高度、旋转角度和文字内容。

> 指定高度<2.5000>：（输入文字高度）↵
> 指定文字的旋转角度<0>：（输入文字旋转角度）↵

在上述提示下，在命令行输入注释文字，每按一次〈Enter〉键，便启动一个新行。在输入完注释文字后，直接按〈Enter〉键结束"单行文字"命令。应注意，如果按〈Enter〉键之前，取消"单行文字"命令，将会丢失之前输入的所有文字。

（2）对正

在"指定文字起点或[对正(J) 样式(S)]："提示下，输入"J"，即可设置文字对正方式。此时，AutoCAD 2014 显示如下提示：

输入选项[左(L) 居中(C) 右(R) 对齐(A) 中间(M) 调整(F) 左上(TL) 中上(TC) 右上(TR) 左中(ML) 正中(MC) 右中(MR) 左下(BL) 中下(BC) 右下(BR)]:

其中："对齐（A）"和"调整（F）"要求用户指定文字基线的起始点与终止点的位置。所输入的文本字符均匀地分布于指定的两点之间。如果两点间的连线不水平，则文本行倾斜。字高、字宽根据两点间的距离、字符的多少以及文本样式中设置的宽度系数自动确定。即指定了两点之后，每行输入的字符越多，字宽和字高越小。其他选项为文字的对正方式，如图 6-5 所示。

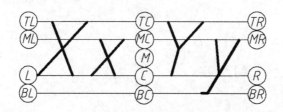

图 6-5　文字的对正方式

对正方式指定并确定后，AutoCAD 2014 执行输入文字的命令。

（3）样式

在"指定文字起始点或[对正(J)/样式(S)]"：提示下，输入"S"，即可设置当前的文字样式。此时，AutoCAD 2014 显示如下提示：

输入样式名或[?]<Standard>:

在此提示下，用户可以直接输入文字样式的名称，也可输入"？"来查询当前存在的文字样式列表。

6.2.2　使用多行文字

多行文字可以使用"文字格式"工具栏来设置多行文字的"样式"、"字体"及"大小"等属性。使用快捷菜单可以设置缩进和制表位。

1．命令输入方式

命令行：MTEXT。

菜单栏：绘图→文字→多行文字。

工具栏：绘图或文字→**A**。

命令别名：T。

2．操作步骤

命令：MTEXT↵

当前文字样式："Standard"文字高度：2.5000　注释性：否↵

指定第一个角点：　↵

指定对角点或[高度(H)/对正(J)/行距(L)/旋转(R)/样式(S)/宽度(W)/栏(C)]：　↵

当在绘图窗口中指定一个用来放置多行文字的矩形区域后，这时便打开了由"文字格式"工具栏和"文字输入"窗口组成的"多行文字"编辑器，如图 6-6 所示。用它们可设置多行文字的"样式"、"字体"及"大小"等属性。

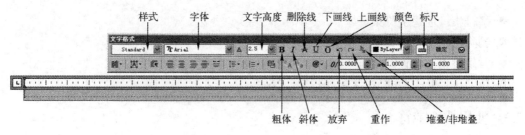

图 6-6 "多行文字"编辑器

"文字格式"工具栏各主要选项的功能如下：

- "样式"下拉列表框：选择文字的文字样式。
- "字体"下拉列表框：选择文字的字体。
- "文字高度"下拉列表框：设置文字的高度。
- "粗体"、"斜体"按钮：单击它们，可分别加粗文字或使文字成为斜体。
- "删除线"按钮：单击该按钮，可给文字加删除线。
- "下画线"按钮：单击该按钮，可给文字加下画线。
- "上画线"按钮：单击该按钮，可给文字加上画线。
- "放弃"、"重作"按钮：单击它们，可分别取消前一次操作或重复前一次取消的操作。
- "堆叠/非堆叠"按钮：当在文字输入窗口中选中的文字包含"/"、"^"、"#"等，需用不同的格式来表示分数或指数等时，用"堆叠与非堆叠"按钮便可实现相应的堆叠与非堆叠的切换。

如在文字输入窗口中输入"1/2"，并选择，然后按按钮 $\frac{b}{a}$，改写作"$\frac{1}{2}$"。

- 颜色下拉列表框：选择文字的颜色。
- 标尺按钮：单击该按钮，可显示或隐藏标尺。
- 确定按钮：单击该按钮，可完成多行文字的设置且保存该设置。

利用工具栏中下部的按钮和数据框还可以设置文字的对正方式，宽度比例等选项。

在文字输入窗口中右击，可以弹出"多行文字"快捷菜单，如图 6-7 所示。这个菜单与"按文字格式"工具栏上的"选项"按钮打开的"选项"菜单基本对应。菜单上各命令功能如下：

- 选择性粘贴：下拉菜单包括无字符格式粘贴，无段落格式粘贴，无任何格式粘贴。
- 插入字段：打开"字段"对话框，插入类似日期等字段。
- 符号：使用特殊字符。
- 输入文字：打开"选择文件"对话框，导入文本。
- 段落：打开"段落"对话框可设置段落间距等。

图 6-7 "多行文字"快捷菜单

- 字符集：选择字符集。
- 删除格式：删除文字中使用的格式。
- 背景遮罩：设置背景遮罩。
- 帮助：打开"帮助"，学习使用多行文字。

6.2.3 使用特殊字符

在实际设计绘图中，往往需要标注一些特殊的字符，由于这些特殊字符不能从键盘上直接输入，所以 AutoCAD 提供了特殊符号输入的控制符。

在"文字格式"工具栏中（图 6-6）按下 @▾ 按钮"符号"，出现"特殊符号"快捷菜单，如图 6-8 所示，给出了特殊字符的输入方法。

如在"文字"输入窗口中输入"%%c"，结果文字显示为"φ"。

在快捷菜单中选择"其他"命令，可以打开"字符映射表"窗口，如图 6-9 所示。从中选择并复制特殊符号。

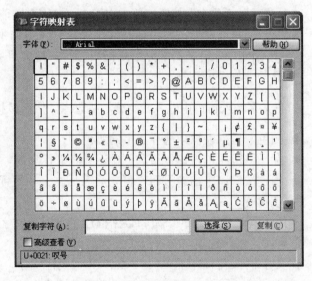

图 6-8 "特殊字符"快捷菜单　　　　　　　图 6-9 "字符映射表"窗口

6.3 文字编辑

一般说来，文字编辑应包含修改文字内容和文字特性两个方面。

6.3.1 在位编辑文字

AutoCAD 最方便的编辑文字的方法是直接双击一个文字对象进行在位编辑。在位编辑时，文字显示在图样中的真实位置并显示真实大小。

6.3.2 文字工具栏

"文字"工具栏如图 6-10 所示，各按钮功能如表 6-1 所示。

表 6-1 "文字"工具栏各按钮功能

按 钮 图 标	意 义
A	建立多行文字
AI	建立单行文字
A	编辑文字、标注文字和属性定义
ABC	查找、替代、选择或缩放
ABC	检查拼写
A	创建、修改或指定文字样式
A	缩放
A	对正
图	在空间之间转换距离

图 6-10 "文字"工具栏

6.3.3 使用属性命令修改文字内容

1．命令输入方式

命令行：DDMODIFY。

菜单栏：修改→特性。

工具栏：标准注释→特性。

2．操作步骤

Command：DDMODIFY↵

在操作中，用户首先选取要修改的文字对象，再执行相应命令，打开"属性"对话框，如图 6-11 所示。在其中可以修改文字对象的"颜色"、"图层"、"线型"、"内容"、"字体样式"等。

6.4 使用表格

在工程图样和文件管理中，表格是必不可少的要素。从AutoCAD 2005 开始，增加了"表格"命令，AutoCAD 2006 在此基础上又做了一些改进，如执行表格数据的计算等。AutoCAD 2008 增加了将表格数据链接至 Microsoft Excel 中的数据的功能，且表格样式也得到增强，添加了用于表格和表格单元中边界及边距的其他格式选项和显示选项。可以从图形中的现有表格快速创建表格样式，可以将 Microsoft Excel 电子表格中的信息（以列的形式）与从图形中提取的数据进行合并。

图 6-11 "属性"对话框

6.4.1 使用表格样式

1. 命令输入方式

命令行：TABLE STYLE。

菜单栏：格式→表格样式。

工具栏：样式→表格样式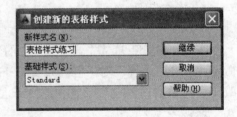。

命令别名：TS。

执行命令后，打开"表格样式"对话框，如图 6-12 所示。

各参数说明如下：

● "样式"列表框：选择样式的名称。可利用"新建"、"修改"、"删除" 3 个命令来新建、修改和删除表格样式，并用"置为当前"命令将选择的样式作为当前表格使用样式。

● "列出"下拉列表框：选择样式列表中样式的过滤条件。

● "预览"窗口：预览所选择的表格样式。

2. 新建表格样式步骤

1）在"表格样式"对话框中单击"新建"按钮，打开"创建新的表格样式"对话框，如图 6-13 所示。

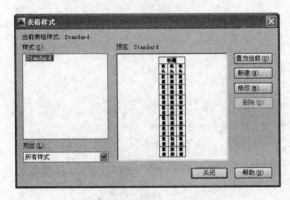

图 6-12 "表格样式"对话框　　　　图 6-13 "创建新的表格样式"对话框

2）在对话框中输入要新建的样式名称，单击"继续"按钮，打开"新建表格样式"对话框，如图 6-14 所示。功能说明如下：

● "单元样式"选项组：主要选择表格的数据、表头和标题等。

"常规"选项卡：主要设置表格的特性（包括填充颜色、对齐、格式和类型），和页边距（水平和垂直方向），如图 6-14a 所示；选择"创建行/列时合并单元"可以将行/列合并。

"文字"选项卡：主要设置表格的文字的特性（包括样式、高度、颜色和角度），单击文字样式后方的窗口，可打开"文字样式"窗口，可以选择 6.1.2 中设置的"汉字"，如图 6-14b 所示。

"边框"选项卡：主要设置表格边框的特性（包括线宽、线型、颜色以及双线的间距），如图 6-14c 所示。

● "选择起始表格"：中可以选择起始表格。

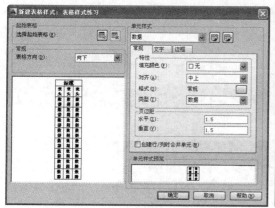
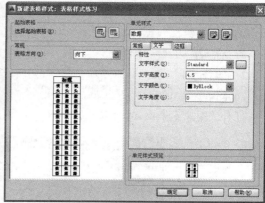

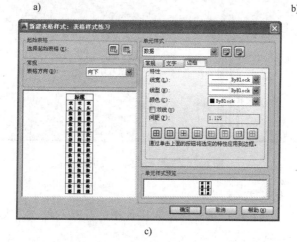

图 6-14 "新建表格样式"对话框

a)"常规"设置 b)"文字"设置 c)"边框"设置

● "表格方向"下拉列表框：设置表格的方向是向上还是向下。

● "单元样式预览"：可以看到所设置的表格的样式。

3）对新建样式的各选项设置完成后，单击"确定"按钮，确定新样式的设置并返回表格样式对话框。

4）对需要的表格样式置为当前，单击"关闭"按钮，退出表格样式对话框。

在实际绘图中，多数情况下是通过"样式"工具栏上的下拉列表框中选择"当前样式"。"样式"工具栏如图 6-15 所示。

图 6-15 "样式"工具栏

6.4.2 创建表格

1. 命令输入方式

命令行：table。

菜单栏：绘图→表格。

工具栏：绘图→ 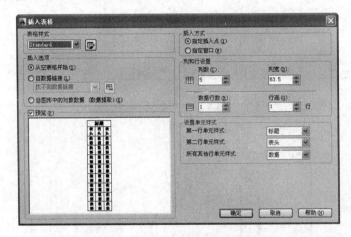。

命令别名：TB。

2. 操作步骤

Command：TABLE↵

打开"插入表格"对话框，如图6-16所示。

图6-16 "插入表格"对话框

对话框中各选项或参数意义如下：

1）"表格样式"下拉列表框：选择所建表格使用的样式。单击"表格样式"按钮可以打开"表格样式"对话框对样式进行修改。

2）"插入选项"选项组：用来选择是自空表格开始，自数据链接开始，还是自图形中的对象数据（数据提取）。

● 若选择"自数据链接"单选按钮，则单击"选择数据链接"按钮可以打开"选择数据链接"窗口，对 Microsoft Excel 中的数据进行链接；

● 若选择自图形中的对象数据（数据提取），可以从图形中的对象（包括块和属性）提取特性数据和图形信息，并可以将提取的数据链接至 Microsoft Excel 电子表格中的信息，并输出到表格或外部文件。

3）"插入方式"选项组：选择指定插入点，还是指定窗口。

4）"列和行设置"选项组：设置表格的行数、列数、行高和列宽。

5）"设置单元样式"选项组：包括第一行单元样式、第二行单元样式和所有其他行单元样式。每一样式中的选项完全相同，都有标题、表头和数据。

需要注意的是：第一行单元样式的默认值是标题，第二行单元样式的默认值是表头，而所有其他行单元样式的默认值是数据。如果表格中不包含标题和表头，则第一行单元样式和第二行单元样式均要选择数据项。

设置完成后，单击"确定"按钮，退出对话框。在绘图区指定表格的位置，完成一个空表格的创建，同时文字编辑功能打开，可以向表格单元中输入内容。

双击一个单元格，可以向该单元格中输入内容。

6.4.3 编辑表格

单击表格的任意一条边框线就可以选择一个表格对象，该表格出现夹点，如图 6-17a 所示。移动夹点可以修改表格的大小、位置。

单击一个单元格，可以选择该单元格，单元格边框的中央将显示夹点，并弹出表格窗口，如图 6-17b 所示。拖动单元格上的夹点可以改变单元列宽或行高。表格窗口中各选项分别为按行/列、标题、表头、数据等，其他如下所示。

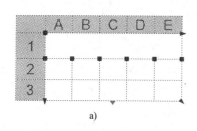
a)

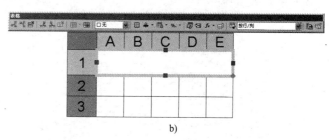
b)

图 6-17　表格的选择

a) 选择表格　b) 选择单元

：在选择的单元格上方插入行。

：在选择的单元格下方插入行。

：删除表格最下方的行。

：在选择的单元格左侧插入列。

：在选择的单元格右侧插入列。

：删除表格最右方的列。

：分别为合并单元格和取消合并单元格。当按住〈Shift〉键并在另一个单元格内单击，选中这两个单元格以及它们之间的所有单元格，单击合并单元格，并在下拉菜单中选择合并方式（全部、按行、按列），可合并单元格。

：单击可打开单元边框特性窗口。

：确定所选单元格中文字的对正方式，包括左上/中上/右上/左中/正中/右中/左下/中下/右下。

：锁定，下拉菜单分别为解锁/内容已锁定/格式已锁定/内容和格式已锁定。

：数据格式。

：分别为插入块，插入字段，插入数学公式，可以执行求和、取平均等相应的运算。

：分别为管理单元内容和匹配单元，将某个单元的特性复制到其他单元。

：分别为链接单元和从源文件下载更改。

选择一个表格对象，右击，弹出"表格编辑"快捷菜单，如图 6-18 所示。选取表格中的单元，右击，弹出"单元编辑"快捷菜单，如图 6-19 所示。

编辑表格或单元的几点说明：

1）修改表格或表格单元，利用特性是很有用的方法。

2）表格的输出命令：该命令除了利用图 6-18 所示的菜单外，也可利用"输出"命令，可以将表格名称以逗号分隔（CSV）文件格式输出，输出后的文件可用 Excel 等打开。

图 6-18 "表格编辑"快捷菜单

图 6-19 "单元编辑"快捷菜单

6.5 表格应用实例

下面利用文字和表格绘制一个标题栏。尺寸和样式见 GB/T18229—2000《CAD 工程制图规则》中图 7。

如果用一个表格来制作标题栏，在调整单元时会比较困难。为解决这个问题，先把标题栏分为 4 个区，如图 6-20 所示。分别绘制，再合到一起。

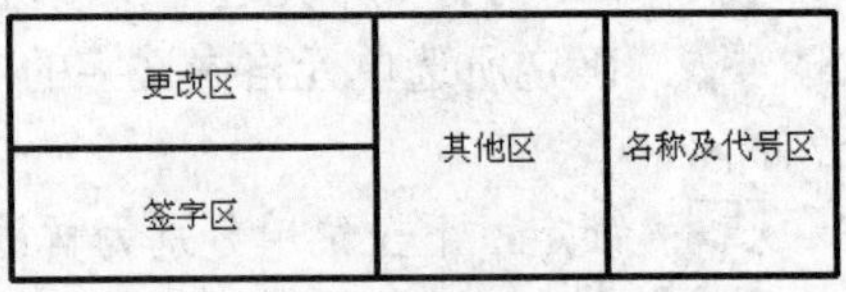

图 6-20 分割标题栏

步骤如下：

（1）设置"汉字"文字样式

按图 6-3b 所示的方法，创建并设置"汉字"文字样式。

（2）设置"表格样式"

选择"格式"→"表格样式"菜单命令，打开"表格样式"对话框，单击"新建"按钮，新建表格样式名为"标题栏"。单击"修改"按钮，在"常规"设置单元边距水平和垂直方向都为"0"。在"文字"设置其文字样式为"汉字"。在"边框"设置边框宽度线宽为"0.5"，全部应用，如图 6-21 所示。

（3）绘制签字区

1）选择"绘图"→"表格"菜单命令，打开"插入表格"对话框。设置"表格样式"

为"标题栏"。签字区一共有4行、6列。在"设置单元样式"中设置第一行单元样式和第二行单元样式均设为"数据"。这样就已经有了 2 行，因此要将列数设为"6"，而行数设为"2"，如图6-22所示。

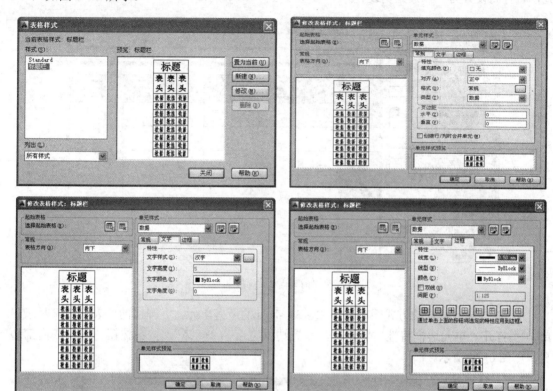

图6-21　设置表格样式

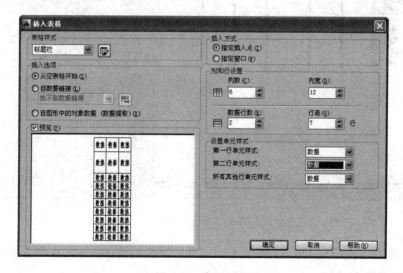

图6-22　创建表格

2）选择表格中所有单元，右击，从弹出的快捷菜单中选择"特性"命令，打开特性面板，在其中把单元的行高设置为"7"，列宽设置为"12"。

3）单击选择第一行 C 列，将行高设置为"7"，列宽设置为"16"；单击选择第一行 F 列，将行高设置为"7"，列宽设置为"16"，如图 6-23 所示。

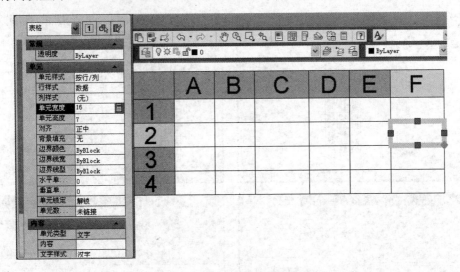

图 6-23　修改单元的高度和宽度

4）用点选或框选的方式同时选择 2、3、4 行的所有单元，在弹出的"表格"工具条中单击按钮打开"单元边框特性"对话框，设置边框宽度为"0.25"，按按钮，应用在内部边界，如图 6-24 所示。

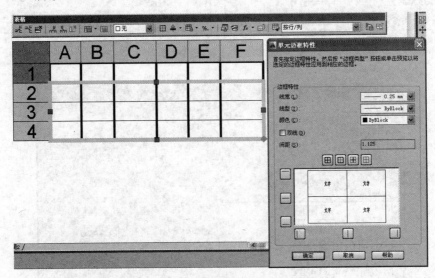

图 6-24　修改边框

5）用上面的方法修改其他单元的边框，完成签字区的操作，如图 6-25 所示。

（4）绘制其他区

1）将签字区关于表格上边镜像，再利用特性将各单元的列宽调整合适，完成更改区的绘制，如图 6-26 所示。

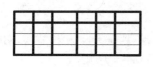
　图 6-25　完成的签字区

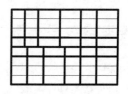
　图 6-26　完成更改区

2）用与前面类似的方法完成"名称及代号区"和"其他区"的绘制。这一步需要用到"合并单元"命令。具体操作方法如图 6-27 所示。

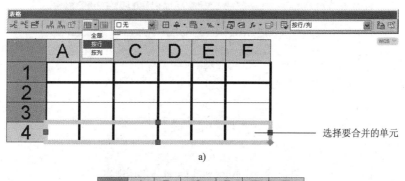

a)

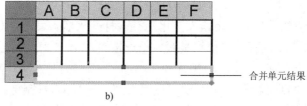

b)

图 6-27　合并单元

a) 选择要合并的单元　b) 合并单元结果

3）将 4 个表格移动到（图纸）相应位置，用"组合"命令将其编组为标题栏。输入表格内容，完成标题栏的绘制，如图 6-28 所示。

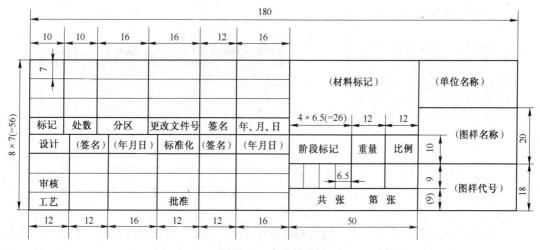

图 6-28　完成标题栏

6.6 链接表格数据实例

下面利用链接表格数据的方法绘制标题栏上方的明细栏。尺寸和样式见 GB/T18229—2000《CAD 工程制图规则》图 8。以千斤顶装配图中的明细栏为例。

1）打开 Microsoft Excel，制作并保存明细栏表格，如图 6-29 所示。在 Microsoft Excel 中制作表格比较简单，而且不必考虑表格的尺寸，尺寸和字体将在 AutoCAD 2014 中，在快捷菜单中选择“特性”命令，打开特性面板进行调整。

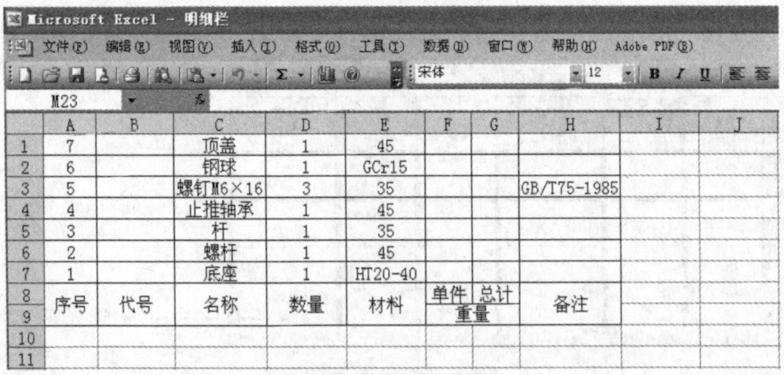

	A	B	C	D	E	F	G	H	I	J
1	7		顶盖	1	45					
2	6		钢球	1	GCr15					
3	5		螺钉M6×16	3	35			GB/T75-1985		
4	4		止推轴承	1	45					
5	3		杆	1	35					
6	2		螺杆	1	45					
7	1		底座	1	HT20-40					
8	序号	代号	名称	数量	材料	单件	总计	备注		
9						重量				
10										
11										

图 6-29 在 Microsoft Excel 中的明细栏

2）选择“绘图”→“表格”菜单命令，打开“插入表格”对话框（如图 6-22 所示），在“插入选项”中选择“自数据链接”单选按钮，单击“选择数据链接”按钮，打开“选择数据链接”对话框，如图 6-30 所示。

3）单击“创建新的 Excel 数据链接”，打开“输入数据链接名称”对话框，如图 6-31 所示。在“名称”文本框中输入“明细”，单击“确定”按钮。打开“新建 Excel 数据链接”对话框，单击“选择 Excel 文件”后的“浏览”按钮，找到第 1）步创建的 Microsoft Excel 明细栏表格，如图 6-32 所示。在预览中可以看到 Microsoft Excel 明细栏表格。

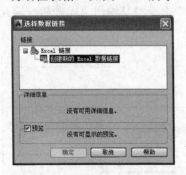

图 6-30 “选择数据链接”对话框

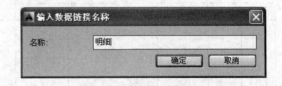

图 6-31 “输入数据链接名称”对话框

4）单击“确定”按钮，返回到“选择数据链接”对话框，单击“确定”按钮，返回到“插入表格”对话框，单击“确定”按钮，返回到 AutoCAD 2014 中。在 AutoCAD 2014 中，任意制定插入点插入 Microsoft Excel 明细栏表格。

5）框选所有的单元格，右击，将对齐方式选为“正中”。打开特性面板，调整单元的宽度和高度尺寸，以及文字的高度，按 6.5 节的方式修改边框。调整好后的 AutoCAD 2014 中的明细栏如图 6-33 所示。

7		顶盖	1	45	
6		钢球	1	GCr15	
5		螺钉M6×16	3	35	GB/T75-1985
4		止推轴承	1	45	
3		杆	1	35	
2		螺杆	1	45	
1		底座	1	HT20-40	
序号	代号	名称	数量	材料	单件 总计	备注
					重量	

图 6-32 "新建 Excel 数据链接"对话框   图 6-33 调整好后的 AutoCAD 2014 中的明细栏

6）用"移动"命令将明细栏移到标题栏上方。

6.7 习题

1. 练习国家标准字体样式的设置。
2. 练习文字输入中的文字对齐方式。
3. 练习特殊字符的输入方法。
4. 用 AutoCAD 2014 输入文字时，直径符号"ϕ"的控制符为：

    A．%%d   B．%%p   C．%%c

5. 参照标题栏的绘制方法，用 AutoCAD 2014，绘制图 6-34 所示的明细栏。

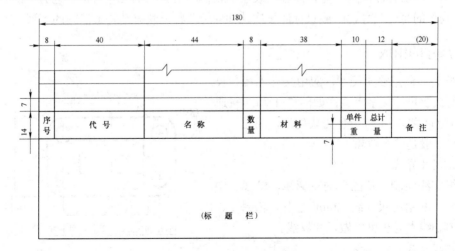

图 6-34 明细栏

第7章 尺寸标注

本章主要内容
- 尺寸的组成与标注规则
- 尺寸标注的类型与实现方式
- 尺寸标注的样式设置
- 尺寸标注的编辑
- 尺寸标注的应用示例

正确的标注物体的尺寸非常重要，应使所标注的尺寸完全、清晰和便于看图。

7.1 国家标准有关尺寸标注的规则

尺寸标注是绘图设计中的一项重要内容。图形用来表达物体的形状，而尺寸用来确定物体的大小和各部分之间的相对位置。本节简单介绍我国国家标准有关尺寸标注的规则。

7.1.1 基本规则

1）物体的真实大小应以图样上所标注的尺寸数值为依据，与图形的大小及绘图的准确度无关。

2）当图样中的尺寸以毫米（mm）为单位时，不需要标注计量单位的代号或名称。如采用其他单位，则必须注明相应计量单位的代号或名称。

3）图样中所标注的尺寸为该图样所表示的物体的最后完工尺寸，否则应另加说明。

4）物体的每一尺寸，一般只标注一次，并应标注在反映该结构最清晰的图形上。

7.1.2 尺寸的组成

图样上一个完整的尺寸，应由尺寸界线、尺寸线、箭头及尺寸文字组成，如图 7-1 所示。通常 AutoCAD 将这 4 部分作为块处理，因此一个尺寸标注一般是一个对象。

（1）尺寸界线

用细实线绘制，从图形的轮廓线、轴线、中心线引出，并超出尺寸线 2mm 左右。轮廓线、轴线、中心线本身也可以做尺寸界线。

（2）尺寸线

尺寸线必须用细实线单独绘出，不能用任

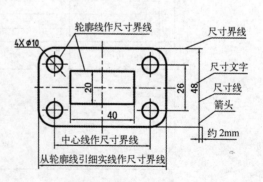

图 7-1 尺寸的组成

何图线代替，也不能与任何图线重合。

（3）箭头

箭头位于尺寸线的两端，指向尺寸界线。用于标记标注的起始、终止位置。箭头是一个广义的概念，可以有不同的样式，具体设置详见 7.3.3 节。

（4）尺寸文字

同一张图中尺寸文字的大小应一致。除角度以外的尺寸文字，一般应填写在尺寸线的上方，也允许填写在尺寸线的中断处，但同一张图中应保持一致；文字的方向应与尺寸线平行。尺寸文字不能被任何图线通过，偶有重叠，其他图线均应断开。

7.1.3 尺寸标注的基本要求

尺寸标注的基本要求如下。

1）互相平行的尺寸线之间，应保持适当的距离。为避免尺寸线与尺寸界线相交，应按大尺寸注在小尺寸外面的原则布置尺寸。

2）圆及大于半个圆的圆弧应注直径尺寸，半圆或小于半圆的圆弧应注半径尺寸。

3）角度尺寸的标注，无论哪一种位置的角度，其尺寸文字的方向一律水平注写，文字的位置，一般填写在尺寸线的中间断开处。

7.2 尺寸标注

AutoCAD 2014 提供了"标注"菜单栏和"标注"工具栏等工具，可以标注诸如直线、圆弧和多段线线段之类的对象，或者标注点与点的距离。标注主要类型如图 7-2 所示。

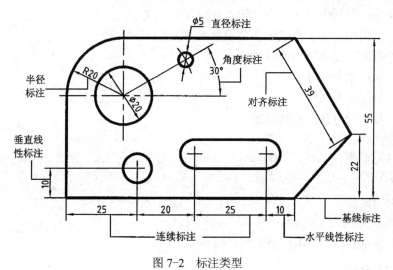

图 7-2 标注类型

7.2.1 线性尺寸标注和对齐尺寸标注

线性尺寸标注用于标注线段或两点之间的水平尺寸、垂直尺寸或旋转尺寸。对齐尺寸标注用于标注线段的长度或两点之间的距离。常用于标注斜线的长度。

1. 命令输入方式

线性尺寸标注：   对齐尺寸标注：

命令行：DIMLINEAR。   命令行：DIMALIGNED。

菜单栏：标注（N）→线性。   菜单栏：标注（N）→对齐。

工具栏：标注→▐┥▌。   工具栏：标注→↘。

命令别名：DLI。   命令别名：DAL。

2. 操作步骤

除命令不同外，两者的操作步骤基本相同。下面以线性尺寸标注为例说明之。

命令: DIMLINEAR ↵

指定第一条尺寸界线原点或 <选择对象>：

（1）"指定第一条尺寸界线原点"选项

指定第一条尺寸界线原点或 <选择对象>：（拾取第一条尺寸界线起始点）

指定第二条尺寸界线原点：（拾取第二条尺寸界线起始点）

指定尺寸线位置或

[多行文字(M)/文字(T)/角度(A)/水平(H)/垂直(V)/旋转(R)]：

各选项功能如下。

● 指定尺寸线位置：确定尺寸线的位置，完成标注。

🚫 **说明**

当两尺寸界线的起始点没有位于同一水平线或同一垂直线上时，可通过拖动鼠标的方式确定实现水平标注还是垂直标注。方法为：确定两尺寸界线的起始点后，使光标位于两尺寸界线的起始点之间，上下拖动鼠标，可实现水平标注；左右拖动鼠标，则实现垂直标注。

● 多行文字：利用多行文字方式输入并设置尺寸文字。

● 文字：利用单行文字方式输入并设置尺寸文字。

● 角度：确定尺寸文字的旋转角度。

● 水平：标注水平尺寸。

● 垂直：标注垂直尺寸。

● 旋转：指定尺寸线的旋转角度。

（2）"<选择对象>"选项

指定第一条尺寸界线原点或 <选择对象>：↵

选择标注对象：

指定尺寸线位置或

[多行文字(M)/文字(T)/角度(A)]：

各选项功能与上相同，用户根据需要操作即可。

7.2.2 角度尺寸标注

角度尺寸标注可以标注圆弧的圆心角、圆上某段圆弧的圆心角、两条不平行直线的夹角，或根据给定的三点标注角度。

1. 命令输入方式

命令行：DIMANGULAR。

菜单栏：标注（N）→角度。

工具栏：标注→。

命令别名：DAN。

2．操作步骤

命令: DIMANGULAR↵

选择圆弧、圆、直线或 <指定顶点>:

（1）标注圆弧的圆心角

在上述提示下选择圆弧，将出现提示：

指定标注弧线位置或 [多行文字(M)/文字(T)/角度(A)/象限点(Q)]:

在此提示下，用户可以选择：

● 输入一点 ↵，确定角度尺寸线的位置，完成标注。

● 用户根据需要输入"M"、"T"或"A"确定角度文字的输入方式或文字的旋转角度。

（2）标注圆上某段圆弧的圆心角

选择圆，将出现提示：

指定角的第二个端点:（输入一点）↵

指定标注弧线位置或 [多行文字(M)/文字(T)/角度(A)/象限点(Q)]: 以下操作参照（1）

（3）两条不平行直线的夹角

选择直线，将出现提示：

选择第二条直线:（拾取一直线对象）↵

指定标注弧线位置或 [多行文字(M)/文字(T)/角度(A)/象限点(Q)]:

以下操作参照（1）。

（4）根据给定的三点标注角度

选择直接 ↵ 则出现：

指定角的顶点:（捕捉角的顶点）↵

指定角的第一个端点:（捕捉角的一个端点）↵

指定角的第二个端点:（捕捉角的另一个端点）↵

指定标注弧线位置或 [多行文字(M)/文字(T)/角度(A)/象限点(Q)]:

以下操作参照（1）。

说明

当通过多行文字(M)或文字(T)选项重新确定尺寸文字时，只有在输入的尺寸文字加后缀%%D，才能使标注出的角度值有度符号（°）。

7.2.3 连续标注和基线标注

连续标注是首尾相连的多个标注即链接式标注。基线标注是自同一基线处测量的多个标注即坐标式标注。

1．命令输入方式

连续标注：	基线标注：
命令行：DIMCONTINUE。	命令行：DIMBASELINE。
菜单栏：标注(N)→连续。	菜单栏：标注(N)→基线。

工具栏：标注→。 　　　　工具栏：标注→ 。

命令别名：DCO。 　　　　　　　　命令别名：DBA。

2．操作步骤

除命令不同外，"连续标注"和"基线标注"的操作步骤相同。下面以连续标注方式为例进行说明。

> 命令: DIMCONTINUE ↲
>
> 指定第二条尺寸界线原点或 [放弃(U)/选择(S)] <选择>:

在此提示下，确定下一个尺寸界线的起始点，系统按连续标注方式标注尺寸，即把上一个或所选标注的第二条尺寸界线作为新尺寸标注的第一条尺寸界线标注尺寸。而后有提示：

> 指定第二条尺寸界线原点或 [放弃(U)/选择(S)] <选择>:

此时可再确定下一个尺寸界线的起始点。标注出全部尺寸后，在上述提示下按两次〈Ener〉键，结束命令的执行。

上述放弃(U)项用于放弃上一次操作；选择(S)项用于重新确定连续标注时共用的尺寸界线。执行该选项，将有提示：

> 选择连续标注:

在此提示下按〈Enter〉键，将退出命令的执行。如果选择尺寸界线，系统将继续提示：

> 指定第二条尺寸界线原点或 [放弃(U)/选择(S)] <选择>:

用户根据需要操作即可。

> ⓘ **说明**
>
> 在进行基线或连续标注之前，必须先进行线性、对齐或角度标注。

7.2.4　直径标注和半径标注

直径标注用于标注圆及大于半个圆的圆弧。半径标注用于标注半圆或小于半圆的圆弧。

1．命令输入方式

直径标注： 　　　　　　　　　　　半径标注：

命令行：DIMDIAMETER。 　　　　　命令行：DIMRADIUS。

菜单栏：标注(N)→直径。 　　　　　菜单栏：标注(N)→半径。

工具栏：标注→ 。 　　　　　　　工具栏：标注→ 。

命令别名：DDI。 　　　　　　　　命令别名：DRA。

2．操作步骤

除命令不同外，"直径标注"和"半径标注"的操作步骤相同。下面以直径标注为例进行说明。

> 命令: DIMDIAMETER ↲
>
> 选择圆弧或圆:
>
> 指定尺寸线位置或 [多行文字(M)/文字(T)/角度(A)]:

用户根据需要操作即可。

> ⓘ **说明**
>
> 当通过多行文字(M)或文字(T)选项重新确定尺寸文字时，只有在输入的尺寸文字加前缀%%C，才能使标注出的直径尺寸有直径符号φ。

只有将尺寸标注样式的调整选项卡中调整选项区中的箭头或文字或文字和箭头选项选中，才能标出如图 7-3 所示的尺寸外观。

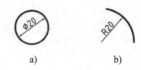

图 7-3　直径和半径的标注

a) 直径标注　b) 半径标注

7.2.5　半径的折线标注

对于大圆弧的半径，可以用折线标注法标注半径，如图 7-4 所示。

1.　命令输入方式

命令行：DIMJOGGED。

菜单栏：标注(N)→折弯。

工具栏：标注→。

命令别名：DJO/JOG。

图 7-4　折线标注半径

2.　操作步骤

命令: DIMJOGGED ↵

选择圆弧或圆:

指定图示中心位置:

指定尺寸线位置或 [多行文字(M)/文字(T)/角度(A)]:

指定折弯位置:

用户根据需要操作即可。

7.2.6　弧长标注

1.　命令输入方式

命令行：DIMARC。

菜单栏：标注(N)→弧长。

工具栏：标注→<img>。

命令别名：DAR。

2.　操作步骤

命令: DIMARC ↵

选择弧线段或多段线弧线段:

指定弧长标注位置或 [多行文字(M)/文字(T)/角度(A)/部分(P)/引线(L)]:

用户根据需要操作即可。

7.2.7　引线标注

引线标注可以标注引线和注释，而且引线和注释可以有多种格式。

1. 命令输入方式

命令行：QLEADER。

2. 操作步骤

命令: QLEADER ↵

指定第一个引线点或 [设置(S)] <设置>:

（1）"设置"选项

在上述提示下，直接按〈Enter〉键，即进入"引线设置"对话框，如图7-5所示，可以设置引线标注的格式。各选项卡的功能如下：

图7-5 "引线设置"对话框

1）"注释"选项卡。

● "注释类型"选项组：设置引线标注的类型。

"多行文字"（M）单选按钮：注释是多行文字。

"复制对象"（C）单选按钮：注释是由复制多行文字、文字、块参照或公差等对象获得的。

"公差"（T）单选按钮：注释是形位公差。

"块参照"（B）单选按钮：注释是块参照。

"无"（N）单选按钮：没有注释。

● "多行文字选项"（Os）选项组：设置多行文字的格式。

"提示输入宽度"（W）复选框：提示输入多行文字的宽度。

"始终左对齐"（L）复选框：多行文字注释为左对齐。

"文字边框"（F）复选框：给多行文字注释加边框。

● 重复使用注释选项组：确定是否重复使用注释。

"无"（N）单选按钮：不重复使用注释。

"重复使用下一个"（E）单选按钮：重复使用下一个注释。

"重复使用当前"（U）单选按钮：重复使用当前注释。

2）"引线和箭头"选项卡。

设置引线和箭头的格式。图7-6为"引线和箭头"选项卡。

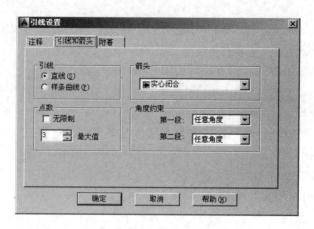

图 7-6 "引线和箭头"选项卡

● "引线"选项组：确定引线是"直线"还是"样条曲线"。

● "点数"选项组：设置引线端点数的最大值。其中"最大值"输入框用于确定具体数值，也可以选择"没有限制"。

● "箭头"下拉列表框：设置引线起始点处的箭头样式。

● "角度约束"选项组：对第一和第二段引线设置角度约束，从相应的下拉列表框中选择即可。

3）"附着"选项卡。

确定多行文字注释相对于引线终点的位置，图 7-7 为"附着"选项卡。

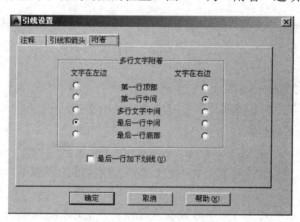

图 7-7 "附着"选项卡

● "多行文字附着"选项组：根据文字在引线的左边（Text）或右边，分别通过相应的单选按钮进行设置。

"第一行顶部"单选按钮：文字第一行的顶部与引线终点对齐。

"第一行中间"单选按钮：文字第一行的中间与引线终点对齐。

"多行文字中间"单选按钮：文字的中间与引线终点对齐。

"最后一行中间"单选按钮：文字最后一行的中间与引线终点对齐。

"最后一行底部"单选按钮：文字最后一行的底部与引线终点对齐。

●"最后一行加下画线"复选框：确定是否给文字注释的最后一行加下画线。

（2）"指定第一个引线点"选项

此默认项用来确定引线的起始点，后边用户按照提示操作即可。

7.2.8 多重引线标注

利用多重引线标注功能，可添加、删除引线，及多重引线对齐或合并引线。

1．命令输入方式

命令行：MLEADER。

菜单栏：标注(N)→多重引线(E)。

面板：多重引线面板→ 🔗 。

2．操作步骤

命令：MLEADER ↲

指定引线箭头的位置或 [引线基线优先(L)/内容优先(C)/选项(O)] <选项>：

多重引线可创建为"箭头优先"、"引线基线优先"或"内容优先"。如果已使用多重引线样式，则可以从该指定样式中创建多重引线。

（1）"指定引线箭头的位置"选项（箭头优先）

指定多重引线对象箭头的位置：（选择点）

指定引线基线的位置：

如果此时退出命令，则不会有与多重引线相关联的文字。

（2）"引线基线优先"(L)选项

指定多重引线对象的基线的位置：（选择点）

如果先前绘制的多重引线对象是基线优先，则后续的多重引线也将先创建基线（除非另外指定）。

指定引线箭头的位置：

如果此时退出命令，则不会有与多重引线相关联的文字。

（3）"内容优先"(C)选项

指定与多重引线对象相关联的文字或块的位置：（选择点）

如果先前绘制的多重引线对象是"内容优先"，则后续的多重引线对象也将先创建内容（除非另外指定）。

将与多重引线对象相关联的文字标签的位置设置为文本框。完成文字输入后，单击"确定"或在文本框外单击。

也可以如上所述，选择以引线优先的方式放置多重引线对象。

如果此时选择"端点"，则不会有与多重引线对象相关联的基线。

（4）"选项"(O)选项

指定用于放置多重引线对象的选项。

输入选项 [引线类型(L)/引线基线(A)/内容类型(C)/最大点数(M)/第一个角度(F)/第二个角度(S)/退出选项(X)]：

1）引线类型(L)：指定要使用的引线类型。

输入选项 [类型(T)/基线(L)]：

●类型(T)：指定直线、样条曲线或无引线。

选择引线类型 [直线(S)/样条曲线(P)/无(N)]:

- 基线(L)：更改水平基线的距离。

2）引线基线(A)：选择此项，命令行提示如下。

使用基线 [是(Y)/否(N)]:

如果此时选择"否"，则不会有与多重引线对象相关联的基线。

3）内容类型(C)：指定要使用的内容类型。

输入内容类型 [块(B)//无(N)]:

- 块(B)：指定图形中的块，以与新的多重引线相关联。

输入块名称:

- 无(N)：指定"无"内容类型。

4）最大点数(M)：指定新引线的最大点数。

输入引线的最大点数或 <无>:

5）第一个角度(F)：约束新引线中的第一个点的角度。

输入第一个角度约束或 <无>:

6）第二个角度(S)：约束新引线中的第二个角度。

输入第二个角度约束或 <无>:

7）退出选项(X)：返回到第一个"MLEADER"命令提示。

7.2.9 形位公差标注

有两种方式可以标注形位公差，即带引线的或不带引线的。带引线的形位公差使用前述的"QLEADER"命令标注。使用"TOLERANCE"标注的是不带引线的形位公差。

1. 命令输入方式

命令行：TOLERANCE。

菜单栏：标注(N)→公差。

工具栏：标注→圈。

命令别名：TOL。

2. 操作步骤

执行"TOLERANCE"命令，将调出如图 7-8 所示的"形位公差"对话框。

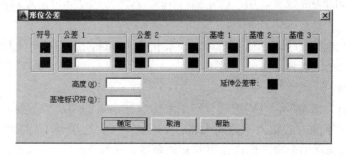

图 7-8 "形位公差"对话框

- "符号"选项组：单击该列的■框，将打开"特征符号"对话框，如图 7-9 所示。用户可以选择所需要的符号。

● "公差 1"和"公差 2"选项组：用户在相应的文本框中输入公差值。单击该列前面的■框，将在该公差值之前加直径符号ϕ；单击该列后面的■框，将打开"附加符号"对话框，如图 7-10 所示，用来为公差选择附加符号。

图 7-9 "特征符号"对话框

图 7-10 "附加符号"对话框

● "基准 1"、"基准 2"和"基准 3"选项组：设置公差基准和相应的附加符号。
● "高度"（Height）文本框：用于设置投影公差带值。
● "延伸公差带"选项：单击■框，可在延伸公差带值后面加延伸公差带符号。
● "基准标识符"文本框：确定基准标识符。

7.2.10 坐标标注

坐标标注可以标注一点距离基准点（当前坐标系原点）的坐标值。

1．命令输入方式

命令行：DIMORDINATE。

菜单栏：标注(N)→坐标。

工具栏：标注→📐。

命令别名：DOR。

2．操作步骤

命令: DIMORDINATE ↵

指定点坐标：（捕捉要标注尺寸的点）↵

指定引线端点或 [X 基准(X)/Y 基准(Y)/多行文字(M)/文字(T)/角度(A)]:

（1）"指定引线端点"默认选项

用于确定引线的端点位置。用户确定后，AutoCAD 在该点标出指定点的坐标。

① 说明

在此提示下确定引线的端点位置之前，如果相对于标注点上下移动光标，将标注点的 X 坐标；左右移动光标，则标注点的 Y 坐标。

（2）其他选项

"X 基准"(X)、"Y 基准"(Y)选项分别用来标注指定点的 X、Y 坐标；"多行文字"(M)选项是利用多行文字的方式输入标注的内容；"文字"（T）选项是单行文字方式输入标注的内容；"角度"(A)选项用于确定标注文字的旋转角度。

7.2.11 圆心标记

圆心标记是为圆弧或圆添加圆心标记或中心线。

1. 命令输入方式

命令行：DIMCENTER。

菜单栏：标注(N)→圆心标记。

工具栏：标注→⊕。

命令别名：DCE。

2. 操作步骤

命令: DIMCENTER ↵

选择圆弧或圆:（拾取圆弧或圆即可）

① 说明

圆心标记的形式由系统变量"DIMCEN"控制。当变量的值大于 0 时，作圆心标记，且该值是圆心标记线的一半；当变量的值小于 0 时，画出中心线，且该值是圆心处小十字线的一半。

7.2.12 快速标注

可以快速创建成组的基线、连续、阶梯和坐标标注，快速标注多个圆、圆弧或编辑等一系列标注。

1. 命令输入方式

命令行：QDIM。

菜单栏：标注(N)→快速标注。

工具栏：标注→。

2. 操作步骤

命令：QDIM ↵

选择要标注的几何图形:（用户做出选择后）↵

指定尺寸线位置或 [连续(C)/并列(S)/基线(B)/坐标(O)/半径(R)/直径(D)/基准点(P)/编辑(E)/设置(T)]:

各选项的含义如下：

- 连续(C)：创建一系列连续尺寸的标注。
- 并列(S)：按相交关系创建一系列并列尺寸的标注。
- 基线(B)：创建一系列基线尺寸的标注。
- 坐标(O)：创建一系列坐标尺寸的标注。
- 半径(R)/直径(D)：创建一系列半径或直径的标注。
- 基准点(P)：改变基线标注的基准线或改变坐标标注的零点值的位置。
- 编辑(E)：编辑快速标注的尺寸。
- 设置(T)：为指定尺寸界线原点设置默认对象捕捉方式。

7.3 尺寸标注样式设置

标注样式是保存的一组标注设置，它确定标注的外观。通过创建标注样式，可以设置所有相关的标注系统变量，并且控制任意一个标注的布局和外观。

系统提供"标注标注样式管理器"对话框，如图 7-11 所示，创建和修改尺寸标注样式，调出方式如下：

命令行：DIMSTYLE。

菜单栏：标注(N)→标注样式或格式→尺寸。

工具栏：标注→ ![icon] 或样式→ ![icon]。

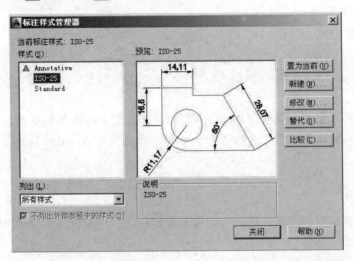

图 7-11 "标注样式管理器"对话框

"标注样式管理器"对话框主要功能如下：

- "置为当前"（U）按钮：将某样式设置为当前样式。
- "新建"（N）按钮：创建新样式。
- "修改"（M）按钮：修改某一样式。
- "替代"（O）按钮：设置当前样式的替代样式。
- "比较"（C）按钮：对两个尺寸样式做比较，或了解某一样式的全部特性。

7.3.1 新建标注样式

在"标注样式管理器"对话框中，单击"新建"按钮，打开"创建新标注样式"对话框，如图 7-12 所示，可以创建新标注样式。

该对话框包括如下选项：

- "新样式名"（N）文本框：用于输入新样式名字。
- "基础样式"（S）下拉列表框：用于选择一个基础样式，新样式将在此基础上修改而得。

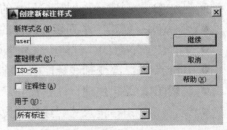

图 7-12 "创建新标注样式"对话框

- "用于"（U）下拉列表框：用于指定新建样式的适用范围，可以是：所有标注、线性标注、角度标注、半径标注、直径标注、坐标标注或引线与公差。

设置了新样式的名称、基础样式和适用范围后，单击对话框中的"继续"按钮，将打开"新建标注样式"对话框，如图 7-13 所示。

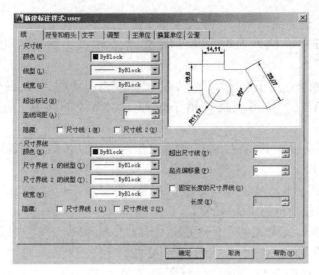

图 7-13 "新建标注样式"对话框

从图中可以看出，创建尺寸标注样式包括：线、符号和箭头、文字、调整、主单位、换算单位和公差。

- "线"选项卡：设置尺寸线、尺寸界线的外观。
- "符号与箭头"选项卡：设置箭头和圆心标记、弧长符号及折线标注半径的角度。
- "文字"选项卡：设置标注文字的外观、位置和对齐方式。
- "调整"选项卡：设置文字与尺寸线的管理规则以及标注特征比例。
- "主单位"选项卡：设置主单位的格式和精度。
- "换算单位"选项卡：设置换算单位的格式和精度。
- "公差"选项卡：设置公差的格式和精度。

7.3.2 "线"选项卡

"线"选项卡用来设置尺寸线、尺寸界线的外观。

由图 7-13 可以看到，此选项卡包括两个选项组。

1. "尺寸线"选项组

- "颜色"（C）下拉列表框：用于设置尺寸线的颜色。相应的系统变量为"DIMCLRD"。
- "线型"（L）下拉列表框：用于设置尺寸线的线型。该选项没有相应的系统变量。
- "线宽"（G）下拉列表框：用于设置尺寸线的线宽。相应的系统变量为"DIMLWD"。
- "超出标记"（N）微调框：当尺寸线的箭头采用倾斜、建筑标记、小点、积分或无标记等样式时，用于设置尺寸线超出尺寸界线的长度。相应的系统变量为"DIMDLE"。
- "基线间距"（A）微调框：设置基线标注下的各尺寸线之间的距离。相应的系统变量为"DIMDLI"。
- "隐藏"控制项：通过选择"尺寸界线 1"或"尺寸界线 2"复选框，可以控制第 1 段尺寸线或第 2 段尺寸线的可见性。相应的系统变量为"DIMSD1"和"DIMSD2"。如图 7-14a 和图 7-14b 所示。

2.“尺寸界线”选项组

● “颜色”（E）下拉列表框：用于设置尺寸界线的颜色。相应的系统变量为“DIMCLRE”。

● 线型下拉列表框：用于设置“尺寸界线 1”和“尺寸界线 2”的线型。

● “线宽”（W）下拉列表框：用于设置尺寸界线的线宽。相应的系统变量为“DIMLWE”。

● “超出尺寸线”（X）微调框：用于设置尺寸界线超出尺寸线的长度。相应的系统变量为“DIMEXE”。

● “起点偏移量”（F）微调框：设置尺寸界线的起点与标注定义点的距离，一般设为0。相应的系统变量为“DIMEXO”。

● “隐藏”控制项：通过选择“尺寸界线 1”或“尺寸界线 2”复选框，可以控制第 1 条尺寸界线或第 2 条尺寸界线的可见性。相应的系统变量为“DIMSE1”和“DIMSE2”。如图 7-14c 和图 7-14d 所示。

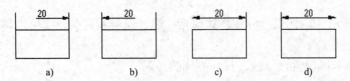

a)　　　　　　　b)　　　　　　　c)　　　　　　　d)

图 7-14　隐藏尺寸线和尺寸界线的效果

a) 隐藏“尺寸线 1” b) 隐藏“尺寸线 2” c) 隐藏“尺寸界线 1” d) 隐藏“尺寸界线 2”

7.3.3　“符号和箭头”选项卡

“符号和箭头”选项卡用来设置箭头和圆心标记、弧长符号及折线标注半径的角度。在“新建标注样式”对话框中，单击“符号和箭头”标签进入“符号和箭头”选项卡，如图 7-15 所示。此选项卡包括 6 个选项组。

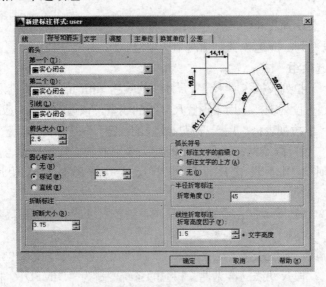

图 7-15　“符号和箭头”选项卡

1."箭头"选项组

可以设置尺寸线和引线箭头的样式和大小。为了适应不同类型的图形标注需要，AutoCAD 提供了二十多种箭头样式，用户可以从对应的下拉列表框种选择箭头样式，并在"箭头大小"框中设置其大小。相应的系统变量为"DIMASZ"。

用户也可以使用自定义箭头。方法为：在"箭头"下拉列表框中选择"用户箭头"，打开"选择自定义箭头块"对话框，如图 7-16 所示，在"从图形块中选择"文本框内输入当前图形中已有的块名，然后单击"确定"按钮，AutoCAD 将以该块作为尺寸线的箭头样式。此时块的插入基点与尺寸线的端点重合。

图 7-16 "选择自定义箭头块"对话框

2."圆心标记"选项组

● 有 3 个选项可以设置圆心标记的类型。相应的系统变量为"DIMCEN"。

标记（M）：对圆或圆弧绘制圆心标记。

直线（E）：对圆或圆弧绘制中心线。

无（N）：没有任何标记。

● "大小"微调框：设置圆心标记的大小。

3."弧长符号"选项组

可以设置弧长符号的显示位置，具体如下。

● "标注文字的前缀"单选按钮：弧长符号显示在尺寸文本之前，如图 7-17a 所示。

● "标注文字的上方"单选按钮：弧长符号显示在尺寸文本之上，如图 7-17b 所示。

● "无"单选按钮：不显示弧长符号，如图 7-17c 所示。

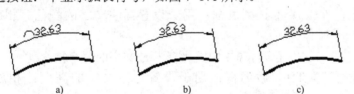

a)   b)   c)

图 7-17　弧长符号的显示位置

a) 标注文字的前缀　b) 标注文字的上方　c) 无

4."半径折弯标注"选项组

在"折弯角度"文本框中输入一个数值，可以设置半径折弯标注时，折线的弯折角度。

5."折断标注"选项组

在"折断大小"微调框中输入一个数值，可以设置折断标注时，尺寸线之间的距离。

6."线性折弯标注"选项组

在"折弯高度因子"微调框中输入一个数值，可以设置线性折弯标注时，折线的弯折高度。

7.3.4 "文字"选项卡

"文字"选项卡用来设置标注文字的外观、位置和对齐方式。在"新建标注样式"对话框中，单击"文字"标签进入"文字"选项卡，如图 7-18 所示。此选项卡包括 3 个选项组。

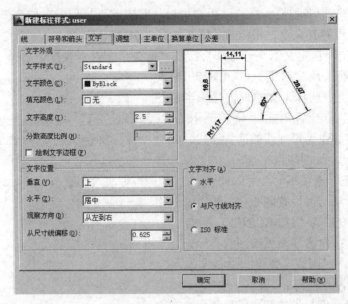

图 7-18 "文字"选项卡

1. "文字外观"选项组

● "文字样式"（Y）下拉列表框：用于选择标注文字的样式。也可以单击其后的▦按钮，打开"文字样式"对话框，选择文字样式或新建文字样式。相应的系统变量为"DIMTXSTY"。

● "文字颜色"（C）下拉列表框：用于设置标注文字的颜色。相应的系统变量为"DIMCLRT"。

● "填充颜色"（L）下拉列表框：用于设置标注文字的背景颜色。

● "文字高度"（TH）微调框：用于设置标注文字的高度。相应的系统变量为"DIMTXT"。

● "分数高度比例"（H）微调框：设置标注文字中的分数相对于其他标注文字的比例，系统将该比例值与标注文字高度的乘积作为分数的高度。

● "绘制文字边框"（F）复选框：用于设置是否给标注文字加边框，如▦。

2. "文字位置"选项组

1)"垂直"（V）下拉列表框：用于设置标注文字相对于尺寸线在垂直方向的位置。

● 居中：将文字放在尺寸线的中间，如 ⊢ 12 ⊣ 。

● 上方：将文字放在尺寸线的上方，如 ⊢ 12 ⊣ 。

● 外部：将文字放在远离第一定义点的尺寸线的一侧，如 ⊢ 12 ⊣ 。

● JIS：按 JIS 规则放置标注文字。

相应的系统变量为"DIMTAD"，其对应值分别为 0、1、2、3。

2)"水平"（Z）下拉列表框：用于设置标注文字相对于尺寸线和尺寸界线在水平方向的位置。其中：

- 居中：将标注文字放在尺寸线的中部，如 ⊢ 12 ⊣ 。
- 第一条尺寸界线：靠近第一条尺寸界线，如 ⊢12 ⊣ 。
- 第二条尺寸界线：靠近第二条尺寸界线，如 ⊢ 12⊣ 。
- 第一条尺寸界线上方：如 ⊢⊣ 。
- 第一条尺寸界线上方：如 ⊢⊣ 。

相应的系统变量为"DIMLJUST"，其对应值分别为 0、1、2、3、4。

3）"观察方向"（D）下拉列表框：设置标注文字的观察方向。

- 从左到右：从左到右观察标注文字。如 ⊢ 12 ⊣ 。
- 从右到左：从右到左观察标注文字：如 ⊢ 12 ⊣ 。

4）"从尺寸线偏移"（O）微调框：设置标注文字与尺寸线之间的距离。如果标注文字位于尺寸线的中间，则表示断开处尺寸线的端点与尺寸文字的间距。若标注文字带有边框，则可以控制文字边框与其中文字的距离。

3. "文字对齐"选项组

设置标注文字是保持水平还是与尺寸线平行。其中：

- "水平"单选按钮：选中该单选按钮时，标注文字水平放置。
- "与尺寸线对齐"单选按钮：选中该单选按钮时，标注文字方向与尺寸线平行。
- "ISO 标准"单选按钮：选中该单选按钮时，标注文字按 ISO 标准放置，当文字在尺寸界线之内时，其方向与尺寸线一致，而在尺寸界线之外时将水平放置。

7.3.5 "调整"选项卡

"调整"选项卡用来设置文字与尺寸线的管理规则以及标注特征比例。在"新建标注样式"对话框中，单击"调整"标签进入"调整"选项卡，如图 7-19 所示。此选项卡包括 4 个选项组。

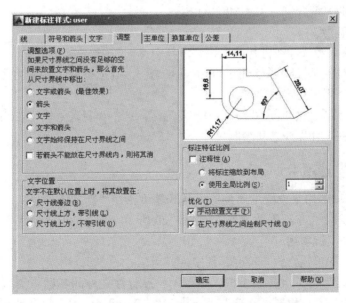

图 7-19 "调整"选项卡

1. "调整选项"选项组

当尺寸界线之间没有足够的空间同时放置尺寸文字和箭头时，确定应首先从尺寸界线之间移出的对象。

- "文字或箭头"（最佳效果）单选按钮：按最佳效果自动移出文本或箭头。
- "箭头"单选按钮：首先移出箭头。
- "文字"单选按钮：首先移出文字。
- "文字和箭头"单选按钮：将文字和箭头都移出。
- "文字始终保持在尺寸界线之间"单选按钮：将文字始终保持在尺寸界线之内。相应的系统变量为"DIMTIX"。
- "若箭头不能放在尺寸界线内，则将其消除"复选框：可以控制是否显示箭头，相应的系统变量为"DIMSOXD"。

2. "文字位置"选项组

设置当文字不在默认位置时的位置，如：

- "尺寸线旁边"（B）单选按钮：将文本放在尺寸线一旁，如 ⊢⊣ 2 。
- "尺寸线上方，带引线"（L）单选按钮：将文本放在尺寸线的上方，并加上引线。如 。
- "尺寸线上方，不带引线"（O）单选按钮：将文本放在尺寸线的上方，不加上引线。如 2 。

3. "标注特征比例"选项组

设置标注尺寸的特征比例，此比例可以影响大小，如文字高度和箭头大小，还可影响偏移，如尺寸界线原点偏移。其中：

- "将标注缩放到布局"单选按钮：根据当前模型空间视口与图纸空间之间的关系设置比例，此时"DIMSCALE"值为0。
- "使用全局比例"单选按钮：可以对全部尺寸设置缩放比例，而不改变尺寸的测量值。相应的系统变量为"DIMSCALE"。

4. "优化"选项组

可以对标注文字和尺寸线进行细微调整。其中：

- "手动放置文字"（P）复选框：选中该复选框，则忽略标注文字的水平设置，标注时将文字放在用户指定的位置。
- "在尺寸界线之间绘制尺寸线"（D）复选框：选中该复选框，当箭头放在尺寸界线之外时，也在尺寸界线之间绘制尺寸线。

7.3.6 "主单位"选项卡

"主单位"选项卡用来设置主单位的格式和精度。在"新建标注样式"对话框中，单击"主单位"标签进入"主单位"选项卡，如图7-20所示。此选项卡包括两个选项组。

1. "线性标注"选项组

设置线性标注的单位格式与精度。其中：

1）"单位格式"（U）下拉列表框：设置除角度标注之外的各标注类型的尺寸单位。包括"科学"、"小数"、"工程"、"建筑"、"分数"及"Windows 桌面"各选项。相应的系统变量为"DIMUNIT"。

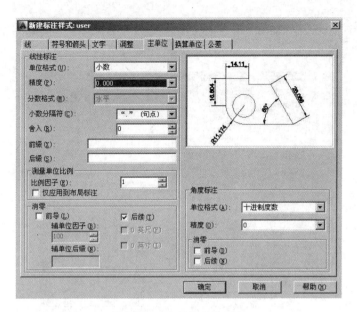

图 7-20 "主单位"选项卡

2)"精度"(P)下拉列表框：设置除角度标注外其他尺寸的尺寸精度。相应的系统变量为"DIMTDEC"。

3)"分数格式"(M)下拉列表框：当单位格式是分数时，用于设置分数的格式，包括"水平"、"对角"和"非堆叠"。相应的系统变量为"DIMFARC"。

4)"小数分隔符"(C)下拉列表框：设置小数的分隔符，格式包括"逗点"、"句点"和"空格"。相应的系统变量为"DIMDSEP"。

5)"舍入"(R)微调框：设置除角度标注外的尺寸测量值的舍入值。相应的系统变量为"DIMRND"。

6)"前缀"(X)和"后缀"(S)文本框：用于设置标注文字的前缀和后缀，在文本框中输入字符即可。

7)"测量单位比例"设置组。

● "比例因子"(E)微调框：用于设置测量尺寸的缩放比例。

● "仅应用到布局标注"复选框：设置比例关系仅应用于图纸空间。

8)"消零"设置组：可以控制是否显示尺寸标注中的"前导"和"后续"零。

2. "角度标注"选项组

在此区内可以设置标注角度时的单位格式、尺寸精度以及是否消除角度尺寸的前导和后续零。

7.3.7 "换算单位"选项卡

"换算单位"选项卡用于设置换算单位的格式和精度。

AutoCAD 可以同时创建两种系统测量值的标注，可以将英尺和英寸标注添加到使用公制单位创建的图形中。标注文字的换算单位用方括号"[ ]"括起来，如 12 [0.472] 。不能将换算单位应用于角度标注。

在"新建标注样式"对话框中，单击"换算单位"标签进入"换算单位"选项卡，如图 7-21 所示。

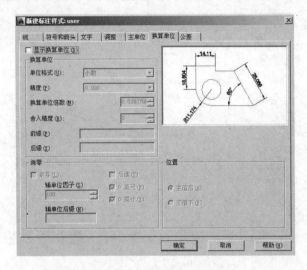

图 7-21 "换算单位"选项卡

选择"显示换算单位"（D）复选框，此时才可以对卡中的各选项进行设置：在换算单位选项区内可以设置换算"单位格式"（U）、"精度"（P）、"换算单位倍数"（M）、"舍入精度"（R）、"前缀"（F）及"后缀"（X）等内容，方法与"主单位"的设置方法相同。

在"位置"选项组内，可以设置换算单位的位置，有"主值后"（A），如⊢→ 12 [0.472] 。和"主值下"（B）两种方式，如⊢→ 12 /0.472/ 。

7.3.8 "公差"选项卡

"公差"选项卡用于设置公差的格式和精度。在"新建标注样式"对话框中，单击"公差"标签进入"公差"选项卡，如图 7-22 所示。

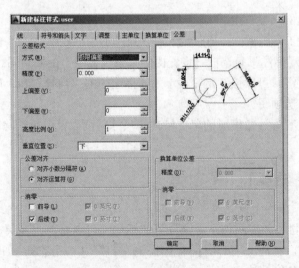

图 7-22 "公差"选项卡

1．"公差格式"选项组

可以设置公差的标注格式，其中：

● "方式"（M）下拉列表框：设置以何种形式标注公差。包括"无"、"对称"、"极限偏差"、"极限尺寸"、"基本尺寸"各选项。如图 7-23 所示。

图 7-23　公差标注的形式

● "精度"（P）下拉列表框：设置尺寸公差的精度。
● "上偏差"（V）和"下偏差"（W）微调框：设置尺寸的上偏差、下偏差。相应的系统变量分别为"DIMTP"和"DIMTM"。

🛈 说明

系统默认下偏差值为负值，自动在数值前加"–"号。如果下偏差值为正值，则在下偏差值之前，用户应输入"–"号。如图 7-24 所示。

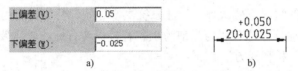

图 7-24　下偏差值为正值时的输入方式

a) 输入值　b) 显示结果

● "高度比例"（H）微调框：设置公差文字的高度比例因子。系统将该比例因子与尺寸文字高度之积作为公差文字的高度。相应的系统变量为"DIMTFAC"。
● "垂直位置"（S）下拉列表框：控制公差文字相对于尺寸文字的位置，可以选择上、中、下 3 种方式。
● "消零"选项组：设置是否消除公差值的"前导"和"后续"零。

2．"换算单位公差"选项组

当标注换算单位时，可以设置公差的换算单位的精度和是否消零。

7.4　尺寸标注的编辑

如果已标注的尺寸需要进行修改，这时不用将所标注的尺寸对象删除并重新标注，利用 AutoCAD 2014 提供的"尺寸编辑"命令即可进行修改。

7.4.1　尺寸样式的编辑

创建标注时，当前标注样式将与之相关联。标注将保持此标注样式，除非对其应用新标注样式或设置标注样式替代。

1．更新现有标注的样式为当前样式

通过应用其他新标注样式修改现有的标注。方法为：

（1）命令输入方式

命令行：-DIMSTYLE。

菜单栏：标注(N)→更新。

工具栏：标注→⟦图标⟧。

（2）操作步骤

首先将某样式设置为当前样式。方法为：

● 利用"标注样式管理器"对话框设置。

● 利用工具栏"标注"→"⟦user ▾⟧尺寸样式控制"下拉列表框设置。

命令: -DIMSTYLE ↵

输入标注样式选项

[注释性(AN)/保存(S)/恢复(R)/状态(ST)/变量(V)/应用(A)/?] <恢复>： _apply

选择对象：（选择欲更新的尺寸对象）↵

选择对象： ↵（输入↵即完成更新操作）

2. 标注样式替代

标注样式替代是对当前标注样式中的指定设置进行修改，而产生一个替代样式。它与在不修改当前标注样式的情况下修改尺寸标注系统变量等效。替代将应用到后续创建的标注，直到撤销替代或将其他标注样式置为当前为止。若替代现有标注，需要用"UPDATE"命令将其更新。下面介绍3种替代方法。

（1）利用"标注样式管理器"对话框进行样式替代

操作步骤如下：

1）调出"标注样式管理器"对话框。

2）单击"替代"按钮。

3）选择要替代的设置项进行修改即可。

（2）利用命令对尺寸系统变量进行样式替代

1）命令输入方式。

命令行：DIMOVERRIDE。

菜单栏：标注(N)→替代。

命令别名：DOV。

2）操作步骤如下。

命令：DIMOVERRIDE ↵

输入要替代的标注变量名或 [清除替代(C)]:

上述提示下输入要修改的系统变量名后按〈Enter〉键，系统提示：

输入标注变量的新值：（输入新值）↵

输入要替代的标注变量名:↵（也可以继续输入另一个系统变量名，重复上面的操作）

选择对象：（选择对象）

选择对象:↵（也可以继续选择对象）

3）输入要替代的标注变量名或 [清除替代(C)]:（输入 C）↵

此选项的意义为清除样式替代，恢复成替代前的样式。

（3）利用"特征"对话框进行样式替代

操作步骤如下：

1）调出"特征"对话框。

2）选择要修改的尺寸对象。

3）选择要替代的设置项进行修改即可。

7.4.2　修改尺寸文字或尺寸线的位置

1．命令输入方式

命令行：DIMTEDIT。

工具栏：标注→🖊。

2．操作步骤

命令: DIMTEDIT ↵

选择标注：（选择尺寸对象）

指定标注文字的新位置或 [左(L)/右(R)/中心(C)/默认(H)/角度(A)]:

各选项的含义如下：

1）指定标注文字的新位置：确定尺寸文字的新位置。如果文字沿着垂直于尺寸线的方向移动，尺寸线将跟随移动。

2）左(L)/右(R)：仅对非角度标注起作用。分别决定尺寸文字沿着尺寸线左对齐或右对齐。

3）中心(C)：将尺寸文字放在尺寸线的中间。

4）默认(H)：按默认位置、方向放置尺寸文字。

5）角度(A)：使尺寸文字旋转一角度。

7.4.3　编辑尺寸

1．命令输入方式

命令行：DIMEDIT。

工具栏：标注→🅰。

2．操作步骤

命令：DIMEDIT ↵

输入标注编辑类型 [默认(H)/新建(N)/旋转(R)/倾斜(O)] <默认>:

各选项的含义如下：

1）默认(H)：按默认位置、方向放置尺寸文字。

2）新建(N)：修改尺寸文字。

3）旋转(R)：将尺寸文字旋转指定角度。

4）倾斜(O)：使非角度标注的尺寸界线旋转指定角度。

7.5　尺寸关联

尺寸关联是指所标注尺寸与被标注对象有关联关系。其含义为：如果标注的尺寸值是按自动测量值标注，且标注是在尺寸关联模式下完成的，那么改变被标注对象的大小后，相应的标注尺寸也发生变化，如图 7-25b 所示。并且，改变尺寸界线起始点的位置，尺寸值也会发生变化，如图 7-25c 所示。

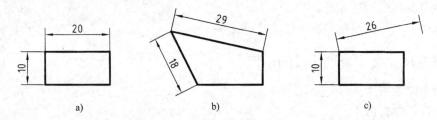

图 7-25　尺寸关联的概念

a) 标注实例　b) 尺寸值随对象的大小变化　c) 尺寸值随尺寸界线的起始点位置变化

7.5.1　尺寸关联标注模式及相应系统变量

利用系统变量"DIMASSOC"，用户可以方便地设置尺寸标注时的关联模式，尺寸关联模式、DIMASSOC 值和功能如表 7-1 所示。

表 7-1　尺寸关联模式、DIMASSOC 值和功能

关 联 模 式	DIMASSOC 值	功　　　能
关联标注	2	尺寸与被标注对象有关联关系
无关联标注	1	尺寸与被标注对象无关联关系
分解的标注	0	尺寸是单个对象而不是块，相当于对一个尺寸对象执行"EXPLODE"命令

7.5.2　重新关联

重新关联对不是关联标注的尺寸标注进行关联。

1．命令输入方式

命令行：DIMREASSOCIATE。

菜单栏：标注(N)→重新关联标注。

2．操作步骤

命令: DIMREASSOCIATE ↵

选择要重新关联的标注 …

选择对象：（选择尺寸对象）

指定第一个尺寸界线原点或[选择对象(S)]<下一个>:

各选项的含义如下：

（1）指定第一个尺寸界线原点

要求用户确定第一条尺寸界线的起始点位置，同时把所选择尺寸标注的第一条尺寸界线的起始点位置用一个小叉标示出来。如果继续以该点作为尺寸界线的起始点，按〈Enter〉键。如果选择新的点作为尺寸界线的起始点，在此提示下确定相应的点。系统将提示：

指定第二个尺寸界线原点 <下一个>:

要求用户确定第二条尺寸界线的起始点位置，同时把所选择尺寸标注的第二条尺寸界线

的起始点位置用一个小叉标示出来。如果继续以该点作为尺寸界线的起始点，按〈Enter〉键。如果选择新的点作为尺寸界线的起始点，在此提示下确定相应的点。

确定两个起始点后，命令结束，并将新的尺寸标注与原被标注对象建立关联。

（2）选择对象(S)

重新确定要关联的图形对象。执行改选项，系统提示：

选择对象：

在此提示下选择图形对象后，系统将原尺寸标注改为对所选对象的标注，并对标注建立关联关系。

7.5.3　查看尺寸标注的关联模式

可以用下述方法查看尺寸标注是否为关联标注：

- 利用"特征"对话框进行查看：选择"尺寸对象"，调出"特征"对话框，其中的"关联"特性值可说明该尺寸标注是否为关联标注。
- 使用"LIST"命令查看尺寸标注的关联特性设置。

7.6　尺寸标注示例

1．尺寸标注的步骤

1）为尺寸标注对象建立一个专用层。

2）为尺寸标注设置一种文字样式。

3）根据尺寸外观的需要设置尺寸标注的样式。

4）利用相应的命令进行尺寸标注。

2．完成图 7-26 所示尺寸标注

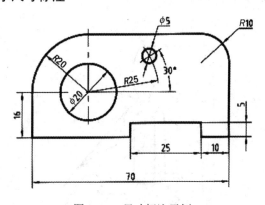

图 7-26　尺寸标注示例

（1）建立一新层名为"Dim"，并将其设为当前层

（2）将文字样式设置为"ISOCPEUR"

（3）设置尺寸标注样式

1）新建 User_N，用于一般尺寸标注。其与默认样式 ISO-25 不同的设置如下：

- 线选项卡中，基线间距："7"；超出尺寸线："2"；起点偏移量：0。

- "调整"选项卡中，打开"调整"选项区中的"箭头或文字"单选按钮和"优化"选项区的"手动放置文字"复选框。

2）新建 User_O，用于引出水平标注的尺寸。其与 User_N 不同的设置如下：

- "文字"选项卡中，打开"文字对齐"选项区的"水平"单选按钮。

- "调整"选项卡中，打开"文字位置"选项区的"尺寸线上方，带引线"单选按钮。

3）新建 User_A，用与标注角度尺寸。其与 User_N 不同的设置如下：

- "文字"选项卡中，选中"文字位置"选项区"垂直"下拉列表框中的"居中"；打开"文字对齐"选项区的"水平"单选按钮。

（4）标注尺寸

1）将 User_N 设为当前样式。

- 利用"DIMLINEAR"命令标注尺寸 5、16、10。

- 利用"DIMCONTINUE"命令标注尺寸 25。

- 利用"DIMBASELINE"命令标注尺寸 70。

- 利用"DIMDIAMETER"命令标注尺寸 ϕ20。

- 利用"DIMRADIUSE"命令标注尺寸 R20、R25。

2）将 User_O 设为当前样式。

- 利用"DIMDIAMETER"命令标注尺寸 ϕ5。

- 利用"DIMRADIUSE"命令标注尺寸 R10。

3）将 User_A 设为当前样式，利用"DIMANGULAR"命令标注尺寸 30°。

7.7 习题

1. 绘制图 7-27 所示的图样并标注尺寸。

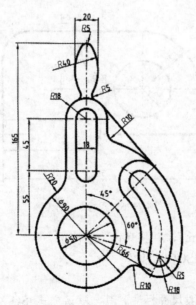

图 7-27 尺寸标注练习

2. 绘制图 7-28 所示齿轮零件图，并进行标注。

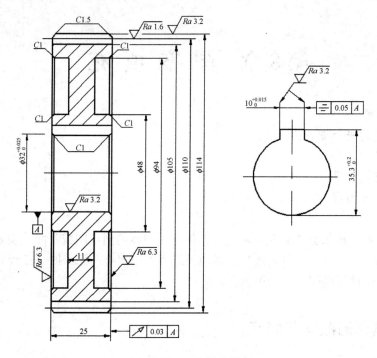

图 7-28　齿轮零件图

第8章 图案填充

本章主要内容
- 图案填充的概念与特点
- 图案填充
- 图案填充的编辑
- 自定义填充图案

在绘制图形时，经常会遇到图案填充，比如绘制物体的剖视图或断面，需要使用图案来填充某个指定的区域，这个区域的边界就是填充边界。用填充图案来区分工程的部件或表现组成对象的材质，能够增强图形的可读性。

8.1 图案填充的概念与特点

在绘制图形时，选择一个封闭的区域，然后将事先设计的图案重复地平铺填充到该区域，这样可以实现各种图形图案的快速绘制。

8.1.1 填充边界

在图案填充时，填充边界可以是形成封闭区域的任意对象的组合，例如直线、圆弧、圆和多义线，也可以指定点定义边界。如果在复杂图形上填充小区域，可以使用边界集加快填充速度，边界和面域可以作为填充边界。

仅可以填充与"用户坐标系"（UCS）的 XY 平面平行的平面上的对象。不能填充具有宽度和实体填充的多义线的内部，因为它们的轮廓是不可接受的边界。

可以使用"BHATCH"和"HATCH"命令填充封闭区域或在指定的边界内填充。当用"BHATCH"命令创建图案填充时，可以选择多种方法指定图案填充的边界，还可以控制填充图案是否随边界的更改而自动调整（关联填充）。

8.1.2 填充方式

在进行图案填充时，把位于总填充区域内的封闭区域称为岛。

（1）普通方式

如图 8-1a 所示，在该方式下，从边界开始，每条填充线或每个填充符号由边界向中间延伸，遇到内部对象与之相交时填充图案断开，直到遇到下一次相交时再继续延伸。该方式为系统默认方式。

（2）最外层方式

如图 8-1b 所示，在该方式下，填充图案从边界向中间延伸，只要和内部对象相交，图案由此断开，而不在延伸。

（3）忽略方式

如图 8-1c 所示，该方式忽略内部所有对象，所有内部结构都被图案覆盖。

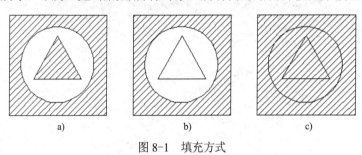

图 8-1　填充方式

a) 普通方式　b) 最外层方式　c) 忽略方式

当填充图案经过块时，AutoCAD 不再把它看做是一个对象，而是把组成块的各个成员当做各自独立的对象。但选择填充对象时，仍把块作为一个对象处理。

8.1.3　填充图案

填充图案有多种，除了使用预定义的填充图案、当前的线型定义简单的直线图案外，还可以创建更加复杂的填充图案。在 AutoCAD 2006 以后的版本中还可以创建渐变填充。渐变填充在一种颜色的不同灰度之间或两种颜色之间使用过渡。渐变填充可增强演示图形的效果，使其呈现光在对象上的反射效果，也可以用作徽标中的有趣背景。

AutoCAD 中，无论一个图案多么复杂，系统都认为是一个独立的对象，可以作为整体进行操作。但是如果用命令将其分解，则图案的构成被分解成许多独立的对象，同时也增加了文件的数据量。

8.2　图案填充

8.2.1　利用对话框进行图案填充

1．命令输入方式

命令行：BHATCH。

菜单栏：绘图（D）→图案填充。

工具栏：二维绘图→🔳。

命令别名：BH。

2．操作步骤

命令: BHATCH↵

屏幕上会弹出"图案填充和渐变色"对话框，如图 8-2 所示。

【例 8-1】　将图 8-3a 所示图形填充为图 8-3c 所示图形。

在"图案填充和渐变色"对话框中进行设置，完毕后，单击该对话框中的"添加：拾取点"按钮，系统切换到绘图界面，如图 8-3a 所示。选择相应区域，填充边界高亮显示，如

图 8-3b 所示。按〈Enter〉键后，系统返回到"图案填充和渐变色"对话框，单击"确定"按钮，系统自动对指定区域进行图案填充，如图 8-3c 所示。

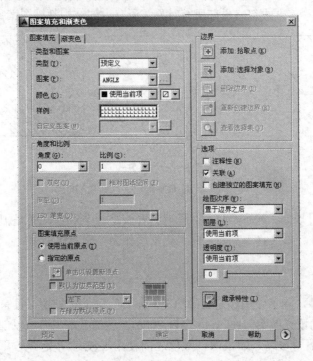

图 8-2 "图案填充和渐变色"对话框

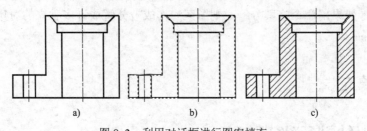

图 8-3 利用对话框进行图案填充

a) 原图　b）选择区域　c) 填充结果

在"图案填充和渐变色"对话框中，包括"图案填充"、"渐变色"两个选项卡和一些操作按钮，"图案填充"选项卡如图 8-2 所示，各选项和按钮的含义如下。

（1）"类型和图案"选项组。

1）"类型"（Y）下拉列表框：该列表选项中各选项的含义如下：

● "预定义"：用 AutoCAD 的标准填充图案文件（ACAD.PAT）中的图案进行填充。

● "用户定义"：用用户自己定义的图案进行填充。

● "自定义"：表示选用 ACAD.PAT 图案文件或其他图案中的图案文件。

2）"图案"（P）下拉列表框：单击右侧小三角形符号，弹出"填充图案样式名"下拉列表选项。单击右边的▉按钮，弹出"填充图案选项板"对话框，如图 8-4 所示。

AutoCAD 除了提供实体填充样式外，还提供五十多种行业标准填充图案，分别符合

ANSI（美国国家标准化组织）、ISO（国际标准化组织）。也可以使用"其他预定义"、"自定义"来区分对象的部件或表现对象的材质。

3）"样例"：显示了所选填充对象的图形。

4）"自定义图案"（M）下拉列表框：当"类型"选用"自定义"选项时，该选项才可用。从用户自定义的填充图案中选取填充图案。

（2）"角度和比例"选项组

1）"角度"（G）下拉列表框：用于设置填充图案的旋转角度，默认状态下，每种填充图案的旋转角度都为0。

2）"比例"（S）下拉列表框：用于设置图案填充时的比例值，用户可根据需要放大或缩小。当"Type"选用"User defined"选项时，该选项不可用。

3）"双向"（V）复选框：此复选框用于确定用户临时定义的填充线是一组平行线，还是相互垂直的两组平行线。选中此复选框，则选择两组平行线。

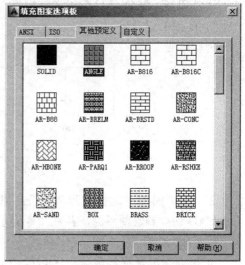

图 8-4 "填充图案选项板"对话框

4）"相对图纸空间"（E）复选框：该选项决定比例是否相对于图纸而言。

5）"间距"（C）文本框：当在 Type 选项中选择"User-defined"时，该选项可执行，用于填充平行线之间的距离。

6）"ISO 笔宽"（O）下拉列表框：用户只有在选取 ISO 图案填充时，该选项才可执行。应根据所选的笔宽确定有关图案比例。

（3）"图案填充原点"选项组

在"图案填充原点"选项组中，可以设置图案填充原点的位置。其中各选项的功能如下。

1）"使用当前原点"（T）单选按钮：选中该单选按钮，可以使用当前 UCS 的原点（0，0）作为图案填充原点。

2）"指定的原点"单选按钮：选中该单选按钮，可以通过指定点作为图案填充原点。其中，单击"单击以设置新原点"按钮，可以从绘图窗口中选择某个点作为图案填充原点；选择"默认为边界范围"复选框，可以以填充边界的左下角、右下角、右上角、左上角或圆心作为图案填充原点；选择"存储为默认原点"复选框，可以将指定的点存储为默认的图案填充原点。

（4）"边界"选项组

在"边界"选项组中，包括"拾取点"、"选择对象"、"删除边界"等按钮，其功能如下：

1）🖼 "添加：拾取点"（K）：以拾取点的形式自动确定填充区域的边界。单击该按钮，AutoCAD 切换到作图屏幕，并在命令提示行中提示：

拾取内部点或 [选择对象 S/删除边界 B]:

在需要填充的区域任意位置拾取一点，AutoCAD 系统自动确定包围该点的封闭边界，并以高亮显示，然后按〈Enter〉键，系统返回到"图案填充和渐变色"对话框。单击"确定"（OK）按钮，系统自动对指定区域进行图案填充，如图 8-5 所示。如果不能形成一个封闭的填充边界，AutoCAD 给出提示信息，说明未找到有效的填充边界。

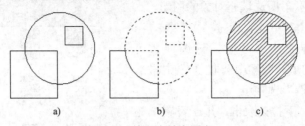

图 8-5　拾取点填充图案

a) 原图　b) 选择区域　c) 填充结果

2）　"添加：选择对象"（B）：以选择对象的方式确定填充的边界。单击该按钮，AutoCAD 切换到绘图界面，并在命令提示行中提示：

选择对象或 [拾取内部点 K/删除边界 B]:

可根据需要选择构成填充区域的边界，被选择的边界会以高亮显示。然后按〈Enter〉键，返回到"图案填充和渐变色"对话框，单击"确定"，系统自动对指定区域进行图案填充，如图 8-6 所示。也可以选择文本作为填充边界。

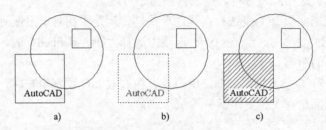

图 8-6　选择对象填充图案

a) 原图　b) 选择矩形　c) 填充结果

3）　"删除边界"（D）：如果用户对边界所包围的内部边界内的区域也进行填充，则单击该按钮，废除该岛，此时 AutoCAD 切换到绘图界面，并在命令提示行中提示：

选择对象或[添加边界 A]: ↵

选择对象或 [添加边界 A/取消 U]: ↵

此时选择的岛对象边界恢复为正常显示方式，即废除了岛，如图 8-7 所示。

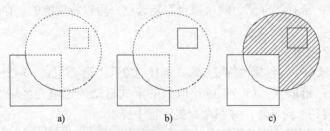

图 8-7　删除边界的操作步骤

a) 选择区域　b) 单击"删除边界"按钮后的显示　c) 填充结果

4）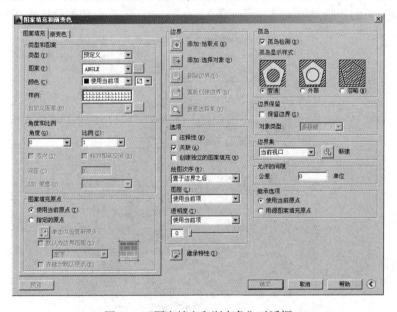"重新创建边界"（R）：重新创建图案填充边界。

5） "查看选择集"（V）：用于观看填充区域的边界。单击该按钮，AutoCAD 切换到作图屏幕，将已选择的作为边界的对象以高亮方式显示。

（5）"选项"选项组

1）"关联"（A）复选框：选择该复选框，填充的图案与填充边界保持着关联关系，当对填充边界进行某些编辑操作时，会重新生成图案填充。

2）"创建独立的图案填充"（H）复选框：用于创建独立的图案填充。

3）"绘图次序"（W）下拉列表框：用于指定图案填充的绘图顺序，图案填充可以放在图案填充边界及所有其他对象之后或之前。

4） "继承特性"（I）：此按钮的作用是继承特性，即选用图中已有的填充图案作为当前的填充图案。

利用"Fill"命令或系统变量"FILL MODE"可以控制图案可见性，将命令"Fill"设置"关"，或将系统变量"FILL MODE"设为 1，则图形重新生成时，所填充的图案将会消失。只有当"Fill"处于"开"状态时才能进行区域填充。

3．设置岛

单击"图案填充和渐变色"对话框右下角的 按钮，将显示更多的内容，如图 8-8 所示。使用该区域，可以设置填充图形中的岛及边界等选项。各选项的含义如下。

图 8-8 "图案填充和渐变色"对话框

1）"孤岛"选项组：用于设置岛的填充方式。选中"孤岛检测"（D）复选框，可以指定在最外层边界内填充对象的方法，其中包括"普通"方式，"外部"方式，"忽略"方式。

2）"边界保留"选项组："保留边界"（S）复选框用于设置是否将填充边界以对象的形式保留下来，"对象类型"下拉列表框中选择填充边界的保留类型。如"多段线"或"面域"。

3）"边界集"选项组：在该设置区，用户可以通过下拉箭头来确定边界的设置，默认情况下，系统根据"当前视口"中的所有可见对象确定填充边界，用户也可以用"新建"（N）按钮切换到绘图窗口，选取新的边界集。

4）"允许的间隙"选项组：在该区域内，通过"公差"文本框设置允许的间隙大小。在该参数范围内，可以将一个几乎封闭的区域看作是一个闭合的填充边界。默认值为 0，这时对象是完全封闭的区域

5）"继承选项"选项组：用于确定在使用继承属性创建图案填充时图案填充原点的位置，可以是当前原点或源图案填充的原点。

8.2.2 利用对话框进行渐变色填充

1．命令输入方式

命令行：GRADIENT。

菜单栏：绘图（D）→渐变色。

工具栏：二维绘图→█。

2．操作步骤

命令: GRADIENT ↵

屏幕上会弹出"图案填充和渐变色"对话框，这时打开"渐变色"选项卡，如图 8-9 所示。AutoCAD 允许使用一种或两种颜色形成的渐变色填充图形，其中的操作步骤与利用对话框进行图案填充的步骤类似，在"渐变色"选项卡中，各选项和按钮的含义如下。

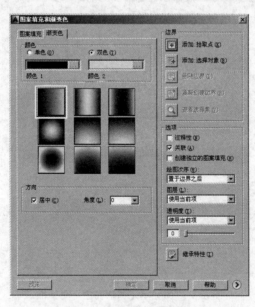

图 8-9 "渐变色"选项卡

（1）"颜色"选项组

● "单色"（O）单选按钮：选择该单选按钮，使用一种颜色产生渐变色来填充图形。双击颜色框，可打开"选择颜色"对话框，选择所需要的颜色。拖动"着色和渐浅"滑块，来调整颜色的渐变程度。

● "双色"（T）单选按钮：选择该单选按钮，可以使用两种颜色产生的渐变色来填充图形。

（2）"方向"选项组

● "居中"（C）复选框：选择该复选框，所创建的渐
变色为均匀渐变。

● "角度"（L）下拉列表框：用于设置渐变色的角度。

用渐变填充平面区域，可以得到立体效果。如图 8-10
所示。

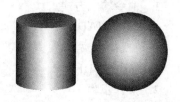

图 8-10 "渐变色"填充的效果

8.2.3 利用 Solid 命令行进行图案填充

除了利用对话框进行图案填充外，还可以在命令行输入"HATCH"、"SOLID"命令进
行实体填充。后两者的操作过程相似，在这里以实体填充为例进行说明。

1．命令输入方式

命令行：SOLID。

命令别名：SO。

2．操作步骤

命令: SOLID↵

指定第一点:↵

指定第二点:↵

指定第三点: ↵

指定第四点或<退出>:↵

指定第三点:↵

在该提示下，用户直接按〈Enter〉键，也可以继续输入一点作为区域的第五点。如果输
入第五点后，AutoCAD 会继续提示：

指定第四点或<退出>:

不同的输入点的次序产生不同的输入效果，如图 8-11 所示。

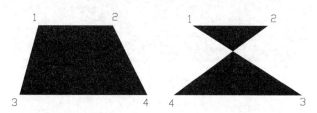

图 8-11 利用"Solid"命令进行填充时输入点次序不同产生的输入效果

8.3 图案填充的编辑

对于已经完成图案填充的图形，可以利用"HATCHEDIT"命令或菜单对其进行编辑，
有关操作在本节会详细介绍。

8.3.1 编辑填充的图案

利用"HATCHEDIT"命令可以编辑已经填充的图案。

1．命令输入方式

命令行：HATCHEDIT。

菜单栏：修改（M）→对象→图案填充。

命令别名：HE。

2．操作步骤

命令: HATCHEDIT↵

选择关联填充物体:↵

选择关联填充物体后，系统打开"图案填充和渐变色"对话框。如图 8-12 所示。只有在图 8-12 中正常显示的选项才可以对其进行操作。该对话框中的各选项的含义与图 8-8 所示对话框中各选项含义相同。利用该对话框，可以对已打开的图案进行一系列编辑修改。

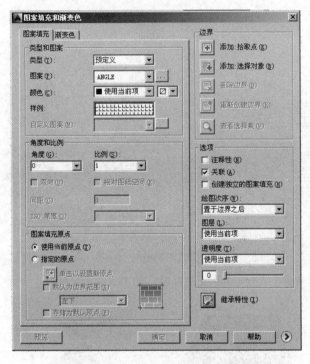

图 8-12 "图案填充和渐变色"对话框

8.3.2 编辑图案填充边界

进行图案填充时，若选中"图案填充和渐变色"对话框中的"关联"复选框，则所填充的图案与其边界有着关联关系。

如图 8-13 所示，选择边界的线段，在边界上显示出特征方框，再用鼠标拾取右下方特征点，该点以醒目方式显示，拖动光标，使光标移到相应位置，单击右键，得到图所示图形。AutoCAD 会根据边界的新位置重新生成填充图案。

如图 8-14 所示，选择圆，圆上会出现相应的特征点，再用光标拾取圆的圆心，则该特征点以醒目方式显示。拖动光标，使光标位于另一点的位置，然后单击右键，得到最终结果。

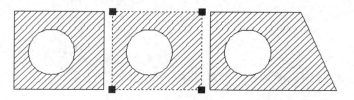

图 8-13　用鼠标移动右下方的特征点重新生成填充图案的过程

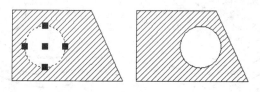

图 8-14　用鼠标移动圆的边界重新生成填充图案的过程

8.4　创建自定义填充图案

填充图案文件存放在系统的图案库中。AutoCAD 系统为用户提供了标准的填充图案文件——ACAD.PAT 文件，其中有六十多种图案可以供用户选用。另外，AutoCAD 也允许用户自己在记事本中定义图案文件。图案文件的文件名与普通文件名命名规则相同，文件名的后缀为.PAT。

一个图案文件中可以存放一个或多个图案的定义。每个图案都有一个标题行，一个或多个定义行，其中每个图案定义行都定义了这个图案的一组平行线。整个文件没有专门的结尾标志。

图案定义的标题行格式如下：

* Pattern-name[,description]:

其中"*"是标题行的标记不能省略。Pattern-name 对应图案名，图案名可以由字母、数字或者字符任意组合而成，长度不大于 31 个字符。图案后面是关于这个图案的说明部分，与图案名用逗号隔开。说明部分对图案的定义没有影响，它仅起说明作用。执行"HATCH"命令时，利用问号响应可以看到关于图案的说明。

图案的定义行的格式如下：

Angle, X-origin, Y-origin, delta-X, delta-Y [,dash1,dash2,……dashn]:

上面定义行中各项的含义如下：

- Angle：该项用来说明该组平行线与水平方向的夹角。
- X-origin、Y-origin：该项用来说明在该组水平线中，必有一条经过该坐标确定的点。
- Delta-X：该项用来说明相邻两平行线沿线本身方向的位置。当该组平行线为实线，不存在这个位移此值为 0。
- Delta-Y：该项用来说明两条平行线间的距离。
- [,dash1,dash2,……dashn]：该项表示图案线的格式。此部分与线形定义相似。

8.5 习题

1. 绘制如图 8-15 所示的图形，并对其进行填充。

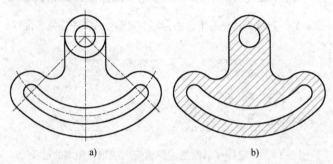

图 8-15 练习图形

a) 原图 b) 填充结果

2. 在 AutoCAD 2014 中，孤岛（Island）检测方式有几种？

3. 在 AutoCAD 2014 中，如何使用渐变色来填充图形？

第9章 块 与 属 性

本章主要内容
- 建立及插入块
- 建立及编辑块属性
- 使用块属性管理器

在实际绘图中，经常会遇到绘制相同或相似的图形（如机械设计中的螺栓、螺母等），利用 AutoCAD 提供的块的方式可以快捷地解决这个问题。将这类图形定义为块，在需要的时候以插入块的方式将图形直接插入，从而节省绘图时间。而且利用定义块与属性的方式可以在插入块的同时加入不同的文本信息，满足绘图的要求。

9.1 块的概念与特点

深入了解块的概念与特点将有助于用户更好地使用块工具。

9.1.1 块的概念

块是绘制在一个或几个图层上的图形对象的组合。一组被定义为块的图形对象将成为单个的图形符号，拾取块中的任意一个图形对象即可选中构成块的全体对象。用户可以根据绘图的需要，将块以不同的缩放比例、旋转方向放置在图中的任意位置。

9.1.2 使用块的优点

使用块的优点具体如下。

（1）减少绘图时间，提高工作效率

实际绘图中，经常会遇到需要重复绘制的相同或相似的图形，使用块可以减少绘制这类图形的工作量，提高绘图效率。

（2）节省存储空间

当向图形增加对象时，图形文件的容量也会增加，AutoCAD 会保存图中每个对象的大小与位置信息，例如点、比例、半径等。定义成块以后可以把几个对象合并为一个单一符号，块中所有对象具有单一比例、旋转角度、位置等属性。所以插入块时可以节省存储空间。

（3）便于修改图样

当块的图形需要做较大的修改时，可以通过重定义块，自动修改以前图中所插入的块，而无须在图上修改每个插入块的图形，方便图样的修改。

（4）块中可以包含属性（文本信息）

有时图块中需要加文本信息以满足生产与管理上的要求。而通过定义块属性可以方便地为图形加入所需的文本信息。

9.2 块与块文件

块定义的方式有两种：第一种命令方式是块"BLOCK"，此命令定义的块只能在当前定义块的图形文件中使用；第二种命令方式是写块"WBLOCK"，能够将块定义为块文件，任何图形文件都可以使用。

9.2.1 定义块

将图形定义为块，组成块的图形对象必须已经绘制出来且在屏幕上可见。

1．命令输入方式

命令行：BLOCK（BMAKE）。

菜单栏：绘图（D）→块→创建。

工具栏：绘图→ 。

命令别名：B

2．操作步骤

1）在命令行提示下输入"BLOCK"命令后按〈Enter〉键，屏幕上将弹出"块定义"对话框，如图9-1所示。利用该对话框可以定义块。

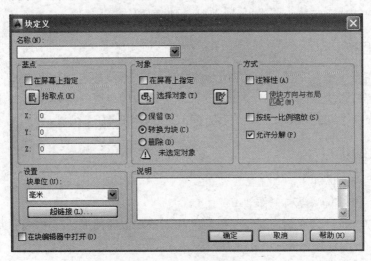

图9-1 "块定义"对话框

2）在"名称"（N）下拉列表框中输入需要建立或选择需重定义的块名。

3）"基点"选项组中确定块的基点，即插入点。可以直接输入基点的 X、Y、Z 的坐标值，系统默认值是（0,0,0）；也可以单击"拾取点" 按钮，在绘图区拾取块的特征点作为插入点，以便于块的准确定位。

4）"对象"选项组中确定组成块的图形对象。单击此选项组中的"选择对象" 按钮，切换到绘图界面选择要定义为块的图形对象后按〈Enter〉键，返回对话框。如单击此选项组中的"快速选择" 按钮，弹出"快速选择"窗口，可选取当前选择或整个图形。

5）单击"确定"按钮完成块的定义。

9.2.2 定义块文件

把图形对象保存为图形文件或把块转换为图形文件。

1. 命令输入方式

命令行：WBLOCK。

命令别名：W。

2. 操作步骤

1）在命令行提示下输入"WBLOCK"命令后按〈Enter〉键，屏幕上将弹出"写块"对话框，如图 9-2 所示。

2）"源"选项组中确定要保存为块文件的图形类型。

图 9-2 "写块"对话框

- "块"（B）单选按钮：将定义好的块保存为图形文件。
- "整个图形"（E）单选按钮：把当前整个图形保存为图形文件。
- "对象"（O）单选按钮：可通过对象选项组在绘图屏幕区用鼠标选择所需的图形对象。

3）"基点"选项组确定基点，其操作步骤与"9.2.1 定义块"中的基点相同。

4）"对象"选项组确定图形对象，其操作步骤与"9.2.1 定义块"中的对象相同。

5）单击"确定"按钮完成块文件的定义。

9.3 块的插入

将已经定义的块或块文件插入到当前图形中。

1. 命令输入方式

命令行：INSERT。

菜单栏：插入（I）→块。

工具栏：绘图→ 。

命令别名：I。

2. 操作步骤

1）在命令行提示下输入"INSERT"命令后按〈Enter〉键，屏幕上将弹出"插入"对话框，如图 9-3 所示。利用此对话框可以确定所要插入块的缩放比例、插入位置、旋转角度。

2）"名称"（N）下拉列表中输入或选择块的名称。如果单击 浏览(B)... 按钮，可以打开"选择文件"对话框，从对话框中选择块或文件。

3）"插入点"选项组中确定插入点的位置。选择系统默认方式"在屏幕上指定"，在其他选项组设置后返回绘图屏幕区用光标拾取插入点。插入块时插入点与定义块时的基点相重合。

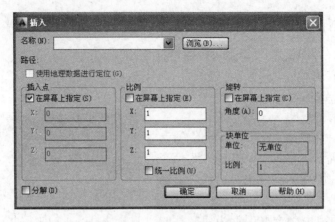

图 9-3 "插入"对话框

4)"比例"选项组中确定缩放比例。可以直接在文本框中输入 X、Y、Z 三个方向的缩放比例，也可以勾选"在屏幕上指定"（E）复选框，到作图屏幕中确定。如果希望 X、Y、Z 三个方向以相同的比例系数缩放，可以勾选此选项下部的"统一比例"（U）单选按钮，否则不要勾选此项。

5)"旋转"选项区确定块插入时的旋转角度。可在"角度"（A）文本框中直接输入旋转的角度，也可以勾选"在屏幕上指定"（E）复选框，到绘图界面中确定。

6)"分解"（D）复选框确定块中元素是否可以单独编辑。选中此项会在插入块的同时把块分解，块中的元素可以单独编辑，否则插入后块作为一个单一元素。

7)单击"确定"按钮，返回绘图界面选取一点作为块的插入点，完成块的插入。

8)如果插入块时没有将块分解，插入后希望对块中的元素单独编辑，可以使用分解"Explode"命令将块分解（参见"3.6 分解命令"）。

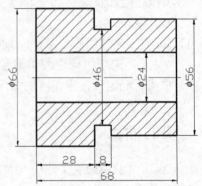

图 9-4 利用块功能绘制图形

【例 9-1】 利用块功能绘制图 9-4 所示图形。

1)首先绘制一条 68mm 长的水平中心线。

2)在 0 层绘制 10×10 的矩形，将此矩形分解，输入"Block"命令，打开"建块"对话框，输入块名"xk"，以左边竖直边的中点作为基点，选取上下两条水平边作为块的对象，单击"OK"完成创建块。

3)选择粗实线层，输入插入块命令，打开"插入"对话框，选择块名"xk"，参数的设置见图 9-5 所示。单击 OK 按钮后，捕捉中心线的左端点作为插入点，完成插入，绘制出 $\phi66$ 两条水平直线。

4)与 3)操作类似，设置适当的缩放比插入"xk"，单击 OK 按钮后，捕捉插入直线的左端点与中心线的交点作为插入点，绘制 $\phi46$ 和 $\phi56$ 水平直线。

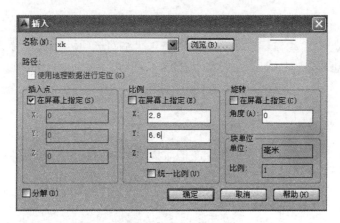

图 9-5　"插入"对话框

5）与 3）操作类似，设置适当的缩放比插入"xk"，单击 OK 按钮后，捕捉中心线的左端点作为插入点，绘制φ24 两条水平直线。

6）使用"Line"命令将缺口连接，使用"Hatch"命令完成填充。

7）使用"Lengthen"命令将中心线的两端分别拉长 2mm。

9.4　动态块定义

图块，常用来绘制重复出现的图形。如果图形略有区别，就需要定义不同的图块，或者需要炸开图块来编辑其中的几何图形。自 AutoCAD 2006 版本起，新增的功能强大的动态图块功能，使用户指定动态图块中的夹点可移动、缩放、拉伸、旋转和翻转块中的部分几何图形，编辑块图形外观而不需要炸开它们，使块的功能更加强大，操作更加方便。

1．命令输入方式

命令行：bedit。

菜单栏：工具（T）→块编辑器。

工具栏：标准→ 🔳 。

2．操作步骤

定义动态块至少需要包含一个参数和一个此参数支持的运动，下面以旋转为例介绍动态块的定义过程。

1）首先在屏幕上创建一个块，然后在命令行提示下输入"BEDIT"命令后按〈Enter〉键，屏幕上将弹出"编辑块定义"对话框，如图 9-6 所示。在此对话框可以输入或选择块的名称。

2）选择已创建好的块"f"，单击"编辑块定义"对话框中的"确定"按钮，进入定义动态块状态，界面的左边是"块编写"选项板，包含"参数"、"动作"、"参数集"、"约束"4 个选项表，屏幕的上边是"块编辑器"工具

图 9-6　"编辑块定义"对话框

栏，包含"自动约束对象 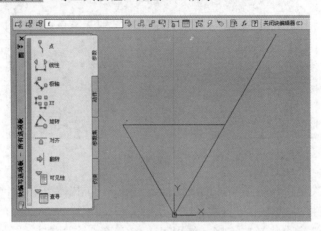"、"应用几何约束 "、"显示/隐藏约束栏 "、"参数约束 "、"块表 "、"参数 "、"动作 "、"定义属性 "、"编写选项板 "、"参数管理器 "、"关闭块编辑器 关闭块编辑器 (C)"等工具按钮，如图9-7所示。

图9-7　定义动态块界面

- "参数"选项表：向动态块添加参数工具。参数用于指定几何图形在快参照中的位置、距离和角度。将参数添加到动态块定义中时，该参数将定义块的一个或多个自定义特性。如单击其中的创建旋转参数按钮 旋转，命令行提示定义旋转的基点，单击三角形的最下面的定点作为旋转基点。命令行继续提示定义旋转的半径参数，单击三角形的最上面的点作为旋转半径。命令行继续提示定义旋转的默认角度，输入"45"作为旋转默认角度。命令行提示定义标签的位置，在合适位置单击将出现角度标签，如图9-8所示，图中 表示参数与动作没有关联。

- "动作"选项表：可向动态块定义中添加动作。动作定义了在图形中操作快参照的自定义特性时，动态块参照的几何图形将如何移动或变化，应将动作与参数相关联。如单击其中的创建旋转动作按钮 旋转，命令行提示选择参数，单击图9-8中"角度1"。命令行继续提示选择旋转对象，单击三角形的所有边，并按〈Enter〉键结束选择。此时动作与参数相关联，图形右下有旋转动作按钮，如图9-9所示。

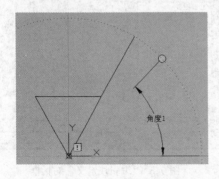

图9-8　定义动态块参数

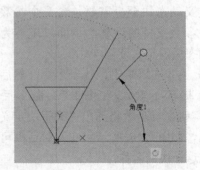

图9-9　定义动态块动作

- "参数集"选项表：提供向动态块添加一个参数和至少一个动作的工具。将参数集添加到动态块中时，动作将自动与参数相关联。

● "约束"选项表：提供将几何约束和约束参数应用与对象的工具。

3）单击工具栏中"保存动态块" <img> 按钮，将定义好的块保存，然后单击 关闭块编辑器 C 按钮，返回到 AutoCAD 的绘图界面。

4）在命令行提示下输入"INSERT"命令后按〈Enter〉键，屏幕上将弹出"插入"对话框，选择块"f"插入到图形中，单击插入的块图形，图形上出现夹点，如图 9-10 所示。在夹点命令行提示输入块的旋转角度，如图 9-11 所示。

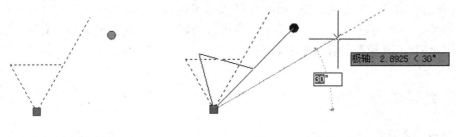

图 9-10　选择动态块　　　　　　　图 9-11　改变图形的方向

9.5　块与图层的关系

块可以由绘制在若干图层上的图形对象组成，AutoCAD 将各个元素的图层、颜色、线型和线宽属性保存在块的定义中。插入块时，块中图形元素属性遵循如下约定：

1）块中元素的颜色、线型和线宽属性设置为随层，并且绘制在 0 图层上，插入后，块中元素按当前层的颜色、线型和线宽属性设置。

2）块中元素的颜色、线型和线宽属性设置为随层，绘制在其他图层上，插入后，如果当前图形有与其相同的图层，则块中该层上的对象绘制在同名图层上，并按图中该层的属性设置；如果当前图形没有与其相同的图层，则块中该对象绘制在原层上，并给当前图形增加相应的层。

3）块中元素的颜色、线型和线宽属性设置为随块，块插入后块中对象按当前层的颜色、线型和线宽属性设置。

4）如果块被插入在一个冻结图层中，则块不显示在屏幕上。

9.6　属性的概念与特点

1. 属性的概念

属性是块的文本对象，是块的一个组成部分，它与块的图形对象共同组成块的全部内容。例如，当我们将表面粗糙度的符号定义为块的时候，我们还需要加入粗糙度值。利用定义块属性的方法可以方便地加入需要的内容。

2. 属性的特点

属性与普通的文本不同，它具有以下特点：

1）一个属性包括属性标记和属性值两方面的内容。例如，可以把姓名定义为属性标记，如，具体的姓名"张"、"王"就是属性值。

2）属性需要在定义块之前加以定义，具体设置包括属性标记、属性提示、属性的默认值、属性的显示格式（在图中是否可见）、属性在图中的位置等。

3）属性定义后，以属性标记在图中显示。插入块后以属性值显示。

4）属性定义后，在定义块时将它与图形对象共同选择为块的对象。如果要同时使用几个属性，应先定义这些属性，然后把它们包括在同一个块中。

5）在插入块时，AutoCAD 通过属性提示要求用户输入属性值（也可以用默认值）。如果属性值在属性定义时规定为常量，AutoCAD 则不询问属性值。

6）插入块后，可以对属性进行编辑，也可以把属性单独提取出来写入文件，以便在统计、制表时使用或其他数据分析程序处理。

9.7 定义属性

1. 命令输入方式

命令行：ATTDEF。

菜单栏：绘图（D）→块→定义属性。

命令别名：ATT。

2. 操作步骤

1）在命令行提示下输入"ATTDEF"命令后按〈Enter〉键，屏幕将弹出"属性定义"对话框，如图 9-12 所示。

图 9-12 "属性定义"对话框

2）模式选项组中确定属性模式。

● "不可见"（I）复选框：选中该复选框，属性在图中不可见。

● "固定"（C）复选框：选中该复选框，属性为定值。由此对话框的"Value"文本编辑框给定，插入块时属性值不发生变化。

- "验证"（V）复选框：选中该复选框，在插入块时系统将提示用户验证属性值的正确性。
- "预置"（P）复选框：选中该复选框，在插入块时将属性设置为默认值。
- "锁定位置"复选框：选中该复选框，在插入块时属性是否可以相对于块的其余部分移动。
- "多行"：属性是单线属性还是多线属性。

3）"属性"选项组中由上而下依次确定属性的"标记"（T）、"提示"（M）、"值"（L）。

4）"插入点"选项组中两种方式确定属性的位置，分别为：勾选"在屏幕上指定"（O）复选框；用光标在屏幕上拾取。

5）"文字设置"选项组中由上至下依次确定文字的"对正"（J）、"文字样式"（S）、"文字高度"（E）、"旋转"（R）。

6）单击"确定"按钮完成属性的定义。

7）如果有两个或两个以上的属性，希望这些属性以对正方式排列，可以勾选此对话框中下部的"在上一个属性定义下对齐"（A）复选框。

【例 9-2】 将图 9-13 中的商用车属性定义为生产商，将其定义为"car"块后插入，属性值设置为一汽。

操作步骤如下：

1）绘制如图 9-13 所示的商用车外形图。

2）输入"ATTDEF"命令后按〈Enter〉键，弹出"属性定义"对话框。对话框参数设置如图 9-14 所示。选中"在屏幕上指定"（O）复选框，在绘图区上拾取属性插入点。

3）完成"属性定义"对话框中的设置后，单击"确定"按钮，在图形上选择属性插入位置，得到如图 9-14 所示属性。

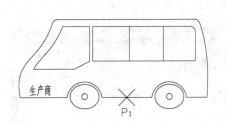

图 9-13　定义车子属性　　　　　图 9-14　"属性定义"对话框的参数设置

4）输入"Block"命令后按〈Enter〉键，弹出"定义块"对话框，输入块名"car"，拾取 P1 为基点，选择创建块的对象，包括图形及属性。

5）单击"确定"按钮，屏幕弹出"编辑属性"对话框，如图 9-15 所示，此时可以改变属性值，如不改变，输入生产商即可完成创建块。

6）在命令行提示下输入"INSERT"命令后按〈Enter〉键，打开"插入"对话框，选取块"car"。

7）在"插入点"选项组中选择"在屏幕上指定"（O）复选框，然后单击"确定"按钮。

8）在绘图窗口中单击，确定插入点的位置，并在命令行的"生产商"提示下输入"一汽"，然后按〈Enter〉键，结果如图9-16所示。

图9-15 "编辑属性"对话框

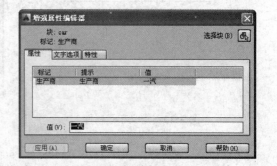

图9-16 插入带属性的块

9.8 编辑属性

1. 命令输入方式
命令行：EATTEDIT。
菜单栏：修改（M）→对象→属性→单个。
工具栏：修改 II→ ⬚。

2. 操作步骤

命令:eattedit↵
选择块:（选择一图块）

选择一图块，屏幕弹出"增强属性编辑器"对话框，如图9-17所示。

该对话框包括 3 个选项卡："属性"、"文字选项"和"特性"选项卡。用户可以通过该对话框编辑属性值、文本格式以及属性的图层、线型、线宽、颜色和绘图样式。

（1）"属性"选项卡

"属性"选项卡中显示了块中每个属性的"标记"、"提示"、"值"。选择某一属性后，在"值"文本框中可以修改属性值。

（2）"文字选项"选项卡

"文字选项"选项卡用于修改属性文字的

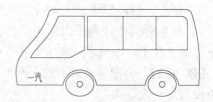

图9-17 "增强属性编辑器"对话框

格式。单击"文字选项"，屏幕显示"文字选项"选项卡的内容，如图 9-18 所示。在这里用户可以修改文字的样式、对齐方式、字体高度、宽度系数、旋转角度、倾斜角度等。

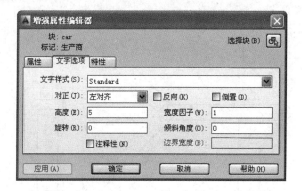

图 9-18 "文字选项"选项卡

（3）"特性"选项卡

"特性"选项卡用于修改属性的图层、线型、颜色、线宽和打印样式。单击"特性"，屏幕显示"特性"选项卡的内容，如图 9-19 所示。

图 9-19 "特性"选项卡

9.9 习题

1. 如何定义块与属性？

2. 绘制图 9-20a 中的图形，将其定义为块（P1 为基点），然后用插入块的方式绘制图 9-20b 所示的轴。

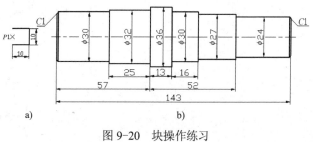

图 9-20 块操作练习

a) 定义块 b) 轴

3. 利用块功能绘制图 9-21 所示的使用连杆机构的同步油缸。

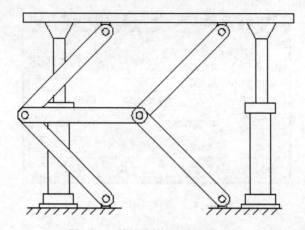

图 9-21 使用连杆机构的同步油缸

4. 利用动态块绘制如图 9-22 所示零件的表面粗糙度。

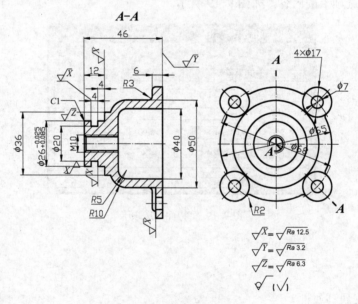

图 9-22 属性操作练习

第10章　外部参照与设计中心

本章主要内容:
- 外部参照的附着、绑定及在位编辑
- 设计中心的使用

作为一种工程绘图软件，AutoCAD 不仅在图形的绘制、编辑方面功能强大，而且在图形资源的有效利用、图形文件的高效管理方面功能也非常完善。插入块和附着外部参照是重复利用图形对象的两种方式。而 AutoCAD 设计中心正是执行图形文件管理、图形资源高效利用的强大工具。

10.1　外部参照

外部参照是 AutoCAD 提供的重复利用图形对象的一种方式。它与图块不同。块一旦被插入，就永久性插入到图形当中，成为当前图形的组成部分。如果修改块的原图，图形中插入的块不会自动更新。而外部参照方式是将图形以链接的形式插入到某一图形中（称之为主图形），并不是真正的插入，被插入图形文件的信息并不直接加到主图形中，主图形只是记录了参照关系，例如参照图形文件的路径等信息，所以不会显著增加主图形文件的大小。当打开具有外部参照的图形时，系统会自动把各外部参照图形文件重新调入内存并在当前图形中显示出来，这样有利于使参照的图形总是最新版本。

10.1.1　附着外部参照

"附着外部参照"可以将图形文件以外部参照的形式插入到当前图形中。

1. 命令输入方式

命令行：XATTACH。

菜单栏：插入→DWG 参照。

工具栏：参照→。

命令别名：XA。

2. 操作步骤

输入"XATTACH"命令后按〈Enter〉键，屏幕将弹出"选择参照文件"对话框，如图10-1 所示。用户在对话框中选择文件后，单击对话框中的"打开"按钮，屏幕将弹出"附着外部参照"对话框，如图 10-2 所示。

此对话框与"插入"对话框非常相似，只是比后者多了一项设置参照文件类型的选项组。AutoCAD 提供了两种类型的参照图形方式"附着型"和"覆盖型"。附着型参照可以嵌套在其他外部参照中，并且显示出来；嵌套的覆盖型外部参照不能显示出来。

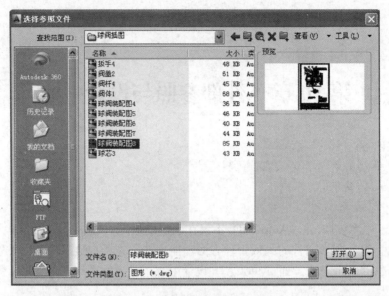

图 10-1 "选择参照文件"对话框

图 10-2 "附着外部参照"对话框

10.1.2 绑定外部参照

使已经附着的外部参照成为图形的永久的组成部分。也可以只绑定参照图形中的部分元素，以免有些内容会随着参照的重载而失去。

1. 命令输入方式

命令行：XBIND。

菜单栏：修改（M）→对象→外部参照→绑定。

工具栏：参照→[图标]。

命令别名：XB。

2. 操作步骤

输入"XBIND"命令后按〈Enter〉键，屏幕将弹出"外部参照绑定"对话框，如图 10-3 所示。该对话框列出了当前图形文件已有的外部参照文件。

要绑定某个图形文件或者某一部分内容，须单击该文件以及文件列表前面的"+"号显示文件的全部条目。例如要绑定"球阀装配体 8"文件的某些内容，应单击该文件以及文件列表前面的"+"号得到如图 10-4 所示结果。首先在对话框的"外部参照"栏中选中要绑定的对象，然后单击"添加"按钮，这些对象即出现在对话框右边的"绑定定义"栏中，单击"确定"按钮，即可绑定到当前图形中，如图 10-5 所示。

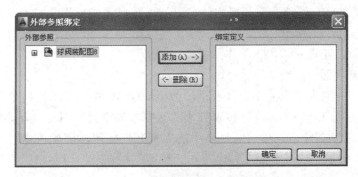

图 10-3 "外部参照绑定"对话框

图 10-4 选择绑定内容

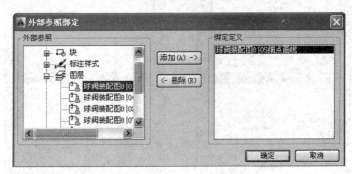

图 10-5 完成标注样式绑定

10.1.3 外部参照操作

"外部参照"（Xref）可以管理当前图形中的所有外部参照图形。在"外部参照"对话框中显示了每个外部参照的状态及它们之间的关系。

1．命令输入方式

命令行：XREF。

菜单栏：工具（T）→选项板→外部参照。

工具栏：参照→ 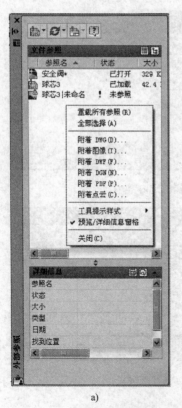 。

命令别名：XR。

2．操作方法

如果当前图形文件有外部参照图形，输入"XREF"命令后按〈Enter〉键，屏幕弹出"外部参照"快捷菜单，外部参照图形文件名以列表图形式或树状图形式在外部参照管理器中显示，如图 10-6 所示。

利用此对话框，可以完成以下工作。

（1）附着外部参照

在图 10-6 文件列表下方的空白处右击，弹出如图 10-6 所示的快捷菜单，在弹出的快捷菜单中选择"附着 DWG"命令，屏幕弹出"选择参照文件"对话框，如图 10-1 所示。用户在对话框中选择文件后，单击对话框中的"打开"按钮，屏幕将弹出"外部参照"对话框，如图 10-2 所示。选择参照文件，单击"确定"按钮，即可将参照图形插入到当前窗口中。

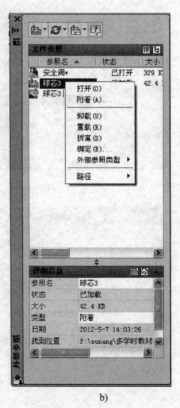

a)   b)

图 10-6 "外部参照"快捷菜单

a) 窗口快捷菜单　b) 文件快捷菜单

（2）拆离外部参照

在图 10-6a 中选择一文件，单击鼠标右键，弹出如图 10-6b 所示的快捷菜单，在菜单中选择"拆离"，可从当前图形中移去不再需要的外部参照文件。

（3）更新外部参照

当某一外部参照图形发生改变时，可以在列表中选择此文件，右击，弹出如图 10-6b 所示的快捷菜单，在菜单中单击"重载"，实现在不退出当前图形的情况下，更新外部参照。

（4）卸载外部参照

在列表中选择要卸载的外部参照，单击鼠标右键，弹出如图 10-6b 所示的快捷菜单，在菜单中单击"卸载"，可将此外部参照从当前文件中移走。但移走后文件名仍保留在文件列表中，当希望再参照该图形时，在文件列表中重新选择该文件，单击鼠标右键，在弹出的快捷菜单中单击"重载"即可。

（5）绑定外部参照

在列表中选择要绑定的外部参照，单击鼠标右键，弹出如图 10-6b 所示的快捷菜单，在菜单中单击"绑定"，可将此外部参照转换成当前文件的块，成为当前文件的组成部分。

10.1.4　在位编辑外部参照

在当前文件中可以直接编辑外部参照的图形。"参照编辑"工具栏如图 10-7 所示。利用此工具栏不仅可以完成对外部参照图形本身的修改，还可以将当前图形中其他图形加入到外部参照中，并将所作的修改保存或放弃。

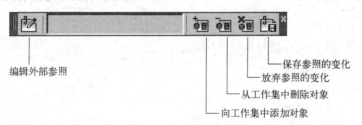

图 10-7　"参照编辑"工具栏

1．命令输入方式

命令行：REFEDIT。

菜单栏：工具（T）→外部参照和块在位编辑→在位编辑参照。

工具栏：参照编辑→⬚。

2．操作方法

命令：refedit.↵

选择参照：（选择要进行的外部参照图形）

选择一个外部参照图形后，屏幕将弹出"参照编辑"对话框，如图 10-8 所示。在此对话框中选定需要编辑的特定参照，采用默认设置，单击"确定"按钮。选定的参照将作为一个工作集，进入编辑状态，其他的图形将锁定和置灰。可编辑工作集中的图形对象，也可以使用⬚和⬚按钮向工作集中添加或删除当前图形中的其他图形对象。对所作的修改可以单击⬚或⬚保存或放弃按钮。

图 10-8 "参照编辑"对话框

10.2 使用设计中心

"设计中心"是 AutoCAD 提供的强大的绘图资源管理器。使用设计中心，可以浏览用户计算机、网络驱动器和 Web 页上的图形资源，并将所需图形资源加入到设计中心或当前图形中；为经常访问的图形、文件夹和 Internet 网址创建快捷方式；在同时打开的多个图形文件之间拖动任何内容实现插入，简化绘图过程；通过从内容显示窗口把一个图形文件拖动到绘图区以外的任何位置的方式打开图形文件。

1. 命令输入方式

命令行：ADCENTER。

菜单栏：工具（T）→选项板→设计中心。

工具栏：标准→ 。

快捷键：Ctrl+2。

2. 设计中心的结构和功能

输入"ADCENTER"命令后按〈Enter〉键，屏幕弹出"设计中心"窗口，如图 10-9 所示。

（1）树状视图区

可以浏览用户计算机和网络驱动器上的文件与文件夹的层次结构、打开图形的列表、自定义内容以及上次访问过的位置的历史纪录。

（2）内容区域

显示树状视图区中当前选定选项中的内容，包括文件夹、文件图形、图形中的命名对象（块、外部参照、布局、图层、标注样式和文字格式）、图像、基于 Web 的内容。

在内容区域中，选择其中任一文件并右击，弹出如图 10-10 所示快捷菜单，选择"在应用程序窗口中打开"可以在设计中心打开图形文件。

选择快捷菜单中的"插入为块"、"附着为外部参照"或"复制"命令，可以在图形中插入块、附着外部参照或复制；通过双击鼠标左键向图形中添加如图层、标注样式和布局等其他内容。

（3）此区域可以浏览窗口和说明窗口

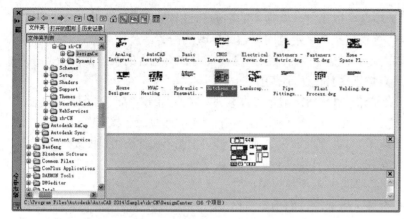

图 10-9 "设计中心"窗口   图 10-10 快捷菜单

（4）工具栏

控制树状图和内容区域中信息的浏览和显示。各按钮功能如下：

1）📂"加载"：单击此按钮，可以弹出"加载"对话框（类似于标准的选择文件对话框）。在该对话框中选择要查看的图形文件后，单击"打开"按钮，AutoCAD 将图形中的内容加载到内容显示窗口，并在树状视图窗口中定位该文件。

2）⬅▾"后退"：单击此按钮，可以返回到历史纪录列表中最近一次的位置，或者单击向下箭头，从下拉列表中选择。

3）➡▾"前进"：单击此按钮，可以返回到历史纪录列表中下一次的位置，或者单击向下箭头，从下拉列表中选择。

4）⬆"上一级"：显示当前选项的上一级选项的内容。

5）🔍"搜索"：单击此按钮，屏幕弹出"搜索"对话框，如图 10-11 所示。

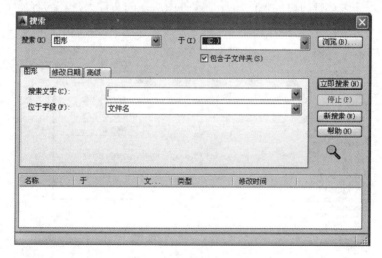

图 10-11 "搜索"对话框

通过使用该对话框，可以查找包含指定块、文本样式、尺寸标注样式、图层、布局、外部参照或线型的图形，该图形可以从"搜索"下拉列表中选择，或者按对话框中的 3 个选项卡建立查询：

● "图形"选项卡：该选项卡可以指定所要搜索的名称和该名称所在的位置。

● "修改日期"选项卡：查找在某个特定时间创建或修改的内容。

● "高级"选项卡：指定附加的搜索参数。包括要搜索内容所包含的某些部分及其值和定义，还可以指定所要搜索文件的大小范围。

6）⬚ "收藏夹"：单击此按钮，在内容区显示"收藏夹"文件夹的内容。"收藏夹"文件夹包含经常访问的项目的快捷键，方便用户的管理和下次使用。将文件添加到收藏夹的方法为：选中要添加的文件，右键单击并选择"添加到收藏夹"选项，即可把图形文件添加到收藏夹中。

7）⬚ "默认"：单击此按钮，将设计中心返回到默认文件夹。

8）⬚ "树状图切换"：切换是否显示树状视图。

9）⬚ "预览"：切换是否显示所选项目的预览窗格。

10）⬚ "说明"：切换是否显示所选项目的说明窗格。

11）⬚▼ "视图"：提供内容区域中内容的不同显示格式，包括大图标、小图标、列表和详细信息。

（5）窗口顶部选项卡

1）文件夹：显示计算机或网络驱动器中文件和文件夹的层次结构。

2）打开的图形：显示当前打开的所有图形文件的内容。

3）历史记录：显示最近在设计中心打开的文件的列表。

3．设计中心实例

在绘制完成手动球阀零件图的基础上，使用 AutoCAD "设计中心"完成手动球阀的装配图。

操作步骤如下：

1）新建一个空白文件"Drawing1"。

2）在"标准"工具条中单击⬚按钮，打开"设计中心"面板。

3）在树状视图区选择自行绘制的千斤顶零件图所在的文件夹，在内容显示窗口选择文件"球芯"并右击，在快捷菜单中选择"插入为块"命令，如图 10-12 所示，在窗口中插入文件。

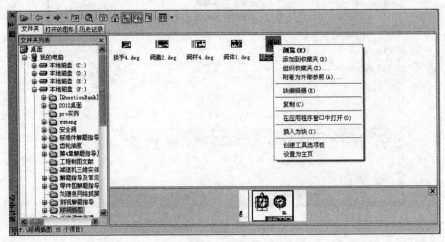

图 10-12　打开文件

4）将插入的文件使用"分解"（E）命令分解后，将多余的图线删除，得到如图 10-13 所示的图形。

5）在内容显示窗口选择另外文件"阀体"并右击，在快捷菜单中选择"插入为块"命令，将所选文件以块的形式插入到当前窗口中。

6）将插入的文件使用"分解"（E）命令分解后，将多余的图线删除，并作相应的修改，得到如图 10-14 所示的球芯与阀体装配图。

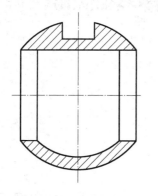 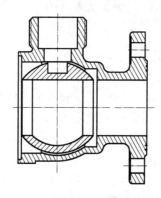

图 10-13　球芯　　　　　　　图 10-14　　球芯与阀体装配图

7）类似将法兰接头、填料座、填料、压盖、盖螺母、阀杆和扳手等插入图形中，并作相应的修改，得到如图 10-15 所示的手动球阀装配图。

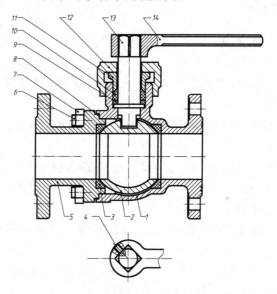

图 10-15　手动球阀装配图

10.3　习题

1．建立两图形文件 A 和 B，将 A 图形分别以块与外部参照方式插入 B 图形，比较两种方式有何区别。修改 A 图形，比较两种插入方式 B 图的区别。

2．如何在设计中心查找文件？

3．如何在设计中心插入块、图层、标注样式？

第11章 三维绘图基础知识

本章主要内容
- 三维设计概述
- 三维坐标系、三维模型的基本内容
- 调整三维图形的显示方式
- 设置用户坐标系
- 设置多视区

目前三维 CAD 逐渐成为主流，这要求 CAD/CAM 系统应具有二、三维图形之间的转换功能，即从三维几何造型直接生成二维图形，并保持二维图形和三维造型之间的信息关联。

11.1 三维设计概述

AutoCAD 2014 在三维建模方面有了很大的改进，引入了 Inventor 的智能化、参数化理念，使用户能以前所未有的方式进行创意设计。用户可以灵活地以二维和三维方式探索设计创意。AutoCAD 强大且直观的工具集可以帮助用户实现创意的可视化和造型，将创新理念变为现实。主要表现在以下几个方面：

1）三维自由形状设计：使用 AutoCAD 2014 软件中强大的曲面、网格和实体建模工具探索并改进创意。

2）点云支持：实现三维数据扫描，简化耗时的改造和翻修项目。

3）上下文相关的 PressPull 功能：利用 PressPull，只需一步操作即可拉伸和偏移曲线，创建曲面和实体并选择多个对象。

4）曲面曲线提取：通过实体的曲面或面上的一个特定点提取等值线曲线，以确定任意形状的轮廓线。

5）Autodesk Inventor Fusion：一种用于在 DWG 环境中直接建模的易用型工具，可以帮助用户灵活地编辑与验证来自几乎任何数据源的模型。

6）AutoCAD 有丰富的可定制的视觉样式，可以输出丰富的表现效果。

7）AutoCAD 的三维建模和渲染、漫游动画等功能特别适于制作室内外装修效果图和产品设计。

AutoCAD 2014 支持创建 3 种三维对象：网格对象、曲面对象和实体对象。

1. 网格对象

网格对象是由网格平面和镶嵌平面围成的立体。网格平面为非重叠单元，网格平面及其边和顶点一起形成网格对象的基本可编辑单元。当移动、旋转和缩放单个网格面时，周围的面会被拉伸并发生变形，所以利用网格对象可以实现自由形状设计。

网格对象不具有三维实体的质量和体积特性。网格对象在建模方式上与实体对象和曲面对象有所区别，但是网格对象具有一些独特的功能，通过这些功能，用户可以设计角度更小、圆度更大的模型。从 AutoCAD 2010 开始，可以平滑化、锐化、分割和优化默认的网格对象类型，但这些命令不能用于传统的多面网格或多边形网格。网格对象模型如图 11-1 所示。

2．曲面对象

除三维实体和网格对象外，AutoCAD 还提供了两种类型的曲面，即程序曲面和 NURBS 曲面。程序曲面是关联曲面，即保持与其他对象间的关系，以便将其作为一个组进行处理。而 NURBS 曲面不是关联曲面，该类曲面具有控制点，通过编辑这些控制点，用户能以更自由的方式完成曲面造型。曲面对象也不具有三维实体的质量和体积特性。图 11-2 是由旋转产生的曲面对象。

3．实体对象

实体模型表示整个对象的所有形状信息。在各类三维模型中，实体模型的信息最完整，歧义最少，它能够进一步满足模型物理性计算、有限元分析等应用的要求。在二维线框的着色模式下，实体模型的显示和线框模型相似，但是实体模型可以进行着色、渲染、布尔运算等操作。图 11-3 为被渲染后的实体模型。

图 11-1　圆柱网格　　　　　　图 11-2　旋转曲面　　　　　　图 11-3　实体对象

11.2　三维坐标系

在创建三维对象时，AutoCAD 支持笛卡尔坐标、柱坐标和球坐标来确定点的位置。

1．三维笛卡尔坐标

笛卡尔坐标用点的 X、Y 、Z 坐标来描述点；AutoCAD 2014 默认的世界坐标系的 X 轴的正向水平向右，Y 轴的正向竖直向上，Z 轴垂直于 XY 平面，其正向与 X 轴正向、Y 轴正向符合右手定则。其格式如下：

绝对坐标：X，Y，Z。

相对坐标：@X，Y，Z。

2．圆柱坐标

圆柱坐标用以下三个参数来描述点：三维点在 XY 平面的投影到坐标原点的距离、点在 XY 平面的投影和坐标原点的连线与 X 轴正向的夹角、点的 Z 坐标值。其格式如下：

绝对坐标：投影长度 ＜ 夹角大小，Z 坐标。

相对坐标：@投影长度 ＜ 夹角大小，Z 坐标。

例如，10 < 45，5 表示这样一个点。它在 XY 平面的投影距坐标原点 10 个单位、投影和原点的连线与 X 轴正方向成 45°角、点的 Z 坐标为 5 个单位。

3．球坐标

球坐标用三个参数来定位三维点：点到坐标原点的距离、二者连线在 XY 平面的投影与 X 轴正向的夹角、点和坐标原点连线与 XY 平面所成的角度。格式如下：

绝对坐标：距离 < 与 X 轴正向的夹角 < 与 XY 平面所成的角度。

相对坐标：@距离 < 与 X 轴正向的夹角 < 与 XY 平面所成的角度。

例如，10 < 45 < 60 表示这样一个点。它到坐标原点的距离为 10 个单位、它与原点连线在 XY 平面中的投影与 X 轴正方向成 45°、连线本身与 XY 平面成 60°夹角。

11.3 用户坐标系统

AutoCAD 除了支持系统默认的世界坐标系（WCS），也支持用户自己设计的用户坐标系（UCS）。用户坐标系（UCS）是指可用于坐标输入、更改绘图平面的一种可移动的坐标系统，通过定义用户坐标系可以更改原点的位置、XY 平面及 Z 轴的方向。

改变用户坐标系（UCS）只改变坐标系的方向，并不改变当前的视点。

用户坐标系（UCS）是一种用于二维图形和三维建模的基本工具。因为 AutoCAD 的大多数命令只作用于当前坐标系的工作平面（XY 平面），所以在三维环境中创建或修改对象时，需要在三维空间中的任何位置变换、移动和重新定向当前坐标系。合理创建用户坐标系（UCS），用户可以方便灵活地创建三维模型。

11.3.1 新建用户坐标系统

1．命令输入方式

命令行：UCS。

菜单栏：工具→新建 UCS。

工具栏：UCS→

2．操作步骤

命令：ucs ↵

当前 UCS 名称：*世界*

指定 UCS 的原点或[面（F）命名（NA）对象（OB）上一个（P）视图（V）世界（W）X Y Z Z 轴（ZA）] <世界>：

各选项的意义如下：

● 指定 UCS 的原点：使用一点、两点或三点定义一个新的 UCS。如果指定单个点，当前 UCS 的原点将会移动而不会更改 X、Y 和 Z 轴的方向。

● 面（Fe）：将 UCS 与三维实体的选定面对齐。要选择一个面，请在此面的边界内或面的边上单击，被选中的面将高亮显示，UCS 的 X 轴将与找到的第一个面上的最近的边对齐，坐标原点为做靠近的顶点。根据系统提示和"动态输入"菜单还可以控制新 UCS 的原点位置和坐标方向。

● 命名（NA）：按名称保存并恢复经常使用的 UCS，也可以按名称删除不再使用 UCS

并检索命名过的 UCS。

- 对象（OB）：根据选定的三维对象定义新的坐标系。该选项不能用于下列对象：三维多段线、三维网格和构造线。

对于大多数对象，新 UCS 的原点位于离选定对象最近的顶点处，并且 X 轴与一条边对齐或相切。对于平面对象，UCS 的 XY 平面与该对象所在的平面对齐。对于复杂对象，将重新定位原点，但是轴的当前方向保持不变。

- 上一个（P）：恢复上一个 UCS。AutoCAD 2014 可以保存创建的最后 10 个坐标系。重复"上一个"选项可以逐步返回到以前的一个 UCS。
- 视图（V）：以垂直于观察方向（平行于屏幕）的平面为 XY 平面，建立新的 UCS，原点保持不变。
- 世界（W）：将当前坐标系设置为世界坐标系。世界坐标系是所有用户坐标系的基准，不能被重新定义。它也是 UCS 命令的默认选项。
- X/Y/Z 选项：绕指定轴旋转当前 UCS。
- Z 轴：定义 Z 轴正向来确定 UCS。

此外，AutoCAD 2014 的 UCS 命令也支持以前版本的"新建"（N）和"移动"（M）选项。

新建 UCS 时，输入的坐标值和坐标的显示均是相对于当前的 UCS。

下面通过长方体上坐标系的变化来说明 UCS 命令的用法。首先以原点为基准建一个长方体。

（1）指定 UCS 的原点

命令：ucs ↵
当前 UCS 名称：*世界*
指定 UCS 的原点或 [面(F)/命名(NA)/对象(OB)/上一个(P)/视图(V)/世界(W)/X/Y/Z/Z 轴(ZA)] <世界>：（指定点 1）
指定 X 轴上的点或 <接受>：（指定点 2）
指定 XY 平面上的点或 <接受>：（指定点 3）

新建立的 UCS 如图 11-4a 所示。

（2）面（F）

命令：ucs ↵
当前 UCS 名称：*世界*
指定 UCS 的原点或 [面(F)/命名(NA)/对象(OB)/上一个(P)/视图(V)/世界(W)/X/Y/Z/Z 轴(ZA)] <世界>：F ↵
选择实体对象的面：（指定点 4）
输入选项 [下一个(N)/X 轴反向(X)/Y 轴反向(Y)] <接受>：↵

新建立的 UCS 如图 11-4b 所示。

（3）X

命令：ucs ↵
当前 UCS 名称：*世界*
指定 UCS 的原点或 [面(F)/命名(NA)/对象(OB)/上一个(P)/视图(V)/世界(W)/X/Y/Z/Z 轴(ZA)] <世界>：X ↵
指定绕 X 轴的旋转角度 <90>：↵

新建立的 UCS 如图 11-4c 所示。

（4）Z 轴（ZA）

命令：ucs ↵

当前 UCS 名称：*世界*

指定 UCS 的原点或 [面(F)/命名(NA)/对象(OB)/上一个(P)/视图(V)/世界(W)/X/Y/Z/Z 轴(ZA)] <世界>：ZA ↵

指定新原点或 [对象(O)] <0,0,0>：（指定点 5）

在正 Z 轴范围上指定点 <210,392,275>：（指定点 6）

新建立的 UCS 如图 11-4d 所示。

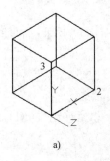 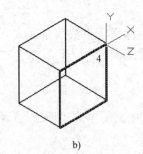 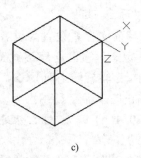 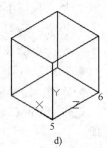

a)　　　　　　　　b)　　　　　　　　c)　　　　　　　　d)

图 11-4　新建用户坐标系统

a) 指定 UCS 的原点　b) 面　c) X 轴　d) Z 轴

11.3.2　命名 UCS 对话框

用户可以使用命名 UCS 对话框进行 UCS 管理和设置。

1. 命令输入方式

命令行：UCSMAN。

菜单栏：工具（T）→ 命名 UCS。

工具栏：UCS Ⅱ→匞。

命令别名：UC。

2. 操作步骤

使用上述方式打开"UCS 管理器"对话框。该对话框有 3 个选项卡："命名 UCS"、"正交 UCS"和"设置"。

（1）"命名 UCS"选项卡

如图 11-5 所示，"命名 UCS"选项卡列出了系统中目前已有的坐标系。1 和 2 是作者定义的两个坐标系。选中一个坐标系并单击"置为当前"按钮，可以把它设置为当前坐标系。单击"详细信息"按钮可以查看该坐标系的详细信息。

（2）"正交 UCS"选项卡

如图 11-6 所示，该选项卡列出了预设的正交 UCS，正交的基准面用来定义新 UCS 的XY 平面，选中一个预设的 UCS，单击"置为当前"按钮，可将其设置为当前的 UCS，也可以单击"详细信息"按钮查看详细信息，还可以从相对于下拉列表框中选择"新建 UCS"的参照坐标系。

图 11-5 "命名 UCS" 选项卡

图 11-6 "正交 UCS" 选项卡

（3）"设置" 选项卡

该选项卡有 "UCS 图标设置" 和 "UCS 设置" 两个选项组，如图 11-7 所示。

1）UCS 图标设置：其各选项功能如下。

- "开"（O）复选框：控制是否在屏幕上显示 UCS 图标。
- "显示于 UCS 原点"（D）复选框：控制 UCS 图标是否显示在坐标原点上。
- "应用到所有活动视口"（A）复选框：控制是否把当前 UCS 图标的设置应用到所有活动视口。
- "允许选择 UCS 图标" 复选框：当光标移动到 UCS 图标上时，控制 UCS 图标是否亮显，是否可以单击选择，是否可以访问 UCS 图标的节点。

2）UCS 设置：其各选项功能如下。

- "UCS 与视口一起保存"（S）复选框：控制是否把当前的 UCS 设置与视口一起保存。
- "修改 UCS 时更新平面视图"（U）复选框：控制当 UCS 改变时，是否恢复平面视图。

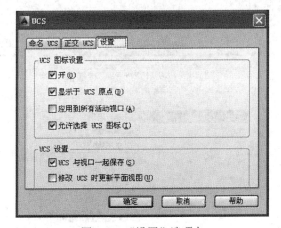

图 11-7 "设置" 选项卡

11.4 三维显示

AutoCAD 2014 有强大的显示功能。使用三维观察和导航工具，可以在图形中导航、为指定视图设置相机以及创建预览动画以及录制运动路径动画，可以围绕三维模型进行动态观察、回旋、漫游和飞行，用户可以将这些分发给其他人以从视觉上传达设计意图，与其他人共享设计。

11.4.1 视图管理器

1. 命令输入方式

命令行：VIEW。

菜单栏：视图（V）→命名视图。

工具栏：视图→ 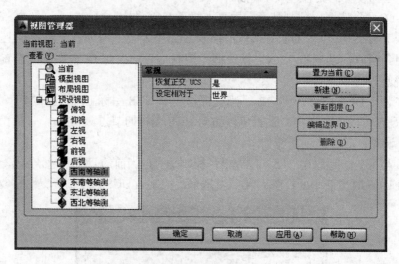。

2. 操作步骤

在命令行输入"VIEW"后，激活"视图管理器"对话框，如图 11-8 所示。从中可以选择要显示的视图，单击"置为当前"按钮把它设置为当前视图，执行该操作也可以选择"视图"→"三维视图"菜单命令或单击"视图"工具栏上的相应按钮来完成，如图 11-9 和图 11-10 所示。

图 11-8 "视图管理器"对话框

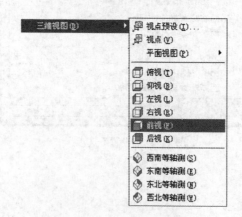

图 11-9 "三维视图"菜单

图 11-10 "视图"工具栏

三维视图包括预设的 6 个基本视图:"俯视"(T)、"仰视"(B)、"左视"(L)、"右视"(R)、"前视"(F)、"后视"(K) 和 4 个轴测图("西南等轴测"(S)、"东南等轴测"(E)、"东北等轴测"(N)、"西北等轴测"(W)),基本可以满足观察模型的需要。

通过"视图管理器"对话框,用户可以根据需要新建视图或删除选定的视图,更新与选定的视图一起保存的图层信息,使其与当前模型空间和图纸空间中的图层可见性匹配,以及显示命名视图的边界。

11.4.2 视点预设

视点表示用户观察图形和模型的方向。默认的视点坐标是(0,0,1)。用户可以通过视点预置(DDVPOINT)改变视点坐标。"视点预设"对话框使用两个参数定义视点:一是视点与坐标原点的连线在 XY 平面上投影与 X 轴的夹角,另一个是连线与 XY 平面的夹角。

1. 命令输入方式

命令行:DDVPOINT。

菜单栏:视图(V)→三维视图→视点预设。

命令别名:VP。

2. 操作步骤

执行该命令后,屏幕弹出"视点预设"对话框,如图 11-11 所示。"视点预设"对话框中左侧图形代表视点与坐标原点连线在 XY 平面投影与 X 轴正向的夹角。右侧图形代表连线与 XY 平面的夹角。

● "绝对于 WCS"单选按钮:表示视点参照世界坐标系定义。
● "相对于 UCS"单选按钮:表示视点参照用户坐标系定义。
● "自 X 轴"文本框:设置与 X 轴的夹角。
● "自 XY 平面"文本框:设置与 XY 平面的夹角。
● "设置为平面视图"按钮:以能观察到参照坐标系的 XY 平面视图方向来设置观察方向。

11.4.3 使用命令行设置视点

用户还可以使用"视点"命令设置视点。

1. 命令输入方式

命令行:VPOINT。

菜单栏:视图→三维视图→视点。

命令别名:-VP。

2. 操作步骤

命令:VPOINT ↵

*** 切换至 WCS ***

当前视图方向: VIEWDIR=0.0000, -1.0000, 0.0000

指定视点或 [旋转(R)] <显示坐标球和三轴架>:设置观察方向

各选项说明如下。

● 指定视点：直接指定视点的坐标值。

● 旋转：设置两个角度来定义新的观察方向，第一个角度指定视点与坐标原点的连线在 XY 平面上投影与 X 轴的夹角，第二个角度指定连线与 XY 平面的夹角。相对于"UCS"单选框：表示视点参照用户坐标系定义。

● 显示坐标球和三轴架：默认选项，使用坐标球和三轴架来确定视点，执行该选项时，屏幕会显示如图 11-12 所示的坐标球和三轴架。其中坐标球是球体的二维表现方式。中心点是 Z 轴正向，内环是 XY 平面，整个外环是南极 Z 轴负向。用鼠标移动十字光标时，三轴架根据坐标球指示的观察方向旋转。要选择观察方向，在确定位置单击即可。

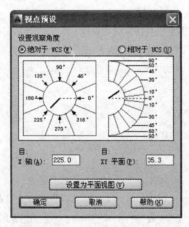

图 11-11 "视点预设"对话框

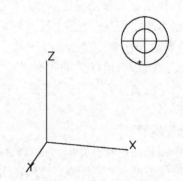

图 11-12 利用坐标球、三轴架设置视点

11.4.4 平面视图

用户可以通过命令将视点定义为显示用户坐标系的 XY 平面视图，类似于"视点预设"对话框中的"设置为平面视图"功能。

1．命令输入方式

命令行：PLAN。

菜单栏：视图 → 三维视图 → 平面视图。

2．操作步骤

命令：PLAN ↵

输入选项 [当前 UCS(C)/UCS(U)/世界(W)] <当前 UCS>：输入选项或 ↵

通过选项设置，可以显示当前坐标系、命名坐标系、世界坐标系的 XY 平面视图。

11.4.5 相机

用户可以在模型空间中放置相机和根据需要调整相机设置来定义三维视图。

1．命令输入方式

命令行：CAMERA。

菜单栏：视图→创建相机。

工具栏：视图→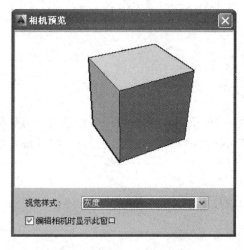。

2．操作步骤

命令：CAMERA ↵

当前相机设置：高度=0 镜头长度=50 毫米

指定相机位置：定义一点放置相机

指定目标位置：定义一点放置相机目标点

输入选项 [?/名称(N)/位置(LO)/高度(H)/目标(T)/镜头(LE)/剪裁(C)/视图(V)/退出(X)] <退出>：输入选项或 ↵

输入选项说明：

- ?：显示当前已定义的相机的列表。
- 名称（N）：给新相机命名。
- 位置（LO）：指定相机的位置。
- 高度（H）：更改相机高度。
- 目标（T）：指定相机的目标。
- 镜头（LE）：更改相机的焦距，焦距以毫米为单位。
- 剪裁（C）：定义前后剪裁平面并设置它们的值，剪裁平面用以确定相机视图的前后边界。在相机视图中，将隐藏相机与前向剪裁平面之间的所有对象，同时将隐藏后向剪裁平面之后的所有对象。
- 视图（V）：设置当前视图与相机匹配，即显示为相机视图。
- 退出（X）：默认选项，退出命令，完成相机的创建。

用户在选择相机时，会弹出"相机预览"对话框，如图 11-13 所示。同时显示相机的"夹点"，用户可以使用"夹点"来编辑相机的位置、目标或焦距，用户还可以访问相机"特性"选项板更改相机的参数，如图 11-14 所示，该选项板可以通过双击相机打开。

图 11-13 "相机预览"对话框

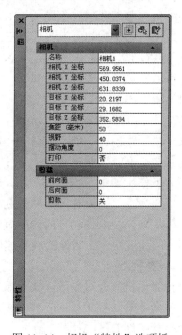

图 11-14 相机"特性"选项板

在 AutoCAD 系统中，设置相机相当于设置观察点，主要用于创建并保存对象的三维透视视图。

11.4.6　三维动态观察

前面介绍的几种观察模式操作比较精确，但是视点的设置很繁琐。AutoCAD 系统提供了一些交互的动态观察器，既可以查看整个图形，也可以从不同方向查看模型中的任意对象。

1．受约束的动态观察

将动态观察约束到 XY 平面或 Z 方向。

（1）命令输入方式

命令行：3DORBIT。

菜单栏：视图→动态观察→受约束动态观察。

工具栏：三维导航→ 🜨。

命令别名：3DO，ORBIT。

（2）操作步骤

三维动态观察器显示一个弧线球，在屏幕上移动光标即可旋转观察三维模型。

2．自由动态观察

允许沿任意方向进行动态观察。

（1）命令输入方式

命令行：3DFORBIT。

菜单栏：视图→动态观察→自由动态观察。

工具栏：三维导航→ Ⓞ。

（2）操作步骤

三维自由动态观察视图显示一个导航球，它被更小的圆分成 4 个区域，分别对应不同的旋转方式，移动光标即可旋转观察三维模型。

3．连续动态观察

允许沿任意方向进行动态观察。

（1）命令输入方式

命令行：3DCORBIT

菜单栏：视图 → 动态观察 → 连续动态观察。

工具栏：三维导航→ Ⓞ。

（2）操作步骤

激活该命令后，光标的形状改为两条实线环绕的球形。用户可以按住左键并沿任何方向拖动光标，则模型沿拖动方向开始旋转，释放鼠标后，对象在指定的方向上继续旋转运动，光标移动的速度决定了对象的旋转速度。

4．调整视距

模拟将相机靠近对象或远离对象来改变观察角度。

（1）命令输入方式

命令行：3DDISTANCE。

菜单栏：视图 → 相机→ 调整视距。

工具栏：调整视距→ 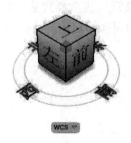。

（2）操作步骤

激活该命令后，光标更改为具有上箭头和下箭头的直线。单击并向屏幕顶部垂直拖动光标使相机靠近对象，从而使对象显示得更大。单击并向屏幕底部垂直拖动光标使相机远离对象，从而使对象显示得更小。

5．回旋

模拟回旋相机观察对象的效果。

（1）命令输入方式

命令行：3DSWIVEL。

菜单栏：视图→相机→回旋。

工具栏：回旋→ 。

（2）操作步骤

执行该命令后，光标变为圆弧形箭头，可模拟回旋相机的效果。

11.4.7　ViewCube

ViewCube 是用户在二维模型空间或三维视觉样式中处理图形时显示的导航工具。通过 ViewCube，用户可以在标准视图和等轴测视图间切换。显示 ViewCube 时，它将显示在模型上绘图区域中的一个角上，且处于非活动状态。默认情况下 ViewCube 处于半透明状态，不会遮挡图形对象的显示，如图 11-15 所示。当光标放置在 ViewCube 工具上时，它将变为活动状态。默认情况下 ViewCube 是不透明的。

通过设置，ViewCube 是持续存在的图形区，通过单击和拖动来操作，ViewCube 的顶点、边线和面都可以是操作对象，通过 ViewCube 用户可以很方便地将当前视图在标准视图和轴测图等预设视图之间切换，可以将坐标系在 WCS 以及用户命名的 UCS 之间切换，也可以新建 UCS，操作起来非常灵活。

ViewCube 工具将在视图更改时提供有关模型当前视点的直观反映。通过 ViewCube 提供的快捷菜单，用户还可以很方便地将当前视图更改为透视图或设置为主视图。ViewCube 的快捷菜单如图 11-16 所示。通过该菜单，用户也可以对 ViewCube 进行设置。

图 11-15　ViewCube

图 11-16　ViewCube 快捷菜单

11.4.8　模型显示

显示三维模型时，除了视点设置之外，图形的显示类型也是影响显示结果的一个重要因素。在 AutoCAD 中，可以用线框、消隐、着色、渲染这几种方式显示模型。

在线框显示的模型中，由于所有的边和素线都是可见的，因此很难分辨出是从模型的那个方向进行观察的。

消隐可增强图形功能并澄清设计。消隐后的三维模型不显示不可见面，模型的立体感更强。

着色可生成更真实的模型图像，着色在消隐的同时为可见面指定颜色。

渲染添加和调整了光源并为表面附着上材质以产生真实效果，使图像的真实感进一步增强。图 11-17 是 4 种显示类型的对照。

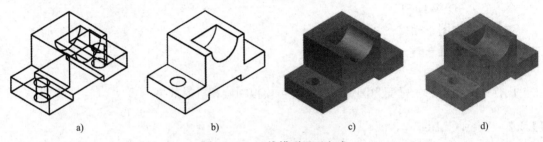

a)　　　　　　　　b)　　　　　　　　c)　　　　　　　　d)

图 11-17　三维模型显示方式

a) 线宽显示　b) 消隐显示　c) 着色模型　d) 渲染模型

1. 隐藏

命令输入方式：

命令行：HIDE。

菜单栏：视图（V）→隐藏。

工具栏：渲染→⬡。

命令别名：HI。

在处理图形时，消隐图形是比较简单的。创建或编辑图形时，处理的是对象或曲面的线框图。消隐操作把被前景对象遮掩的背景对象隐藏起来，从而使图形的显示更加简洁，设计更加清晰，但不能编辑消隐或渲染后的视图。

2. 着色

在 AutoCAD 中，给图形着色通过设置视觉样式来实现，视觉样式是一组自定义设置，用来控制当前视口中三维实体和曲面的边、着色、背景和阴影的显示。

（1）命令输入方式

命令行：VISUALSTYLES。

菜单栏：视图→视觉样式。

工具栏：视觉样式→▨⊗⊗●●▣。

（2）操作步骤

在命令行键入"VISUALSTYLES"，将弹出"视觉样式管理器"面板，如图 11-18 所示，用来修改和设置着色的具体样式，并将其应用到当前视图，"视觉样式管理器"面板中常用的有以下特性面板和按钮。

1）图形中可用的视觉样式：AutoCAD 2014 预设了 10 种显示三维模型的方式：二维线框、概念、隐藏、真实、着色、带边缘着色、灰度、勾画、三维线框和 X 射线。选择任意一种可用的视觉样式，下方会出现对应的设置参数，从中用户可以进行个性化设置，用鼠标双击某种样式，即可将这种样式应用到当前视图。

图 11-18 "视觉样式管理器"面板

- 二维线框：显示用直线和曲线表示边界的对象，光栅和 OLE 对象、线型和线宽均可见。
- 概念：着色多边形平面间的对象，并使对象的边平滑化，着色使用一种冷色到暖色的过渡而不是从深色到浅色的过渡，效果缺乏真实感，但是可以更方便地查看模型的细节。
- 隐藏：显示用三维线框表示的对象并隐藏表示不可见的线条。
- 真实：着色多边形平面间的对象，并使对象的边平滑化，将显示已附着到对象的材质。
- 着色：使用平滑着色显示对象。
- 带边缘着色：使用平滑着色和可见边显示对象。
- 灰度：使用平滑着色和单色灰度显示对象。
- 勾画：使用线延伸和抖动边修改器显示手绘效果的对象。
- 三维线框：通过使用直线和曲线表示边界的方式显示对象。
- X 射线：以局部透明度显示对象。
2）着色：
3）面设置：控制面在视口中的外观。
4）光源：控制与光源相关的效果
5）环境设置：控制阴影和背景的显示。

6）边设置：控制边的显示方式。

- 🎨：创建新的视觉样式。
- 📋：将选定的视觉样式应用到当前视口。
- 🔍：将选定的视觉样式输出到工具选项板。
- 🔍：删除用户自定义的视觉样式。

11.4.9 渲染

渲染用于创建三维模型的照片级真实感着色图像，它使用已设置的光源、已应用的材质和环境设置（例如背景和雾化）为场景中的三维模型着色。渲染后的图形比简单的消隐或着色图像更加清晰。渲染一般包括以下步骤：

1）准备好要渲染的模型，包括采用适当的绘图技术、消除隐藏面、构造平滑着色所需的网格。

2）设置渲染器，包括设置渲染目标，输出分辨率，调整采样以提高图像质量等。

3）照明设置，包括创建和放置光源、创建阴影。

4）添加颜色，包括定义场景背景、调整材质、指定材质和可见表面的关系。

5）渲染，一般需要通过若干中间步骤检验渲染模型、照明和颜色才能获得满意的效果。

上述步骤只是概念上的划分，在实际渲染过程中，这些步骤通常结合使用，也不一定非要按照上述顺序进行。图 11-19 所示为三维实体渲染后的效果图。

1. 高级渲染设置

（1）命令输入方式

命令行：RPREF。

菜单栏：视图（V）→渲染→高级渲染设置。

工具栏：渲染→🖼。

（2）操作步骤

在命令行输入"RPREF"命令后，会弹出"高级渲染设置"面板，如图 11-20 所示。

- "渲染预设"下拉列表：预设了五个标准的渲染级别，质量从低到高分别为"草稿"、"低"、"中"、"高"和"演示"。
- 输出目标：可以将图像输出到文件、渲染窗口或当前视口。
- 材质：设置渲染器处理材质方式。
- 采样：控制渲染器执行采样的方式。
- 阴影：设置阴影在渲染图像中的显示方式。
- 光线跟踪：设置渲染图像的着色方式。
- 全局照明：设置场景的照明方式。
- 最终采集：设置计算全局照明的方式。
- 光源特性：设置计算间接发光时光源的操作方式。默认情况下，能量和光子设置可应用于同一场景中的所有光源。

2. 背景

AutoCAD 2014 中，背景与命名视图或相机相关联，并且与图形一起保存。所以，要改变图像的背景，必须先在模型空间新建命名视图。为命名视图设置背景的步骤如下。

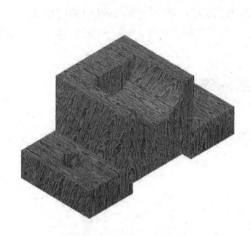

图 11-19　渲染三维实体

图 11-20　"高级渲染设置"面板

1）打开"视图管理器"对话框，如图 11-8 所示。

2）在"视图管理器"中，从"模型视图"列表中选择现有的命名视图。

3）在"常规"面板上，单击"背景替代"列表并选择"纯色"、"渐变色"、"图像"，或"编辑"，并在弹出的"背景"对话框中，设置颜色或选择要用作背景的位图图像，单击"确定"按钮

4）单击"确定"按钮关闭"视图管理器"对话框。

除此之外，通过调用相关的命令、工具栏按钮或菜单，用户可以创建和设置灯光，在材质编辑器设置材质，最终将模型输出为具有照片真实感的图像。

11.5　多视口管理

为了更好地观察和编辑三维图形，用户可以根据需要把屏幕分割成几个视口，可以分别控制各个视口的显示方式。在模型空间可以通过对话框和命令行进行多视口（VPORTS）设置。

11.5.1　通过对话框设置多视口

1．命令输入方式

命令行：VPORTS。

菜单栏：视图（V）→视口→命名视口。

工具栏：视口→　。

2．操作步骤

执行命令后，打开如图 11-21 所示的"视口"对话框，包括"新建视口"、"命名视口"

两个选项卡。

1) "新建视口"选项卡

"新建视口"选项卡显示标准视口配置列表和配置平铺视口。各选项功能如下。

- "新名称"(N)文本框：设置新创建的平铺视口配置的名称。
- "标准视口"(V)下拉列表：列出可用的标准视口配置，其中包括当前配置。
- "预览"窗口：预览选定视口的图像，以及在配置中被分配到每个独立视口的默认视图。

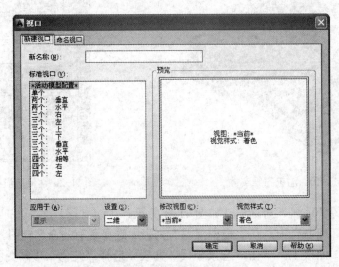

图 11-21 "视口"对话框

- "应用于"(A)下拉列表：表示将平铺的视口配置应用到整个显示窗口或当前视口。
- "设置"(S)下拉列表：用来指定使用二维或三维显示。如果选择二维，则在所有视口中使用当前视图来创建新的视口配置。如果选择三维，可以用一组标准正交三维视图配置视口。
- "修改视图"(C)下拉列表：可以从下面列表中已有的视口配置中选择一个来代替当前选定的视口配置。

2) "命名视口"选项卡：显示图形中所有已保存的视口配置，如图 11-22 所示。

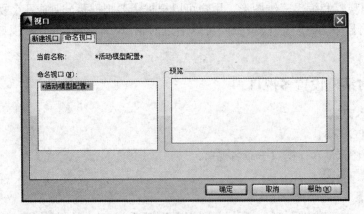

图 11-22 "命名视口"选项卡

当前名称：显示当前视口配置的名称。

例如在图 11-21 中选择标准视口列表中的"三个：右"选项，在"设置"下拉列表选择"三维"选项，则可以分别调整三个视口的视图和视觉样式。如选中左上视口，调整其视图为前视，视觉样式为二维线框；选中左下视口调整其视图为俯视，视觉样式为二维线框；选中右侧视口调整它的视图为西南等轴测，视觉样式为"3D Hidden"；单击"确定"按钮，屏幕显示如图 11-23 所示。

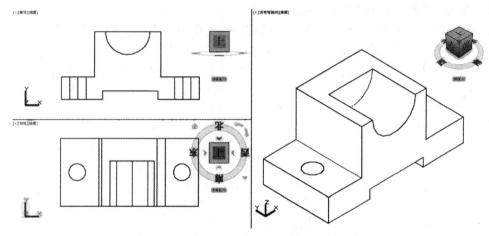

图 11-23　设置多视区

11.5.2　使用命令行设置多视口

如果在模型空间的命令提示下输入"-VPORTS"，则可以使用命令行设置多视口。

> 命令：　-VPORTS↵
>
> 输入选项 [保存(S)/恢复(R)/删除(D)/合并(J)/单一(SI)/?/2/3/4] <3>：输入选项或 ↵
>
> 输入配置选项 [水平(H)/垂直(V)/上(A)/下(B)/左(L)/右(R)] <右>：输入配置选项或 ↵

各选项功能如下。

- 保存（S）：使用指定的名称保存当前视口配置。
- 恢复（R）：恢复以前保存的视口配置。
- 删除（D）：删除命名的视口配置。
- 合并（J）：将两个邻接的视口合并为一个较大的视口。得到的视口将继承主视口的视图。
- 单一（SI）：将图形返回到单一视口的视图中，该视图使用当前视口的视图。
- ?：显示活动视口的标识号和屏幕位置。
- 2：将当前视口拆分为相等的两个视口。
- 3：将当前视口拆分为三个视口。
- 4：将当前视口拆分为大小相同的四个视口。
- 水平(H)/垂直(V)/上(A)/下(B)/左(L)/右(R)："水平"和"垂直"选项将视口分为相等的部分，并指定排列方式。"上"、"下"、"左"、和"右"选项指定通常用来指定较大视口的位置。

此外，在模型空间，用户可以通过"视口"工具栏：□◥◙□将视口恢复为单个视口、开始多边形视口、设置以某个二维对象为边界的视口和剪裁视口。另外，"-VPORTS"命令也适用于图纸空间。

11.6 习题

1. 熟悉用户坐标系的新建和定制。

2. 熟悉三维显示方法，练习基本的三维视图导航命令，并在绘图过程中能灵活运用。

3. 练习渲染方法，将 AutoCAD 三维图形输出为彩色图片。

4. 设置屏幕为四个视区，并分别显示三维对象的主视图、俯视图、左视图和西南轴测图。

第12章 三 维 建 模

本章主要内容
● 创建基本实体
● 使用二维对象生成三维实体或曲面
● 使用布尔运算创建复杂实体
● 编辑三维实体
● 创建网格对象

AutoCAD 2014 中除了具有强大的二维绘图功能之外，其三维建模功能也非常全面。既可以使用长方体、圆柱体、球体、棱锥体等基本命令实现简单几何体的建模，也可以通过对二维截面图形进行拉伸、旋转、扫掠等操作实现基于特征的建模。而通过对已经生成的三维实体模型进行交集、并集和差集的布尔运算则可以生成更复杂的零件模型。

12.1 创建基本实体

AutoCAD 2014 提供的三维基本实体有"多段体"（POLYSOLID）、"长方体"（BOX）、"球体"（SPHERE）、"圆柱体"（CYLINDER）、"圆锥体"（CONE）、"楔体"（WEDGE）、"圆环体"（TORUS）和"棱锥体"（PYRAMID）。绘制三维实体的"绘图"菜单与工具栏如图12-1所示。

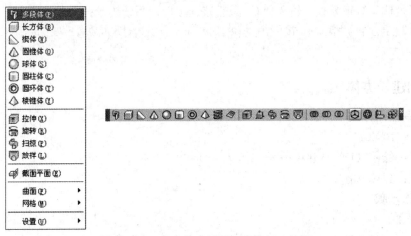

图 12-1 三维实体"绘图"菜单与工具栏

12.1.1 创建多段体

1. 命令输入方式

命令行：POLYSOLID。

菜单栏：绘图（D）→建模→多段体。

工具栏：建模→ ![图标]。

2．操作步骤

使用"POLYSOLID"命令绘制实体的方法与绘制多线段一样。

> 命令：POLYSOLID↵
>
> 高度＝80.0000，宽度＝5.0000，对正＝居中
>
> 指定起点或 [对象(O)/高度(H)/宽度(W)/对正(J)] <对象>：（指定多段体的起点）
>
> 指定下一个点或 [圆弧(A)/放弃(U)]：（指定多段体的下一个点）
>
> 指定下一个点或 [圆弧(A)/放弃(U)]：（指定多段体的下一个点）
>
> 指定下一个点或 [圆弧(A)/闭合(C)/放弃(U)]：（指定多段体的下一个点）

绘制如图 12-2 所示的多段体。

其他各选项含义如下。

（1）对象

将一个已知的二维对象转换为多段体。输入
"O"激活该选项后，系统提示：

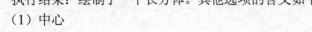

图 12-2　绘制的多段体

> 选择对象：（选择要转换为实体的对象）

（2）高度

设置多段体的高度。输入"H"激活该选项后，系统提示：

> 指定高度 <80.0000>：（输入多段体的高度值）

（3）宽度

设置多段体的宽度。输入"W"激活该选项后，系统提示：

> 指定高度 <40.0000>：（输入多段体的宽度值）

（4）对正

设置多段体的对正方式。输入"J"激活该选项后，系统提示：

> 输入对正方式 [左对正(L)/居中(C)/右对正(R)] <居中>：（输入对正方式的选项或按〈ENTER〉键指定
> 居中对正）

12.1.2　创建长方体

1．命令输入方式

命令行：BOX。

菜单栏：绘图（D）→建模→长方体。

工具栏：建模→ ![图标]。

2．操作步骤

> 命令：BOX.↵
>
> 指定第一个角点或 [中心(C)]：(指定第一个角点) ↵
>
> 指定其他角点或 [立方体(C)/长度(L)]：（指定第二个角点）
>
> 指定高度或 [两点(2P)] <45>：(输入长方体高度值) ↵

执行结果：绘制了一个长方体。其他选项的含义如下：

（1）中心

命令：BOX↵

指定第一个角点或 [中心(C)]: C↵

指定中心:(指定长方体的中心)↵

指定角点或 [立方体(C)/长度(L)]: (指定一个角点)↵

ⓘ 注意

如果指定的角点与中心点的 Z 坐标值相同，则还要求指定长方体的高度。

（2）立方体

在键盘上输入"C"系统建立一个立方体，此时系统提示：

指定长度 <30>:（输入立方体的边长）↵

（3）长度

在键盘上输入"L"系统建立一个立方体，此时系统提示：

指定长度 <30>:（指定长度）↵

指定宽度 <50>:（指定宽度）↵

指定高度或 [两点(2P)] <60>:（指定高度）↵

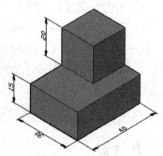

【例】 创建如图 12-3 所示的长方体和立方体。

命令: BOX

指定第一个角点或 [中心(C)]: （指定第一个角点）↵

指定其他角点或 [立方体(C)/长度(L)]: @40,30,0↵

指定高度或 [两点(2P)] <100>: 15↵

命令:BOX

指定第一个角点或 [中心(C)]:（捕捉第一个长方体的右上后角点）↵

指定其他角点或 [立方体(C)/长度(L)]: C↵

指定长度 <10.0000>: 20↵

图 12-3 长方体和立方体

12.1.3 创建球体

1. 命令输入方式

命令行：SPHERE。

菜单栏：绘图（D）→建模→球。

工具栏：建模→◯。

2. 操作步骤

命令: SPHERE↵

指定中心点或 [三点(3P)/两点(2P)/相切、相切、半径(T)]:（指定球体球心点）↵

指定半径或 [直径(D)]:（输入半径值）↵

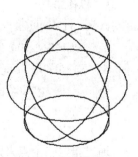

这里也可输入"D"回应，再输入直径值。执行结果为图 12-4 所示的球体。

其他选项含义如下：

（1）三点

图 12-4 球体

通过在三维空间的任意位置指定三个点来定义球体的圆周。三个指定点也可以定义圆周平面。

在键盘上输入"3P"此时系统提示：

指定第一点: 指定圆周上第 1 点↙

指定第二点: 指定圆周上第 2 点↙

指定第三点: 指定圆周上第 3 点↙

（2）两点

通过在三维空间的任意位置指定两个点来定义球体的圆周。第一点的 Z 值定义圆周所在平面。

在键盘上输入"2P"此时系统提示：

指定直径的第一个端点: 指定圆周上第 1 点↙

指定直径的第二个端点: 指定圆周上第 2 点↙

（3）相切、相切、半径

通过指定半径定义可与两个已知对象相切的球体。

在键盘上输入"T"此时系统提示：

指定对象上的点作为第一个切点: 在对象上选择一个点

指定对象上的点作为第二个切点: 在对象上选择一个点

指定半径 <默认值>: （输入半径值）↙

注意

最初，默认半径未设置任何值。在绘制图形时，半径默认值始终是先前输入的任意实体图元的半径值。

12.1.4　绘制圆柱体

1．命令输入方式

命令行：CYLINDER。

菜单栏：绘图（D）→建模→圆柱。

工具栏：建模→🔲。

2．操作步骤

命令: CYLINDER↙

指定底面的中心点或 [三点(3P)/两点(2P)/相切、相切、半径(T)/椭圆(E)]: （指定圆柱底面中心点）↙

指定底面半径或 [直径(D)] <50>: （输入底面半径值）↙

指定高度或 [两点(2P)/轴端点(A)]: （输入高度值）↙

执行结果：绘制一个圆柱体。其他选项的含义如下：

（1）三点

通过指定三个点来定义圆柱体的底面周长和底面。

在键盘上输入"3P"，系统提示如下：

指定第一点: （指定圆周上第 1 点）↙

指定第二点: （指定圆周上第 2 点）↙

指定第三点：（指定圆周上第 3 点）↵

指定高度或 [两点(2P)/轴端点(A)] <默认值>：（输入高度值）↵

其他选项含义如下：

1）两点：指定圆柱体的高度为两个指定点之间的距离。

在键盘上输入"2P"，系统提示：

指定第一个点：（指定第 1 点）

指定第二个点：（指定第 2 点）

2）轴端点：指定圆柱体轴的端点位置。此端点是圆柱体的顶面中心点。轴端点可以位于三维空间的任何位置。轴端点定义了圆柱体的长度和方向。

在键盘上输入"A"，系统提示：

指定轴端点：指定点

（2）两点

通过指定两个点来定义圆柱体的底面直径。

在键盘上输入"2P"，系统提示如下：

指定直径的第一个端点：（指定圆周上第 1 点）↵

指定直径的第二个端点：（指定圆周上第 2 点）↵

指定高度或 [两点(2P)/轴端点(A)] <默认值>：（指定高度、输入选项或按〈ENTER〉键使用默认高度值）↵

（3）相切、相切、半径

定义具有指定半径，且与两个对象相切的圆柱体底面。

在键盘上输入"T"此时系统提示：

指定对象上的点作为第一个切点：（选择第一个对象上的点）↵

指定对象上的点作为第二个切点：（选择第二个对象上的点）↵

指定底面半径 <默认值>：（指定底面半径，直接按〈Enter〉键使用默认值）↵

指定高度或 [两点(2P)/轴端点(A)] <默认值>：（指定高度）↵

（4）椭圆

此选项可以绘制底面为椭圆的圆柱体。

在键盘上输入"E"此时系统提示：

指定第一个轴的端点或 [中心(C)]：（指定点第 1 个轴的 1 个端点）↵

指定第一个轴的另一个端点：（指定点第 1 个轴的另 1 个端点）↵

指定第二个轴的端点：（指定点第 2 个轴的 1 个端点）↵

指定高度或 [两点(2P)/轴端点(A)] <默认值>：（指定高度）↵

图 12-5 所示是圆柱与椭圆柱实体的实例。

图 12-5　圆柱与椭圆柱

12.1.5 绘制圆锥体

创建一个圆锥体或椭圆锥体。

1. 命令输入方式

命令行：CONE。

菜单栏：绘图（D）→建模→圆锥体。

工具栏：建模→⬡。

2. 操作步骤

命令: CONE↵

指定底面的中心点或 [三点(3P)/两点(2P)/相切、相切、半径(T)/椭圆(E)]:（指定底面圆的中心点）↵

指定底面半径或 [直径(D)] <60>:（输入底面半径）↵

指定高度或 [两点(2P)/轴端点(A)/顶面半径(T)] <80>:T（输入高度）↵

指定顶面半径 <0.0000>:（输入顶面半径）↵

指定高度或 [两点(2P)/轴端点(A)] <80>:（指定高度）↵

执行结果：如果顶面半径不为 0，可以绘制一个圆台。

其他各选项的含义如 12.1.4 所述。图 12-6 是圆锥与椭圆台实例。

图 12-6 圆锥与椭圆台

12.1.6 楔体

1. 命令输入方式

命令行：WEDGE。

菜单栏：绘图（D）→建模→楔体。

工具栏：建模→◪。

2. 操作步骤

楔形体的创建方法与长方体比较类似，它相当于把长方体沿体对角线切取一半后得到的实体。具体创建方法可参照"BOX"命令的使用。图 12-7 是楔体的实例。

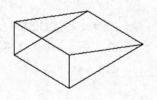

图 12-7 楔体

12.1.7 圆环体

1. 命令输入方式

命令行：TORUS。

菜单栏：绘图（D）→建模→圆环。

工具栏：建模 → ◎。

命令别名：TOR

2．操作步骤

命令：TORUS↵

指定中心点或 [三点(3P)/两点(2P)/相切、相切、半径(T)]:（指定一点为圆环体中心）↵

指定半径或 [直径(D)] <20.0000>:（输入圆环体半径值）↵

指定圆管半径或 [两点(2P)/直径(D)]:（输入圆管半径值）↵

各选项含义如前所述。图 12-8 是圆环体的实例。

如果圆管半径大于圆环半径，则圆环体无中心孔。就像一个两极凹陷的球体如图 12-9a 所示；如果圆环半径为负值，圆管半径绝对值必须大于圆环半径绝对值，此时将生成一个类似橄榄球的实体，如图 12-9b 所示。

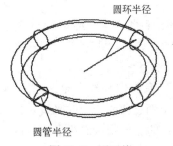

图 12-8　圆环体

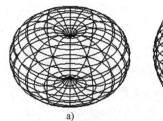

a)　　　　　　　　　　b)

图 12-9　特殊圆环体

a) 圆管半径大于圆环半径　b) 圆环半径为负值，圆管半径绝对值大于圆环半径绝对值

12.1.8　棱锥面

1．命令输入方式

命令行：PYRAMID。

菜单栏：绘图（D）→建模→棱锥面。

工具栏：建模→△。

命令别名：PYR。

2．操作步骤

命令: PYRAMID↵

4 个侧面外切

指定底面的中心点或 [边(E)/侧面(S)]:（指定底面中心）↵

指定底面半径或 [内接(I)] <10>:（指定底面半径）↵

指定高度或 [两点(2P)/轴端点(A)/顶面半径(T)] <25>:（指定高度）↵

执行结果：绘制一个棱锥面。

边、侧面、内接各选项含义如下：

1）边：指定棱锥体底面一条边的长度绘制棱锥面。

在"指定底面的中心点或 [边(E)/侧面(S)]:"提示下，输入"E"系统提示：

指定边的第一个端点:（指定底边的第一个端点）↵

2）侧面：指定棱锥面的侧面数。

在"指定底面的中心点或 [边(E)/侧面(S)]:"提示下，输入"S"系统提示：

3）内接：指定棱锥面底面内接于（在内部绘制）以底面半径值为半径的圆。

在"指定底面半径或 [内接(I)] <48>:"提示下，输入"I"，系统接着提示：

如果此时输入"C"，则棱锥面底面外切于以"底面半径值"为半径的圆。

其他各选项的含义同 12.1.5 所示。

12.2　由二维对象创建三维实体或表面

利用基本实体创建三维实体方便、简单，但是生成的实体模型种类有限。AutoCAD 2014 可以通过对二维对象进行"拉伸"（EXTRUDE）、"旋转"（REVOLVE）、"扫掠"（SWEEP）、"放样"（LOFT）操作生成更为复杂多样的三维实体或表面。

在早期的版本中，"拉伸"、"旋转"、"扫掠"、"放样"等操作只能创建实体。从 AutoCAD 2007 以后，这些操作不仅可以创建实体，也可以用来创建曲面。一般来讲，如果用于拉伸、旋转、扫掠、放样的轮廓形状（横截面）如果是闭合的，如闭合二维多义（段）线或面域等，将创建实体；如果轮廓形状是开放的，将创建曲面。

12.2.1　拉伸

为二维对象添加厚度，创建三维实体或曲面。用户可以按指定高度或沿指定路径拉伸对象。

1．命令输入方式

命令行：EXTRUDE。

菜单栏：绘图（D）→建模→拉伸。

工具栏：建模 → ⬚。

命令别名：EXT。

2．操作步骤

可拉伸对象包括：直线、圆弧、椭圆弧、二维多段线、二维样条曲线、圆、椭圆、三维面、二维实体、宽线、面域、平面曲面、和实体上的平面等。

如果拉伸闭合对象，则生成的对象为实体。如果拉伸开放对象，则生成的对象为曲面。

如图 12-10 所示。

默认的拉伸方向为当前坐标的 Z 轴。正值为正向拉伸，负值为负向拉伸对象。

其他选项含义如下。

（1）方向

通过指定的两点指定拉伸的长度和方向。

在"指定拉伸的高度或 [方向(D)/路径(P)/倾斜角(T)]"提示下，输入"D"，系统接着提示：

图 12-10　拉伸

> 指定方向的起点:（指定点）↵
>
> 指定方向的端点:（指定点）↵

（2）路径

指定路径拉伸。

在"指定拉伸的高度或 [方向(D)/路径(P)/倾斜角(T) /表达式(E)]"提示下，输入"P"，系统接着提示：

> 选择拉伸路径或 [倾斜角(T)]:（指定拉伸的路径）↵

这个路径可以是直线、圆、圆弧、椭圆、椭圆弧、二维多段线、三维多段线、二维样条曲线、二维样条曲线、实体的边、曲面的边或螺旋等。

路径不能与要拉伸的对象在同一个平面内，但路径应该有一个端点在拉伸对象所在的平面上。

（3）倾斜角

指定拉伸的倾斜方向。

在"指定拉伸的高度或 [方向(D)/路径(P)/倾斜角(T) /表达式(E)]"，或者在"选择拉伸路径或 [倾斜角(T)]" 提示下，输入"P"，系统接着提示：

> 指定拉伸的倾斜角 <0>:（指定倾斜的角度）↵

倾斜角度必须在-90°～90°。正角度表示向内倾斜，负角度则表示向外倾斜。默认倾斜角度为 0。如果倾斜角度不合适，使得在没有到达指定高度之前，有相交发生，则不能生成对象。对圆弧进行带有倾斜角的拉伸时，圆弧的半径会改变。此外样条曲线的倾斜角只能为 0。图 12-11 为倾角为 0°、20°、-20°的拉伸结果。

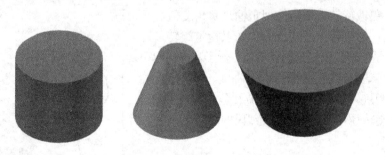

图 12-11　倾斜拉伸二维对象

（4）表达式

通过输入公式或方程式以指定拉伸高度。

12.2.2 旋转

通过绕一个轴旋转二维对象来创建三维实体或曲面。

1. 命令输入方式

命令行：REVOLVE。

菜单栏：绘图（D）→建模→旋转。

工具栏：建模 →🗔。

命令别名：REV。

2. 操作步骤

命令: REVOLVE↵

当前线框密度： ISOLINES=4，闭合轮廓创建模式 = 实体

选择要旋转的对象或 [模式(MO)]: _MO 闭合轮廓创建模式 [实体(SO)/曲面(SU)] <实体>: _SO

选择要旋转的对象或 [模式(MO)]:（选择要旋转的对象，可选择多个）

选择要旋转的对象或 [模式(MO)]: ↵

指定轴起点或根据以下选项之一定义轴 [对象(O)/X/Y/Z] <对象>:

各选项含义如下：

● 指定轴起点：这个选项以用户指定的两点的连线为旋转轴。轴的正方向从第一个点指向第二个点。

● 对象（O）：选择已有的直线或非闭合多义线定义轴。如果选择的是多义线，则轴向为多义线两端点的连线。轴的正方向是从这条直线上距选择点较近的端点指向较远的端点。

● X 轴：使用当前 UCS 的 X 轴正向作为旋转轴的正方向。

● Y 轴：使用当前 UCS 的 Y 轴正向作为旋转轴的正方向。

● Z 轴：使用当前 UCS 的 Z 轴正向作为旋转轴的正方向。

指定好旋转轴之后，AutoCAD 2014 提示输入旋转角度。默认值是 360°。

指定旋转角度或 [起点角度(ST)/反转(R)/表达式(EX)] <360>::（输入旋转角）↵

旋转时按照旋转轴的正向，以右手定则判定旋转的正方向。

● "起点角度"：可以指定从旋转对象所在平面开始的旋转偏移。这时系统提示：

指定起点角度 <0>: （输入偏移转角）↵

指定旋转角度 <360>: （输入旋转角）↵

● 反转：更改旋转方向，类似于输入负角度值。

● 表达式：通过输入公式或方程式以指定旋转角度。

图 12-12 是旋转二维线条创建实体的例子。任何封闭的多义线、多边形、圆、椭圆、样条曲线、圆环或面域等都可以作为旋转对象。但是不能旋转包含在块中的对象，也不能旋转具有相交或自相交线段的对象。

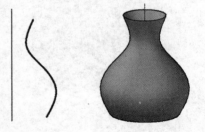

图 12-12 旋转二维对象

12.2.3 扫掠

1. 命令输入方式

命令行：SWEEP。

菜单栏：绘图（D）→建模→扫掠。

工具栏：建模→ 🔩 。

2．操作步骤

命令: SWEEP↵

当前线框密度: ISOLINES=4，闭合轮廓创建模式 = 实体

选择要扫掠的对象或 [模式(MO)]: _MO 闭合轮廓创建模式 [实体(SO)/曲面(SU)] <实体>: _SO

选择要扫掠的对象或 [模式(MO)]:（选择要旋转的对象）

选择要扫掠的对象或 [模式(MO)]: ↵

选择扫掠路径或 [对齐(A)/基点(B)/比例(S)/扭曲(T)]:

各选项含义如下：

（1）扫掠路径

直接选择扫掠的路径，生成扫掠体。图 12-13 所示为扫掠体实例。

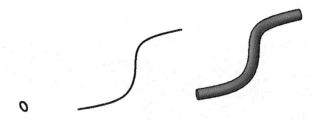

图 12-13　扫掠体实例

（2）对齐（A）

指定是否对齐轮廓以使其作为扫掠路径切向的法向。默认为对齐。

在键盘上输入"A"，系统接着提示：

扫掠前对齐垂直于路径的扫掠对象 [是(Y)/否(N)] <是>:

> ⚠ **注意**

如果轮廓曲线不垂直于（法线指向）路径曲线起点的切向，则轮廓曲线将自动对齐。出现对齐提示时输入"No"，可以避免该情况的发生。

（3）基点（B）

指定要扫掠对象的基点。

在键盘上输入"B"，系统接着提示：

指定基点:（指定选择集的基点）↵

如果指定的点不在选定对象所在的平面上，则该点将被投影到该平面上。

（4）比例（S）

指定比例因子以进行扫掠操作。

在"选择扫掠路径或 [对齐(A)/基点(B)/比例(S)/扭曲(T)]"提示下，输入"S"，系统接着提示：

输入比例因子或 [参照(R)] <1.0000>:（指定比例因子）↵

参照：通过拾取点或输入值来根据参照的长度缩放选定的对象。

在"输入比例因子或 [参照(R)] <1.0000>"提示下，输入"R"，系统接着提示：

指定起点参照长度 <1.0000>:（指定要缩放选定对象的起始长度）↵

指定终点参照长度 <1.0000>:（指定要缩放选定对象的最终长度）↵

（5）扭曲（T）

设置正被扫掠的对象的扭曲角度。

在键盘上输入"T"，系统接着提示：

输入扭曲角度或允许非平面扫掠路径倾斜 [倾斜(B)] <n>:（输入角度值）↵

输入"B"允许倾斜。

12.2.4 放样

1. 命令输入方式

命令行：LOFT。

菜单栏：绘图（D）→建模→放样。

工具栏：建模 → 🔘。

2. 操作步骤

命令: LOFT↵

按放样次序选择横截面:（指定横截面）

按放样次序选择横截面:（指定横截面）

按放样次序选择横截面: ↵

输入选项[导向(G)/路径(P)/仅横截面(C)/设置(S)] <仅横截面>:

ⓘ 注意

使用"LOFT"命令时必须指定至少两个横截面。

各选项含义如下：

（1）导向（G）

使用导向曲线控制放样实体或曲面形状。

导向曲线可以是直线或曲线，可通过将其他线框信息添加至对象来进一步定义实体或曲面的形状。每条导向曲线必须满足以下条件才能正常工作：

● 与每个横截面相交。

● 始于第一个横截面。

● 止于最后一个横截面。

可以为放样曲面或实体选择任意数量的导向曲线。

在键盘上输入"G"，系统接着提示：

选择导向曲线：（选择导向曲线）

如图 12-14 所示为使用"导向"选项放样的结果。

（2）路径（P）

指定放样实体或曲面的单一路径。

在键盘上输入"P"，系统接着提示：

选择路径：（指定一个单一路径）

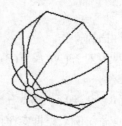

图 12-14　导向放样

注意

路径曲线必须与横截面的所有平面相交。

图 12-15 所示为使用"路径"选项放样结果。

（3）仅横截面（C）

在不使用导向或路径的情况下，仅依靠截面本身创建放样对象。

直接按〈Enter〉键即可。图 12-16 所示为使用"仅横截面"选项放样生成的结果。

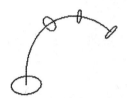

图 12-15　路径放样

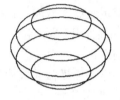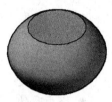

图 12-16　仅横截面放样

（4）放置（S）

使用"放样设置"对话框对放样结果进行控制。

在键盘上输入"S"，系统弹出如图 12-17 所示的"放样设置"对话框。

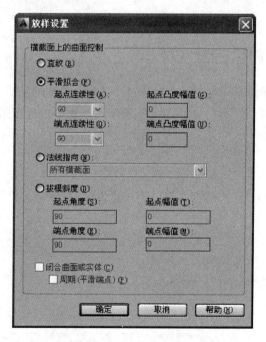

图 12-17　"放样设置"对话框

其中各选项含义如下：

1）"直纹（R）"单选按钮：指定实体或曲面在横截面之间是直纹（直的），并且在横截面处具有鲜明边界。

2）"平滑拟合（F）"单选按钮：指定在横截面之间绘制平滑实体或曲面，并且在起点和终点横截面处具有鲜明边界。

3）"法线指向（N）"单选按钮：控制实体或曲面在其通过横截面处的曲面法线。

- 起点横截面：指定曲面法线为起点横截面的法向。
- 终点横截面：指定曲面法线为端点横截面的法向。
- 起点和终点横截面：指定曲面法线为起点和终点横截面的法向。
- 所有横截面：指定曲面法线为所有横截面的法向。

4）"拔模斜度"单选按钮：控制放样实体或曲面的第一个和最后一个横截面的拔模斜度和幅值。

- 起点角度：指定起点横截面的拔模斜度。
- 起点幅值：在曲面开始弯向下一个横截面之前，控制曲面到起点横截面在拔模斜度方向上的相对距离。
- 终点角度：指定终点横截面拔模斜度。
- 终点幅值：在曲面开始弯向上一个横截面之前，控制曲面到端点横截面在拔模斜度方向上的相对距离。

5）"闭合曲面或实体"复选框：闭合和开放曲面或实体。使用该选项时，横截面应该形成圆环形图案，以便放样曲面或实体可以形成闭合的圆管。

6）"预览更改"复选框：将当前设置应用到放样实体或曲面，然后在绘图区域中显示预览。

12.3　用布尔运算创建三维实体

用布尔运算创建实体，是指在实体之间通过"并集"（UNION）、"差集"（SUBTRACT）、"交集"（INTERSECT）的逻辑运算生成复杂三维实体。能够进行布尔运算也是实体模型区别于表面模型的一个重要因素。

12.3.1　并集运算

把两个或两个以上的三维实体合并为一个三维实体。

1. 命令输入方式

命令行：UNION。

菜单栏：修改（M）→实体编辑→并集。

工具栏：建模（或实体编辑）→ ⓪。

命令别名：UNI。

2. 操作步骤

命令: UNION ↵

选择对象:（选择要合并的对象，可选择多个）

选择对象: ↵

"UNION"命令可以完成实体之间的组合。所选择的实体之间可以相交，也可以不相交。重新组合的实体由选择的所有实体组成。如图 12-18 所示，图 12-18a 为合并前的线框，图 12-18b 为合并后的线框。

12.3.2 差集运算

从一组实体中减去另一组实体。

1. 命令输入方式

命令行：SUBTRACT。

菜单栏：修改（M）→实体编辑→差集。

工具栏：建模（或实体编辑）→⬤。

命令别名：SU。

2. 操作步骤

命令: SUBTRACT ↵

选择要从中减去的实体或面域...

选择对象:（选择被减的对象）

选择对象: ↵

选择要减去的实体或面域 ..

选择对象:（选择要减去的对象）

选择对象: ↵

如果选择的被减对象的数目多于一个，AutoCAD 2014 在进行"SUBTRACT"命令前会自动运行"UNION"命令先将它们合并。同样，AutoCAD 2014 也会对多个减去对象进行合并。

选择时如果颠倒了选择的先后顺序会有不同的结果。如图 12-18c 求差集的结果。

 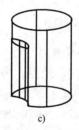

a)　　　　　　　b)　　　　　　　c)

图 12-18　布尔运算

a) 原图　b) 并集后　c) 差集后

12.3.3 交集运算

用两个或两个以上实体的公共部分创建复合实体，并删除非重叠部分。

1. 命令输入方式

命令行：INTERSECT。

菜单栏：修改（M）→实体编辑→交集。

工具栏：建模（或实体编辑）→⬤。

命令别名：IN。

2. 操作步骤

命令: INTERSECT ↵

选择对象:(选择对象)

参加交集运算的多个实体之间必须有公共部分。对于两两相交的图形，求交集会得到空集。图 12-19 显示了两个重叠的实体进行交集运算的结果。

实体对象进行了布尔运算后不再保留原来各对象。只能进行"UNDO"命令恢复运算前的实体形状。因此，可以在进行布尔运算之前把原实体复制或做成块保留起来。

图 12-19　求交集运算

12.4　编辑三维实体

在三维模型中除了可以利用"三维旋转"（ROTATE 3D）、"三维阵列"（3D ARRAY）、"对齐"（ALIGN）、"三维镜像"（MIRROR 3D）对实体进行操作。同时也可以编辑实体模型的"面"（FACE）、"边"（EDGE）和"体"（BODY）。

12.4.1　编辑实体表面

AutoCAD 2014 提供了一个功能强大的编辑实体命令"SOLIDEDIT"。使用"SOLIDEDIT"命令可以对实体表面、边界、体进行编辑。其中实体表面编辑操作如下：

命令: SOLIDEDIT↵

实体编辑自动检查:　SOLIDCHECK=1

输入实体编辑选项 [面(F)/边(E)/体(B)/放弃(U)/退出(X)] <退出>: F↵

输入面编辑选项

[拉伸(E)/移动(M)/旋转(R)/偏移(O)/倾斜(T)/删除(D)/复制(C)/颜色(L)/材质(A)/放弃(U)/退出(X)] <退出>:

各选项含义如下：

- 拉伸（E）：沿指定高度或路径拉伸实体表面。
- 移动（M）：按指定距离移动实体表面。
- 旋转（R）：绕指定的轴旋转一个或多个面或实体的某些部分。当旋转孔时，如果旋转轴或旋转角度选取不当，会导致孔旋转出实体范围。
- 偏移（O）：按指定的距离或通过指定的点均匀地偏移面。正值增大实体尺寸或体积，负值减小实体尺寸或体积。
- 倾斜（T）：按角度倾斜面，角度的正方向由右手定则决定。大拇指指向为从基点指向第二点。
- 删除（D）：该命令可以删除实体上的圆角和倒角。

- 复制（C）：可以复制实体表面。如果选择了实体的全部表面则产生一个曲面模型。
- 颜色（L）：修改面的颜色。
- 材质（A）：将材质指定到选定面。
- 放弃（U）：放弃操作，一直返回到"SOLIDEDIT"任务的开始状态。
- 退出（X）：退出"面编辑"选项并显示"输入实体编辑选项"提示。

图 12-20 是使用表面编辑命令的例子。

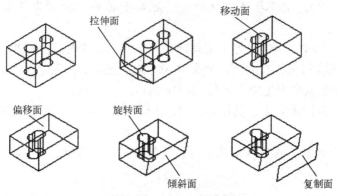

图 12-20　编辑实体表面

12.4.2　编辑实体边界

AutoCAD 2014 提供了两种编辑实体边界的方法，复制边和修改边的颜色。操作过程如下：

命令：SOLIDEDIT↵

实体编辑自动检查：SOLIDCHECK=1

输入实体编辑选项 [面(F)/边(E)/体(B)/放弃(U)/退出(X)] <退出>: E ↵

输入边编辑选项 [复制(C)/着色(L)/放弃(U)/退出(X)] <退出>:

各选项含义如下：

- 复制（C）：复制三维边。所有三维实体的边可被复制为直线、圆弧、圆、椭圆或样条曲线。使用边界复制可以从一个实体模型中产生它的线框模型。
- 着色（L）：修改边的颜色。可以为每条边指定不同的颜色。

其他各选项含义同 12.4.1。

12.4.3　编辑体

编辑整个实体对象，包括在实体上压印其他几何图形，将实体分割为独立实体对象，抽壳、清除或检查选定的实体。操作过程如下：

命令：SOLIDEDIT↵

实体编辑自动检查：SOLIDCHECK=1

输入实体编辑选项 [面(F)/边(E)/体(B)/放弃(U)/退出(X)] <退出>: B ↵

输入体编辑选项

[压印(I)/分割实体(P)/抽壳(S)/清除(L)/检查(C)/放弃(U)/退出(X)] <退出>:

各选项含义如下:

- 压印（I）：在选定的 3D 对象表面上留下另一个对象的痕迹。为了使压印操作成功，被压印的对象必须与选定对象的一个或多个面相交。被压印对象可以是圆弧、圆、直线、二维和三维多义线、椭圆、样条曲线、面域、体及三维实体。如图 12-21a、b 所示。

- 分割实体（P）：用不相连的体将一个三维实体对象分割为几个独立的三维实体对象。

- 抽壳（S）：创建一个等壁厚的壳体或薄壳零件。操作时可通过指定移出面选择壳的开口。但不能移出所有的面。如果输入的壳厚度为负值则沿现有实体向外按壳厚生成实体。正值则向内生成。如图 12-21c 所示。

- 清除（L）：删除所有多余的边和顶点、压印的以及不使用的几何图形。如图 12-21d 所示。

- 检查（C）：校验三维实体对象是否为有效的实体，如果三维实体无效，则不能编辑对象。

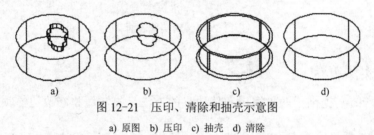

图 12-21　压印、清除和抽壳示意图

a) 原图　b) 压印　c) 抽壳　d) 清除

12.5　创建网格对象

使用 AutoCAD 可以创建表面是多边形网格形式的模型。由于网格面本身是平面的，因此网格只能近似于曲面。如果需要使用消隐、着色和渲染功能，但又不需要实体模型提供的物理特性（质量、体积、重心、惯性矩等），则可以使用网格。也可以使用网格创建不规则的几何体，如山脉的三维地形模型，以用于游戏、虚拟现实等需要实时渲染的地方。

12.5.1　旋转网格

旋转网格是指将一条轮廓曲线绕一条旋转轴旋转一定的角度而构造回转网格对象的方法。

1. 命令输入方式

命令行：REVSURF。

菜单栏：绘图（D）→建模→网格→旋转网格。

2. 操作步骤

命令：REVSURF ↵

当前线框密度：SURFTAB1=6　SURFTAB2=6（两个系统量变决定网格的密度）

选择要旋转的对象：（选择旋转的轮廓曲线）↵

选择定义旋转轴的对象：（选择旋转轴）↵

指定起点角度<0>：（指定开始旋转的角度或直接按〈Enter〉键）↵

指定包含角（+=逆时针，-=顺时针）<360>：（指定旋转角度或直接按〈Enter〉键）↵

旋转网格如图 12-22 所示。

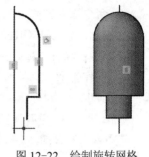

图 12-22　绘制旋转网格

12.5.2　平移网格

平移曲面是通过将一条路径轮廓线沿一个方向矢量拉伸来构造网格对象的方法，网格密度由系统变量"SURFTAB1"决定。

在绘制平移网格之前，必须先绘制出轮廓曲线及方向矢量。

1．命令输入方式

命令行：TABSURF。

菜单栏：绘图（D）→建模→网格→平移网格。

2．操作步骤

命令：TABSURF ↵

当前线框密度：SURFTAB1=6

选择用作轮廓曲线的对象：（选择轮廓曲线）↵

选择用作方向矢量的对象：（选择方向矢量）↵

平移网格如图 12-23 所示。

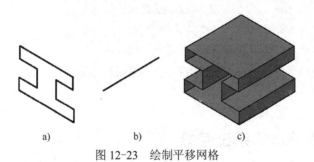

　　a)　　　　　　　　b)　　　　　　　　c)

图 12-23　绘制平移网格

a) 轮廓曲线　b) 方向矢量　c) 平移曲面

12.5.3　直纹网格

直纹网格是指用直线连接两个边界对象来构造网格对象的方法，构造直线的数量由系统变量"SURFTAB1"的值决定。

要创建直纹网格，首先需要创建两个边界对象，这两个边界对象可以是：直线、点、圆弧、圆、椭圆、椭圆弧、二维多段线、三维多段线或样条曲线。作为直纹网格"轨迹"的两个对象必须全部开放或全部闭合。点对象可以与开放或闭合对象成对使用。

1．命令输入方式

命令行：RULESURF。

菜单栏：绘图（D）→建模→网格→直纹网格。

2．操作步骤

命令：RULESURF ↵

当前线框密度：SURFTAB1=6

选择第一条定义曲线：（选择第一条边界曲线）

选择第二条定义曲线：（选择第二条边界曲线）

直纹网格如图 12-24 所示。

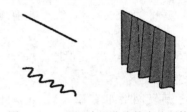

图 12-24　不同边界曲线的直纹网格

12.5.4　边界网格

边界网格是通过连接四条相邻的边线来形成构造网格对象，网格的密度取决于系统变量"SURFTAB1"及"SURFTAB2"的大小。

边线可以是直线、圆弧、样条曲线或开放的二维或三维多段线，这些边线必须在端点处相交形成一个封闭环，边界网格是在这四条边线间形成的插值型的立体表面。边线必须在调用"边界网格"命令之前事先绘出。

1．命令输入方式

命令行：EDGESURF。

菜单栏：绘图（D）→建模→网格→边界网格。

2．操作步骤

命令：EDGESURF ↵

当前线框密度：SURFTAB1=6　SURFTAB2=6

选择用作曲面边界的对象 1：（选择定义边界曲面的第一条边线）

选择用作曲面边界的对象 2：（选择定义边界曲面的第二条边线）

选择用作曲面边界的对象 3：（选择定义边界曲面的第三条边线）

选择用作曲面边界的对象 4：（选择定义边界曲面的第四条边线）

边界网格如图 12-25 所示。

图 12-25　边界网格

12.6　控制实体显示的系统变量

影响实体显示的系统变量有三个："ISOLINES"控制显示线框弯曲部分的素线数量；"FACETRES"系统变量调整着色和消隐对象的平滑程度；"DISPSILH"系统变量控制线框模式下实体对象轮廓曲线的显示，以及实体对象隐藏时是禁止还是绘制网格。

12.6.1　ISOLINES 系统变量

"ISOLINES"系统变量是一个整数型变量。它指定实体对象上每个曲面上轮廓素线的数目，它的有效取值范围为 0～2047。默认值是 4。它的值越大，线框弯曲部分的素线数目就越多。曲面的过渡就越光滑，也就越有立体感。但是增加"ISOLINES"的值，会使显示速度降低。图 12-26 是 ISOLINE＝4 和 ISOLINE＝16 时，球体显示的不同结果。

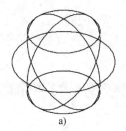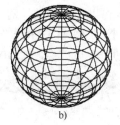

a)   b)

图 12-26　改变 "ISOLINES" 变量的影响

a) ISOLINES=4　b) ISOLINES=16

12.6.2　FACETRES 系统变量

"FACETRES" 控制曲线实体着色和渲染的平滑度。该变量是一个实数型的系统变量。"FACETRES" 变量的默认值是 0.5。它的有效范围在 0.01～10。当用户进行消隐、着色或渲染时，该变量就会起作用。该变量的值越大，曲面表面就会越光滑，显示速度越慢，渲染时间也越长。图 12-27 显示了改变 "FACETRES" 系统变量对实体显示的影响。

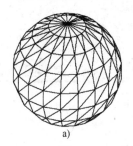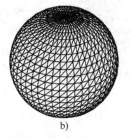

a)   b)

图 12-27　改变 "FACETRES" 变量的影响

a) FACETRES=0.5　b) FACETRES=0.3

12.6.3　DISPSILH 系统变量

"DISPSILH" 系统变量控制线框模式下实体对象轮廓曲线的显示，以及实体对象隐藏时是禁止还是绘制网格。该变量是一个整形数，有 0、1 两个值，0 代表关，1 代表开。默认设置是 0。当该变量打开时（设置它的值为 1），使用 "HIDE" 命令消隐图形，将只显示对象的轮廓边。当改变这个选项后，必须更新视图显示。图 12-28 为改变 "DISPSILH" 变量对实体显示的影响。该变量值还会影响 "FACETRES" 变量的显示。如果要改变 "FACETRES" 得到比较光滑的曲面效果，必须把 "DISPSILH" 的值设为 0。

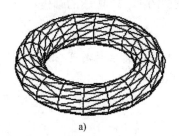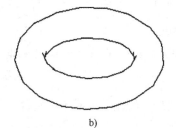

a)   b)

图 12-28　改变 "DISPSILH" 变量的影响

a) DISPSILH=0　　b) DISPSILH=1

这 3 个变量也可以在"选项"对话框的"显示"选项卡中更改，如图 12-29 所示。"渲染对象的平滑度"控制"FACETRES"变量，"每个曲面的轮廓素线"控制"ISOLINES"变量，"仅显示文字边框"可以控制"DISPSILH"变量。

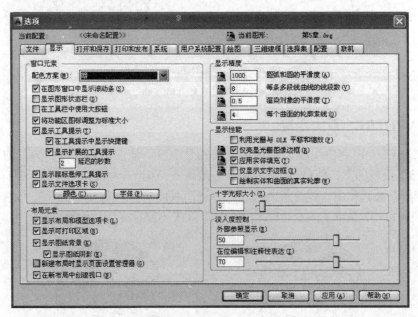

图 12-29 "选项"对话框

12.7 体素拼合法绘制三维实体

所有的物体，无论是简单还是复杂都可以看作是由棱柱、棱锥、圆柱、圆锥等基本立体组合而成。体素拼合法绘制三维实体，就是首先创建构成组合体的一些基本立体。再通过布尔运算进行叠加或挖切，得到最终的实体。用体素拼合法创建实体简单、快捷，有较强的实用性。

下面介绍利用体素拼合的方法，绘制如图 12-30 的实体模型。

1）单击"视图"工具栏上的 ▣ 按钮，绘制如图 12-31 所示的主视图。并使用 PEDIT 命令将其转化为一条多义线。

2）使用"EXTRUDE"命令，拉伸多义线，并设置高为 24。

3）单击"视图"工具栏上的 ◈ 按钮，绘制如图 12-32 所示的圆柱。

ⓘ 绘图技巧

AutoCAD 2014 提供了强大的捕捉功能。在绘制圆柱时打开三维捕捉，设置捕捉边中点，即可准确找到圆心位置。从而避免了复杂的 ucs 操作。

4）重复第三步，绘制另外两个小圆柱。

ⓘ 绘图技巧

打开三维捕捉，设置捕捉面中点，即可准确找到圆心位置。

5）用布尔运算的方法将所有的实体进行并集或者差集的运算。设置"DISPSILH"变量为 1，并且进行消隐显示，结果如图 12-33 所示（不包含尺寸及中心线）。

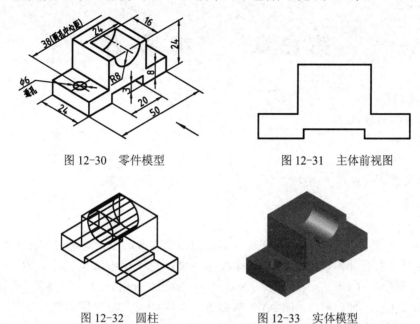

图 12-30　零件模型　　　　　　　　　图 12-31　主体前视图

图 12-32　圆柱　　　　　　　　　　　图 12-33　实体模型

12.8　习题

1. 创建三维模型的方法有哪些？
2. 如何对已完成的模型表面进行编辑？
3. 如何让立体模型显示的更光滑？

第13章 三 维 操 作

本章主要内容：
- 三维模型的修改
- 干涉检查
- 剖切、加厚
- 转换为实体、转换为曲面
- 提取边

AutoCAD 的强大功能就体现在它具有丰富的图形修改命令，这些修改命令大多数是为修改二维图形对象设计的，其中有一些修改命令可以直接用于编辑三维对象，如"删除"（ERASE）、"复制"（COPY）、"移动"（MOVE）、"缩放"（SCALE）、"镜像"（MIRROR）、"旋转"（ROTATE）、"阵列"（ARRAY）等命令，但这些修改命令只能在当前坐标系的 XY 平面内对三维模型进行二维的操作，还有一些修改命令根本不能操作三维对象，如"修剪"（TRIM）、"延伸"（EXTEND）、"偏移"（OFFSET）等命令。因此 AutoCAD 提供了一些专门用于在三维空间编辑三维对象的修改命令，主要有"三维移动"（3D Move）、"三维阵列"（3D ARRAY）、"三维镜像"（MIRROR 3D）、"三维旋转"（ROTATE 3D）、"对齐"（ALIGN）和"三维对齐"（ALIGN 3D）等命令。

13.1 三维模型的修改

13.1.1 三维移动

在三维视图中显示移动夹点工具，并沿指定方向将对象移动到指定的距离。

1. 命令输入方式

命令行：3DMOVE。

菜单栏：修改（M）→三维操作→三维移动。

工具栏：建模→⊕。

2. 操作步骤

命令：3DMOVE↵

选择对象：选择对象↵

指定基点或 [位移(D)]<位移>：（指定基点或输入 d）

指定第二个点或 <使用第一个点作为位移>：（指定点或按〈Enter〉键）

各选项含义如下。

- "移动夹点"工具 ：由轴句柄和基点两部分组成，使用户可以自由移动对象及其子对象的选择集或将移动约束到当前 UCS 的坐标轴或坐标平面上。

● 使用第一个点作为位移：把第一点作为相对 X，Y，Z 的位移。例如，如果将基点指定为（2,3），然后在下一个提示下按〈Enter〉键，则对象将从当前位置沿 X 方向移动 2 个单位，沿 Y 方向移动 3 个单位。

● 位移 D：以坐标的形式输入所选对象沿当前坐标系的 X、Y 和 Z 移动的距离和方向。

13.1.2　三维旋转

在三维视图中显示"旋转夹点"工具并围绕基点旋转对象或相对于某一空间轴旋转对象。

1. 命令输入方式

命令行：ROTATE3D 或 3DROTATE。

菜单栏：修改（M）→三维操作→三维旋转。

工具栏：建模→⊕。

2. 操作步骤

（1）命令：3DROTATE↵

UCS 当前的正角方向：ANGDIR=逆时针　ANGBASE=0

选择对象：（选择对象）↵

指定基点：（指定点）

拾取旋转轴：（在旋转夹点工具上单击轴句柄确定旋转轴）

指定角的起点或键入角度：（指定点或输入旋转角）

指定角的端点：（指定点）

"旋转夹点"工具☺：由轴句柄和基点两部分组成，可使用户将旋转轴定义为当前 UCS 的坐标轴。

（2）命令：ROTATE3D↵

当前正向角度：ANGDIR=逆时针　ANGBASE=0

选择对象：（选择对象）↵

指定轴上的第一个点或定义轴依据[对象(O)/最近的(L)/视图(V)/X 轴(X)/Y 轴(Y)/Z 轴(Z)/两点(2)]：（输入定义轴的方法，默认为两点方式确定旋转轴）

指定旋转角度或 [参照(R)]：（输入旋转角度或参照角度）

说明

● 系统变量"ANGDIR"设置角度的正方向，0 为逆时针，1 为顺时针。"ANGBASE"设置相对于当前 UCS 的基准角。

● 对象（O）：将旋转轴定义为现有对象。可选择图形中现有的直线、圆、圆弧、或二维多段线作为旋转轴，如选择的圆或圆弧，则定义圆或圆弧的轴心线（垂直于圆或圆弧所在的平面并通过圆或圆弧的圆心）为旋转轴。

● 最近的（L）：将上一次三维旋转的旋转轴作为此次三维旋转的旋转轴。

● 视图（V）：将旋转轴定义为过指定点并与当前视图的观察方向平行的直线。

● X 轴/Y 轴/Z 轴：将旋转轴定义为过指定点并与当前坐标系的 X 轴或 Y 轴或 Z 轴平行的直线。

三维旋转操作的结果如图 13-1 所示。

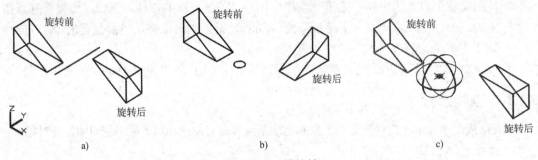

图 13-1 三维旋转

a) 两点方式或直线对象方式确定旋转轴，旋转角为 180°

b) 以圆对象的回转周线为轴旋转 90° c) 用夹点工具指定 Y 轴为轴旋转 180°

13.1.3 对齐

在二维空间或三维空间将选定的对象与其他对象对齐。

1. 命令输入方式

命令行：ALIGN。

菜单栏：修改（M）→三维操作→对齐。

命令别名：AL。

2. 操作步骤

命令：ALIGN ↵

选择对象：（选择对齐操作的源对象）↵

指定第一个源点：选择点

指定第一个目标点：选择点

指定第二个源点：选择点

指定第二个目标点：选择点

指定第三个源点或 <继续>：（选择点或按〈Enter〉键结束选择）

1）如果指定了第三个源点，则系统提示指定第三个目标点：拾取点，结束命令。

2）如果按〈Enter〉键，则系统提示是否基于对齐点缩放对象[是 Y/否 N]：Y 或 ↵

如果输入"Y"，将以第一、第二目标点之间的距离作为要缩放对象的参考长度。只有使用"两对点对齐对象"时才能使用缩放。

🛈 说明

对齐操作允许在三维或二维空间中移动、旋转、缩放对齐的源对象以使其对齐到目标对象。因此需要指定一对、两对或三对对应的"点对"。

● 第一个源点与第一个目标点组成第一个点对，是移动的依据。如果只指定了一组点对，则执行对齐操作后，源对象移动到目标对象，第一个源点将与第一个目标点重合。

● 第二个源点与第二个目标点组成第二个点对，是旋转的依据，将第一、第二源点间的连线旋转一定的角度后与第一、第二目标点间的连线对齐。

● 第三个源点与第三个目标点组成第三个点对，也是旋转的依据，如果指定了第三组点对，则允许再次旋转源对象，使其上的第二源点与第三源点间的连线与目标对象上的第二目标点与第三目标点间的连线对齐。

对齐操作的结果如图 13-2 所示。

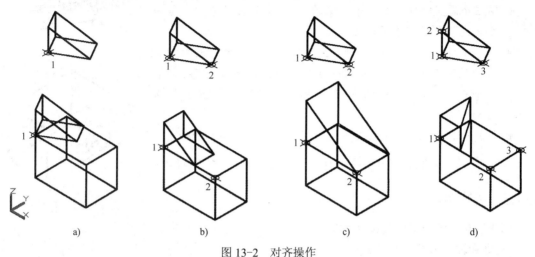

图 13-2　对齐操作

a) 一对点对　b) 两对点对不缩放　c) 两对点对缩放　d) 三对点对

13.1.4　三维对齐

在二维空间或三维空间将选定的对象与其他对象对齐。

1. 命令输入方式

命令行：3DALIGN。

菜单栏：修改→三维操作→三维对齐。

工具栏：建模→🔲。

2. 操作步骤

命令：3DALIGN ↵

选择对象：（选择对齐操作的源对象）↵

指定源平面和方向…

指定基点或 [复制(C)]：（指定点或输入 C 以创建副本）

指定第二个点或 [继续(C)] <C>：（指定对象的 X 轴上的点）↵

指定第三个点或 [继续(C)] <C>：（指定对象的正 XY 平面上的点）↵

指定目标平面和方向…

指定第一个目标点：（指定目标基点）

指定第二个目标点或 [退出(X)] <X>：（指定目标的 X 轴的点）↵

指定第三个目标点或 [退出(X)] <X>：（指定目标的正 XY 平面的点）↵

🛈 说明

用户可以为源对象指定一个、两个或三个点，再为目标指定一个、两个或三个点，然后，将移动和旋转选定的对象，使三维空间中的源和目标的基点、X 轴和 Y 轴对齐。

● 源对象的基点将被移动到目标的基点。

- 第二个源点在平行于当前 UCS 的 XY 平面的平面内指定源的新 X 轴方向。如果直接按〈Enter〉键而没有指定第二个点，将假设 X 轴和 Y 轴平行于当前 UCS 的 X 和 Y 轴。
- 第三个源点将完全指定源对象的 X 轴和 Y 轴的方向，这两个方向将与目标平面对齐。
- 第二个目标点在平行于当前 UCS 的 XY 平面的平面内指定目标的新 X 轴方向。如果直接按〈Enter〉键而没有指定第二个点，将假设目标的 X 轴和 Y 轴平行于当前 UCS 的 X 轴和 Y 轴。
- 第三个目标点将完全指定目标平面的 X 轴和 Y 轴的方向。

三维对齐操作的结果如图 13-3 所示。

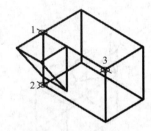

图 13-3 三维对齐

13.1.5 三维镜像

创建相对于某一平面的镜像对象。

1. 命令输入方式

命令行：MIRROR3D。

菜单栏：修改（M）→三维操作→三维镜像。

2. 操作步骤

命令：MIRROR3D↵

选择对象：（选择镜像操作的对象）↵

指定镜像平面 (三点) 的第一个点或[对象(O)/最近的(L)/Z 轴(Z)/视图(V)/XY 平面(XY)/YZ 平面(YZ)/ZX 平面(ZX)/三点(3)] <三点>：（输入确定镜像平面的选项，默认为三点方式）

在镜像平面上指定第一点：（指定点）

在镜像平面上指定第二点：（指定点）

在镜像平面上指定第三点：（指定点）

是否删除源对象？[是(Y)/否(N)] <否>：（输入 Y）↵

① 说明

"三维镜像"命令与"二维镜像"命令类似，所不同的是调用"二维镜像"命令时，需要指定一条镜像线，而调用"三维镜像"命令时需要指定一个镜像平面，这个镜像平面可以是空间的任意平面，AutoCAD 为定义镜像平面提供了如下方式：

- 对象（O）：可选择图形中现有的平面对象所在的平面作镜像平面，这些平面对象只能是直线、圆、圆弧、或二维多段线。
- 最近的（L）：使用上一个镜像操作的镜像平面作为此次镜像操作的镜像平面。
- Z 轴（Z）：使用两点来定义平面法线从而定义镜像平面，镜像平面将通过第一个指定点。
- View（视图 V）：定义通过指定点与当前视图（屏幕）平面平行的平面作为镜像平面。
- XY 平面(XY)/YZ 平面(YZ)/ZX 平面(ZX)：定义过指定点并与当前坐标系的 XY 平面（或 YZ 平面或 ZX 平面）平行的平面作为镜像平面。

● 三点：由指定的三点确定镜像平面。

三维镜像操作的结果如图 13-4 所示。

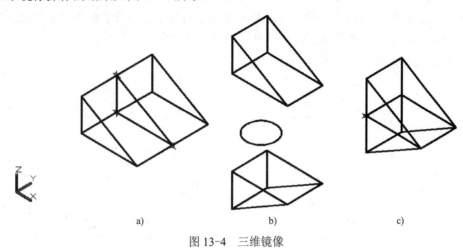

图 13-4　三维镜像

a) 三点方式确定镜像平面　b) 对象：圆所在平面为镜像平面　c) XY：过指定点与当前坐标的 XY 平面平行

13.1.6　三维阵列

在三维空间阵列复制对象。

1. 命令输入方式

命令行：3DARRAY。

菜单栏：修改（M）→三维操作 → 三维阵列。

命令别名：3A。

2. 操作步骤

命令：3DARRAY ↵

选择对象：（选择阵列操作的对象）↵

输入阵列类型 [矩形(R)/环形(P)] <矩形>：（输入 P）↵

1）若直接按〈Enter〉键，执行矩形阵列"Rectangular"，则系统提示：

输入行数 (---) <1>：（定义阵列的行数）↵

输入列数 (|||) <1>：（定义阵列的列数）↵

输入层数 (...) <1>：（定义阵列的层数）↵

指定行间距 (---)：（定义行间距）↵

指定列间距 (|||)：（定义列间距）↵

指定层间距 (...)：（定义层间距）↵

2）如输入"P"，执行环形阵列"Polar"，则系统提示：

输入阵列中的项目数目：（定义复制数量）↵

指定要填充的角度 (+=逆时针, -=顺时针) <360>：（定义圆周角度）↵

旋转阵列对象？ [是(Y)/否(N)] <Y>：（输入 Y 或↵）

指定阵列的中心点：（指定点，定义阵列中心）

指定旋转轴上的第二点：（指定点，与中心点定义旋转对象的旋转轴）

三维阵列与二维阵列的原理相同，只是三维阵列在三维空间中进行，因而比二维阵列增加了一些参数。在矩形阵列中，行、列、层的方向分别与当前坐标系的坐标轴方向相同，间距值可以为正值，也可以为负值，分别对应坐标轴的正向和负向。

三维阵列操作的结果如图13-5所示。

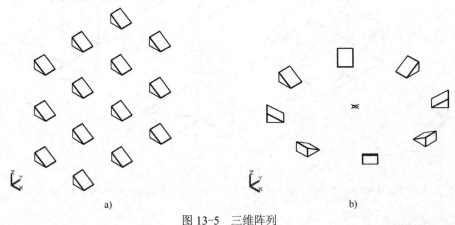

图 13-5　三维阵列

a) 矩形三维阵列（3 行，2 列，3 层）　b) 环形三维阵列

13.2　干涉检查

通过对比两组对象或一对一地检查所有实体来检查实体模型中的相交或重叠的区域，即干涉情况，并以干涉部分产生新实体。

1．命令输入方式

命令行：INTERFERE。

菜单栏：修改（M）→三维操作→干涉检查。

命令别名：INF。

2．操作方式

命令：INTERFERE↵

选择第一组对象或 [嵌套选择(N)/设置(S)]：（选择对象）↵

选择第二组对象或 [嵌套选择(N)/检查第一组(K)] <检查>：（选择对象）↵

⊘ 说明

● 干涉检查通过从两个或多个实体的公共体积创建临时组合三维实体，并亮显重叠的三维实体。

● 如果定义了单个选择集，干涉检查将对比集合中的全部实体。如果定义了两个选择集，干涉检查将对比第一个选择集中的实体与第二个选择集中的实体。如果在两个选择集中都包括了同一个三维实体，干涉检查将此三维实体视为第一个选择集中的一部分，而在第二个选择集中忽略它。

● 嵌套选择：用户可以选择嵌套在块和外部参照中的单个实体对象。

● 设置：系统将显示"干涉设置"对话框，如图 13-6 所示。主要控制干涉对象的显示。

图 13-6 "干涉设置"对话框

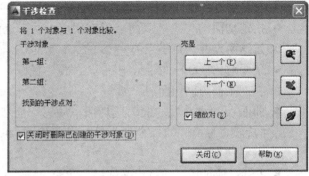

图 13-7 "干涉检查"对话框

● 检查第一组（Check Frist Set）：系统将显示"干涉检查"对话框，如图 13-7 所示，使用户可以在干涉对象之间循环并缩放干涉对象。也可以指定关闭对话框时是否删除干涉对象。

干涉检查的结果如图 13-8 所示。

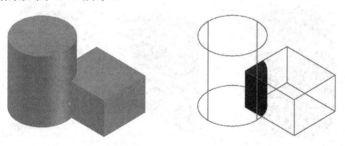

图 13-8 干涉检查

13.3 剖切

剖切用平面或曲面剖切实体，把实体一分为二，保留被剖切实体的一半或全部并生成新实体。

1．命令输入方式

命令行：SLICE。

菜单栏：修改（M）→三维操作→剖切。

命令别名：SL。

2．操作步骤

命令：SLICE↵

选择要剖切的对象：（选择对象）↵

指定切面的起点或 [平面对象(O)/曲面(S)/Z 轴(Z)/视图(V)/XY(XY)/YZ(YZ)/ZX(ZX)/三点(3)] <三点>：

（指定点、输入选项或按〈Enter〉键以使用"三点"选项确定剖切平面）

根据选项不同，系统提示也会不同

在所需的侧面上指定点或 [保留两个侧面(B)]<保留两个侧面>：（指定点或↵）

各选项含义如下。

- 指定切面的起点：以两点确定剖切平面，这两点将定义剖切平面的角度，剖切平面过这两点并垂直于当前 UCS 的 XY 平面。
- 平面对象（O）：以圆、椭圆、圆弧、椭圆弧、二维样条曲线或二维多段线等对象所在的平面为剖切面。
- 曲面（S）：设置曲面为剖切面。注意不能选择使用由"边界曲面"（EDGESURF）、"旋转曲面"、"直纹曲面"（RULESURF）和"平移曲面"（TABSURF）命令创建的网格曲面。
- Z 轴：通过指定两点定义剖切平面的法线，剖切平面通过第一点。
- 视图（V）：通过指定点与当前视图（屏幕）平面平行的平面作为剖切平面。
- XY(XY)/YZ(YZ)/ZX(ZX)：剖切平面通过指定点并平行与当前 UCS 的 XY 平面（或 YZ 平面、ZX 平面）。
- 三点：用三点确定剖切平面。

剖切效果如图 13-9 所示。

图 13-9　剖切

13.4　加厚

将曲面加厚为实体。

1．命令输入方式

命令行：THICKEN。

菜单栏：修改（M）→三维操作→加厚。

2．操作步骤

命令：THICKEN↵

选择要加厚的曲面：（选择对象）↵

指定厚度 <0.0000>：（输入厚度值）↵

不能选择使用有"边界曲面"（EDGESURF）、"旋转曲面"（REVSURF）、"直纹曲面"（RULESURF）和"平移曲面"（TABSURF）命令创建的网格曲面。

曲面加厚的效果如图 13-10 所示。

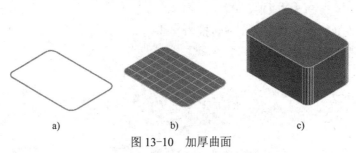

图 13-10　加厚曲面

a) 二维线框　b) 平面曲面　c) 加厚曲面

13.5　转换为实体

将具有厚度的多段线和圆转换为三维实体。

1. 命令输入方式

命令行：CONVTOSOLID。

菜单栏：修改（M）→三维操作→转换为实体。

2. 操作步骤

命令：CONVTOSOLID ↵

选择对象：（选择对象）↵

使用"转换为实体"命令，可以将以下对象转换为三维实体：

● 具有厚度的统一宽度多段线。

● 闭合的、具有厚度的零宽度多段线。

● 具有厚度的圆。

转换为实体的效果如图 13-11 所示。

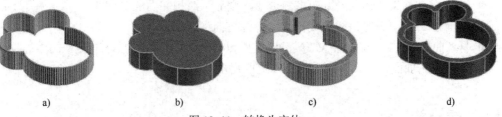

图 13-11　转换为实体

a) 具有厚度、零宽度的多段线　b) 转换成实体　c) 具有厚度和宽度的多段线　d) 转换成实体

13.6 转换为曲面

将对象转换为曲面。

1. 命令输入方式

命令行：CONVTOSURFACE。

菜单栏：修改（M）→三维操作→转换为实体。

面板：三维制作 → 。

2. 操作步骤

命令：CONVTOSURFACE↵

选择对象：（选择对象）↵

说明：

使用转换为曲面命令，可以将转换为曲面。

二维实体、面域、具有厚度的零宽度多段线、具有厚度的直线、具有厚度的圆弧、三维平面

转换为曲面的效果如图 13-12 所示。

a)　　　　　　　　　　　　　b)

图 13-12　转换为曲面

a) 具有厚度、零宽度的多段线　b) 转换成曲面

13.7 提取素线

在曲面和三维实体上创建曲线。

1. 命令输入方式

命令行：SURFEXTRACTCURVE。

菜单栏：修改（M）→三维操作→提取素线。

2. 操作步骤

命令：SURFEXTRACTCURVE↵

选择曲面、实体或面：（选择实体、曲面或面对象后，按〈Enter〉键结束选择）

在曲面上选择点或 [链(C)/方向(D)/样条曲线点(S)]:

各选项含义如下。

可以从曲面提取直线、多段线、样条曲线以及在 U 或 V 方向提取实体的面。

- 链（C）：如果面在相同方向上参数化，则显示跨相邻面的等值线。
- 方向（D）：更改等值线曲线提取的追踪方向（U 或 V）。
- 样条曲线点（S）：沿U和V方向动态追踪以创建穿过曲面上的所有指定点的样条曲线。
- 继续单击曲面、实体或面上的点以提取更多曲线。

13.8 提取边

通过从三维实体或曲面中提取边来创建三维线框。

1．命令输入方式

命令行：XEDGES。

菜单栏：修改（M）→三维操作→提取边。

2．操作步骤

命令：XEDGES ↵

选择对象：（选择对象）↵

ⓘ 说明

可以从对象中提取边来创建三维线框几何体：实体、面域、曲面

提取边的效果如图 13-13 所示。

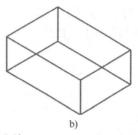

a)   b)

图 13-13　提取边

a) 长方体　b) 三维线框

13.9　习题

1．熟悉三维模型的修改命令，并能在建模过程中灵活使用。

2．用"长方体"及"对齐"命令完成一段"楼梯"的造型。

3．用圆、厚度、编辑多段线、UCS、旋转等命令实现如图 13-14 所示的实体造型。

图 13-14　实体造型

第 14 章　输出与打印图形

本章主要内容
- 创建布局
- 打印输出

任何好的设计在完成之后都需要进行交流，有些图样还需要进行进一步的加工、制造。这就需要将设计的图样进行输出。用户在绘制好图形后，可以利用数据输出把图形保存为特定的文件类型，也可以以图纸的形式打印输出。

14.1　图形输出

1．命令输入方式

命令行：EXPORT。

菜单栏：文件（F）→输出。

命令别名：EXP。

2．操作步骤

激活该命令后，屏幕弹出"输出数据"对话框。在"文件类型"右侧列表中选择对象输出的类型。在"文件名"文本框中输入要创建文件的名称。AutoCAD 2014 允许使用以下输出类型：

- DWF：Autodesk Web 图形格式。
- WMF：Windows 图元文件。
- SAT：ACIS 实体对象文件。
- STL：实体对象立体印刷文件。
- DXX：属性提取 DXF 文件。
- BMP：独立于设备的位图文件。
- 3DS：3D Studio 文件。
- DWG：AutoCAD 块文件。

14.2　创建和管理布局

布局是一种图纸空间环境，它可以模拟真实的图纸页面，提供直观的打印设置。在布局中可以放置一个或多个视口、标题栏、注释等。一个图形文件可以有多个布局。

14.2.1　使用向导创建布局

1．命令输入方式

命令行：LAYOUTWIZARD。

菜单栏：菜单栏中有两个命令可以激活使用向导创建布局，分别是：

插入（I）→布局→创建布局向导。

工具（T）→向导→创建布局。

2．操作步骤

利用上述方法激活该命令后，系统弹出如图 14-1 所示的"创建布局"对话框。用户只需按照该向导的指引，依次完成下列设置，即可创建一个新的布局。

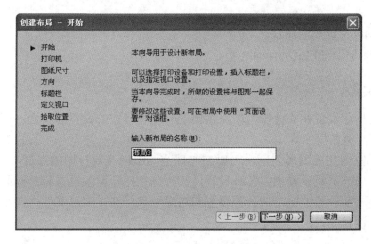

图 14-1 "创建布局"对话框

利用布局向导创建布局的步骤包括：

1）开始：为新布局创建名称。

2）打印机：为新布局选择使用的打印机。

3）图纸尺寸：确定打印时使用的图纸尺寸、绘图单位。

4）方向：确定打印的方向，可以纵向或者横向。

5）标题栏：选择要使用的标题栏。

6）定义视口：设置布局中浮动视口的个数和各个视口的比例。

7）拾取位置：定义每个视口的位置。

首次单击"布局"选项卡时，页面上将显示单一视口。虚线表示图纸空间中当前配置的图纸尺寸和绘图仪的可打印区域。

14.2.2 创建并管理布局

用户可以使用"LAYOUT"命令直接创建一个新布局，或者对已有的布局进行编辑管理。

1．命令输入方式

命令行：LAYOUT。

工具栏：布局→🖾。

命令别名：LO。

2．操作步骤

命令:LAYOUT↙

输入布局选项 [复制(C)/删除(D)/新建(N)/样板(T)/重命名(R)/另存为(SA)/设置(S)/?] <设置>:

各选项含义如下。

- 复制（C）：复制布局。
- 删除（D）：删除布局。
- 新建（N）：创建一个新的"布局"选项卡。
- 样板（T）：基于样板（DWT）或图形文件（DWG）中现有的样板创建新布局。
- 重命名（R）：给布局重新命名。
- 另存为（SA）：另存布局。
- 设置（S）：设置当前布局。
- ?：列出图形中已定义的所有布局。

14.2.3 页面设置

页面设置是打印设备和其他影响最终输出的外观和格式的设置的集合。可以修改这些设置并将其应用到其他布局中。

在"模型"空间完成图形之后，可以在布局空间中创建要打印的布局。 设置了布局之后，就可以为布局的页面设置指定各种设置，其中包括打印设备设置和其他影响输出的外观和格式的设置。页面设置中指定的各种设置和布局一起存储在图形文件中。用户可以随时修改页面设置中的设置。

1．命令输入方式

命令行：PAGESETUP。

菜单栏：文件（F）→页面设置管理器。

工具栏：布局→ 🗋 。

快捷方式：右击当前的模型或"布局"选项卡，在弹出菜单中选择"页面设置管理器"命令。

2．操作步骤

命令：PAGESETUP ↵

屏幕弹出"页面设置管理器"对话框。如图 14-2 所示。

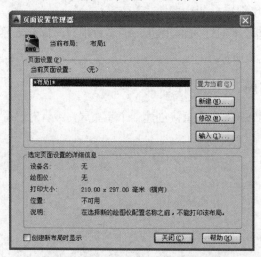

图 14-2 "页面设置管理器"对话框

- "当前页面设置"列表框：列举出当前可选择的布局。
- "置为当前"按钮：将选中的页面设置为当前布局。
- "新建"（N）按钮：单击该按钮，打开"新建页面设置"对话框，从中创建新的布局。
- "修改"（M）按钮：修改选中的布局。
- "输入"（I）按钮：打开"从文件选择页面设置对话框"，选择已经设置好的布局设置。

当在"页面设置管理器"对话框中选择一个布局，并单击"修改"按钮，系统弹出如图 14-3 所示的"页面设置"对话框。

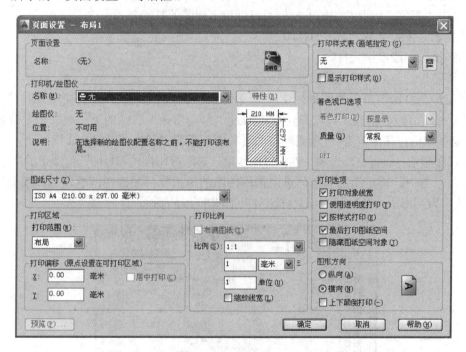

图 14-3 "页面设置"对话框

1）"打印机/绘图仪"选项组：可以用来设置打印机的名称、位置。单击"特性"按钮，打开"绘图仪配置编辑器"对话框，可以查看或修改打印机的配置信息。

2）"打印样式表"选项组：为当前的布局指定打印样式和打印样式表。在下拉列表框中选择一个打印样式后，单击"编辑"按钮 可以打开如图 14-4 所示的"打印样式编辑器"对话框，查看或修改打印样式。

打印样式是一系列颜色、抖动、灰度、笔指定、淡显、线型、线宽、端点样式、连接样式和填充样式的替代设置。使用打印样式能够改变图形中对象的打印效果。可以给任何对象或图层指定打印样式。

打印样式表包含打印时应用到图形对象中的所有打印样式，它控制打印样式定义。AutoCAD 包含命名和颜色相关两种打印样式表。用户可以添加新的命名打印样式，也可以更改命名打印样式的名称。颜色相关打印样式表包含 256 种打印样式。每一样式表示一种颜色。不能添加或删除颜色相关打印样式，也不能改变它们的名称。

3）"图纸尺寸"选项组：指定图纸的大小。

4）"打印区域"选项组：设置布局的打印区域。可选择的打印区域包括"布局"、"视图"、"显示"和"窗口"。默认设置为布局。

5）"打印比例"选项组：设置布局的打印比例。单击下拉列表选择合适的比例。打印布局时默认的比例为 1:1。打印"模型"时默认的比例为"按图纸空间缩放"。如果要按比例缩放线宽，可选择"缩放线宽"复选框。

6）打印偏移：显示相对于介质源左下角的打印偏移值的设置。"居中打印"可以自动计算设置为居中打印。

7）着色视口选项：指定着色和渲染视口的打印方式，并确定其分辨率大小和 DPI 值。

● 单击"着色打印"右侧的下拉列表可以指定视图的打印方式。

● "显示"按照屏幕上显示的打印。

● "线框"以线框模式打印。

● "消隐"打印消隐后的结果。

● "渲染"打印渲染后的结果。使用"线框模式"、"消隐模式"、"渲染模式"打印时不考虑当前的显示模式。用户还可以通过"单击质量"右侧的下拉列表指定着色和渲染视口的打印分辨率。"草图"将渲染和着色模型空间视图设置为线框打印。

8）打印选项：设置打印选项。例如打印线宽、显示打印样式和打印几何图形的次序等。

9）图纸方向：指定图形方向。纵向指用图纸的短边作为图形图纸的顶部。横向指用图纸的长边作为图形图纸的顶部。反向打印可以把图形上下颠倒。

图 14-4 "打印样式编辑器"对话框

14.3 打印图形

在设置好布局和页面之后，可以通过打印命令将模型输出到文件，或者是使用打印机、绘图仪等设备输出到图纸。

14.3.1　打印预览

1．命令输入方式

命令行：Preview。

菜单栏：文件（F）→打印预览。

工具栏：标准→ ▣ 。

2．操作步骤

AutoCAD 2014 按照当前的页面设置、绘图设备设置及绘图样式等在屏幕上显示出最终要输出的图纸。

14.3.2　打印输出

1．命令输入方式

命令行：PLOT。

菜单栏：文件（F）→打印。

工具栏：标准→ 🖨 。

命令别名：PRINT。

快捷方式：使用右击模型或者布局名称，在弹出菜单中选择"PLOT"命令。

2．操作步骤

激活该命令后，屏幕显示"打印"对话框，如图 14-5 所示。该对话框与"页面设置"对话框非常相似。但还可设置以下内容。

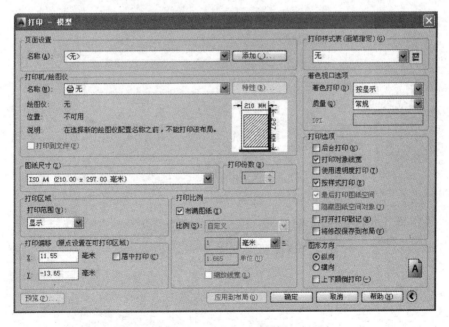

图 14-5　"打印"对话框

1）单击"页面设置"选项组中的"添加"按钮，可以打开"添加页面设置"对话框，从中可以添加新的页面设置。

　　2）"打印机/绘图仪"选项组中的"打印到文件"复选框可以将指定的布局发送到打印文件，而不是打印机。

　　3）"打印份数"可以设置每次打印的图纸份数。

　　4）"打印选项"：

● "后台打印"复选框可以在后台打印图形。

● "打开打印戳记"复选框，可以在输出的图形上显示绘图标记。

● "将修改保存到布局（Save）"复选框，可以将打印对话框中的设置保存到布局中。

14.4　习题

　　1. 绘制 AutoCAD 图形并把它输出为 3DS 格式文件。

　　2. 使用向导创建一个新布局。

　　3. 绘制 AutoCAD 图形并按照"窗口"打印模式进行打印。

第 15 章　AutoCAD 的网络功能

本章主要内容：
- AutoCAD 的网络功能
- 通过 Internet 进行图形处理
- 设置图形超链接
- 图形的网络发布
- Autodesk 360 云服务

互联网技术的发展使得资源共享和联合开发成为必然的趋势，AutoCAD 2014 的网络功能更加完善，用户可以在 AutoCAD 环境中直接访问 Web 站点，发送电子邮件、在网上发布图形并创建网页等操作。AutoCAD 的网络功能为信息和资源的共享提供了行之有效的方法。而且，从 AutoCAD 2010 以后，AutoCAD 的网络功能朝着云服务、社会化协作设计方向发展。

通过连接到 Autodesk 360 云服务，用户可以和其它设计者方便地交流并交换图形。要启动 Autodesk 360，用户需要注册一个免费的 Autodesk ID，就可以获得基于云的服务所提供的几乎无限的计算能力，还可以获得用于设计和协作的数字工作空间。Autodesk 提供了对设计文件的安全访问，因此客户可以放心地存储、编辑和共享作品。

用户可以将图形文件以及 AutoCAD 环境设置等保存在 Autodesk 360 云端，在切换计算机时 AutoCAD 会自动把你的自定义设置同步到当前计算机，让每台计算机用起来都那么顺手，并且通过 Autodesk 360 云端服务，本地 AutoCAD 可以和 AutoCAD 手机和移动应用程序实现密切协同合作。

要使用 AutoCAD 2014 的网络功能，用户必须能够访问广域网或局域网，并且安装了 Microsoft Internet Explorer 8 或其更高版本。

15.1　通过 Internet 进行图形处理

为适应互联网的快速发展，使用户能够快速有效地共享设计信息，AutoCAD 一直重视网络功能开发，与互联网的交互命令高效快捷，表现在可以很方便地通过 Internet 访问图形文件和将设计好的图形文件通过网络与他人共享。

15.1.1　通过 Internet 访问图形文件

在 AutoCAD 2014 中，支持从 Internet 打开、保存和插入文件，"选择文件"（Open）、"加载应用程序"（AppLoad）、"输出数据"（Export）、"保存"（Save）、"另存为"（Save as）等命令都具有内置的 Internet 功能，能够识别统一资源定位器（URL）路径，可用来直接在 Internet 上下载所需的图形文件，并保存在本地计算机上，可用 AutoCAD 对下载的图形文件进行编辑修改，再上传到 Internet 上，与其他协作人员共享。

以"选择文件"命令为例，该命令可通过 Internet 打开图形文件，"选择文件"对话框对用户并不陌生，以下着重介绍其 Internet 功能，如图 15-1 所示。

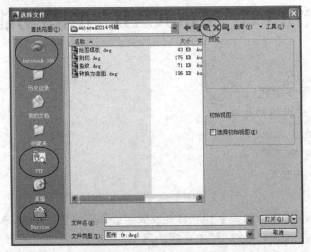

图 15-1　"选择文件"对话框

（1）搜索

单击"搜索"按钮，可打开"浏览 Web-打开"对话框，如图 15-2 所示，连接到 http://www.autodesk.com.cn。用户也可以在该对话框中输入其他的 URL 或利用对话框中的"查找范围"下拉列表框打开最近访问过的网站，并打开这些网站上的 DWG、DXF 等 AutoCAD 文件。

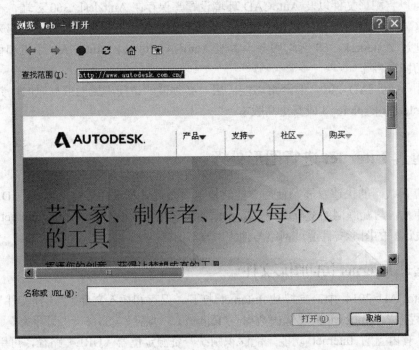

图 15-2　"浏览 Web - 打开"对话框

（2）Autodesk 360

单击"Autodesk 360"按钮![icon]，弹出 Autodesk 登录窗口，用注册的 Autodesk ID 登录后，用户可以在 Autodesk 360 的云端上传、管理自己的文档和访问协作团队的文档。该部分内容将在后续介绍 Autodesk 360 的功能时详细说明。

（3）Buzzsaw

AutoCAD 的"Buzzsaw"可以存储、管理和共享 Buzzsaw 站点上的文档。Buzzsaw 是一个安全的联机项目协作服务，它使位于不同位置的成员可以将文件发布到一个中心站点并从该站点访问文件。用户可以在 Buzzsaw 中保存文件、向其中发送传递集以及发布图纸。要使用 Buzzsaw，用户必须拥有 Buzzsaw 上的工程宿主账号或可以访问订户的 Buzzsaw 站点。如果没有 Buzzsaw 上的工程宿主账号，单击 Buzzsaw 显示"Buzzsaw 文件夹"列表中的添加新站点选项，在其中可以设置工程。当首次访问 Buzzsaw 时，默认的网页浏览器将打开 http://www.buzzsaw.com 页面。如果已经建立了工程宿主账号，单击 Buzzsaw 将在 Site 列表中显示所有项目站点。

（4）FTP 文件夹

用于浏览已添加的 FTP 站点。

15.1.2　创建图形传递集

在将图形发送给某人时，常见的一个问题是忽略了图形的一些关联文件：如字体文件和外部参照。某些情况下，没有这些关联文件将使接收者无法使用原来的图形。使用电子传递（eTransmit）可以创建 AutoCAD 图形传递集，它可以自动包含所有相关文件。用户可以将传递集在 Internet 上发布或作为电子邮件附件发送给其他人。

1．命令输入方式

命令行：ETRANSMIT。

菜单栏：文件（F）→电子传递。

2．操作步骤

命令：ETRANSMIT↵

调用命令后，会弹出"创建传递"对话框，如图 15-3 所示。通过对该对话框的设置用户可以完成传递集的创建。其中各选项含义如下。

- ●"文件树"选项卡：以文件目录树的形式列出当前文件及其所有支持文件，包括外部参照文件、字体文件、打印格式文件等。默认情况下，这些文件是全被选入该图形的电子传递集中的，用户可以通过每个文件名前的复选框来改变这些支持文件的选择状态。
- ●"文件表"选项卡：以表格的形式列出当前文件的所有支持文件，包括这些文件的物理路径和一些细节信息。通过该选项卡，用户也可以修改电子传递集的内容。
- ●"添加文件"按钮：点击该按钮，打开"向传递添加文件"对话框，用户可以将需要的其他文件加入传递集中。
- ●"输入要包含在此传递包中的说明"文本框：为传递集加入注释信息。
- ●"选择一种传递设置"列表框：可以选择以前设置好的传递设置应用于现在创建的传递集。
- ●"传递设置"按钮：打开"传递设置"对话框，如图 15-4 所示，通过该对话框，用户可以"新建"、"重命名"、"修改"、"删除"传递设置。

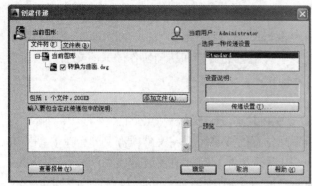

图 15-3 "创建传递"对话框   图 15-4 "传递设置"对话框

● "查看报告"按钮：单击该按钮，打开"预览传递报告"对话框，该对话框显示传递集的报告信息，包括用户输入的注释和由 AutoCAD 自动生成的分发注释，其中说明了传递集正常工作所需采取的详尽步骤。例如，如果 AutoCAD 在某个传递图形中检测到 SHX 字体，则会指示用户这些文件的复制位置，以使 AutoCAD 可在安装有传递集的系统上检测它们，如果创建了默认注释的文本文件，则该注释也将包含在报告中。

15.2 设置图形超链接

超链接是在 AutoCAD 图形中创建的一个指针，使用它可以跳转到关联的文件。如可以创建一个超链接以启动字处理程序并打开特定文件，或者激活 Web 浏览器并加载特定的 HTML 页面；也可以在文件中指定要跳转到某个命名位置，如跳转到 AutoCAD 中的视图或字处理程序中的书签；还可以将超链接附着到 AutoCAD 图形中的任意图形对象上。超链接提供了一种简单而有效的方法，可以快速将各种文档（如其他图形、材质明细表或工程计划）与 AutoCAD 图形关联起来。

超链接可以指向存储在本地、网络驱动器或 Internet 上的文件。在 AutoCAD 图形中既可以创建绝对超链接，也可以创建相对超链接。绝对超链接存储文件位置的完整路径。相对超链接存储文件位置的局部路径（相对于由系统变量"HYPERLINKBASE"指定的默认 URL 或目录）。绝对超链接在链接相对较小的文档集时比较适用，但是它有一定的限制。如果以后将绝对超链接所参照的文件移动到其他目录下，编辑该超链接路径将是很费时的过程。通过 AutoCAD，可以为用户在图形中创建的超链接指定相对路径。相对路径比绝对超链接具有更大的灵活性，并且更便于编辑。使用相对超链接，可以同时更新图形中所有超链接的相对路径，而不必分别编辑每个超链接，通过设置系统变量"HYPERLINKBASE"的值来指定图形中用于所有相对超链接的路径。如果未指定值，图形路径将用于所有相对超链接。

15.2.1 创建超链接

为图形对象创建超链接或修改现有超链接。

1. 命令输入方式

命令行：HYPERLINK。

菜单栏：插入（I）→超链接。

2．操作步骤

命令：HYPERLINK ↵

选择对象：（选择对象）↵

根据选定对象不同，AutoCAD 将打开不同的对话框，具体如下。

● 如所选的图形对象不包含超链接，则打开"插入超链接"对话框，如图 15-5 所示。使用该对话框，可以将选中的图形对象链接至现有文件或 Web 页、该图形的其他命名视图或电子邮件地址。

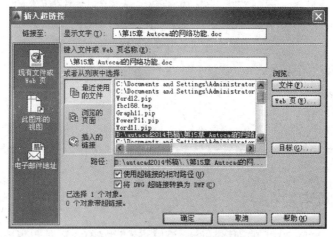

图 15-5　"插入超链接"对话框

● 如所选的图形对象已包含超链接，则打开"编辑超链接"对话框，如图 15-6 所示。通过该对话框，可以修改所选图形对象的超链接，还可以删除所选图形对象的超链接。"编辑超链接"对话框与"插入超链接"对话框基本类似，只是多了"删除链接"功能。

图 15-6　"编辑超链接"对话框

15.2.2　打开超链接相关联的文件

默认情况下，当用户将十字光标停在带有超链接的图形对象上时，AutoCAD 将提供光标反馈，告诉用户该对象带有超链接，同时提示，按〈Ctrl〉并单击鼠标，可以打开与之相关联的文件，或者选中带有超链接的图形对象，右击鼠标，则弹出如图 15-7 所示的"超链接"快捷菜单，使用该快捷菜单也可以打开与之相关联的文件。

如果需要，可以从菜单"工具"（T）→"选项"→"用户系统配置"选项卡对话框中打开超链接光标和快捷菜单的显示。

要打开与超链接相关联的文件，必须将系统变量"PICKFIRST"设置为 1。

图 15-7 "超链接"快捷菜单

该快捷菜单共有 4 个功能：

1）打开超链接相关联的文件。

2）复制超链接。

3）添加到收藏夹。

4）编辑超链接。

15.3 图形的网络发布

充分利用 AutoCAD 2014 的网络功能，可以将设计好的图形发布到 Internet 上，使所有协作人员都可以共享。

在网络上发布图形，国际上通常采用图形网络格式 DWF 图形文件格式，这种图形格式是一种矢量压缩格式，体积很小，可以很方便地在网上传输，但却完整地保留了图形的打印属性和超链接等信息，支持图形的移动、缩放和图层显示效果。DWF 格式文件可在任何装有网络浏览器和 Autodesk Whpi 免费插件的计算机中打开、查看和输出。

在 AutoCAD 中，不需要设计人员精通网页设计的专业知识，就可以将一个或多个图形文件转化为 Web 页，并发布到 Internet 上。

创建包括选定图形或图像的网页，可以利用网上发布向导。

1．命令输入方式

命令行：PUBLISHTOWEB。

菜单：文件（F）→网上发布。

2．操作步骤

Command：PUBLISHTOWEB ↵

屏幕上会弹出"网上发布"对话框，如图 15-8 所示，指导用户将当前的图形文件以网页的方式发布到 Internet 或 Intranet 上。

使用网上发布向导，可以创建新的 Web 页，也可以编辑已有的 Web 页。

如图 15-8 左侧所列可用项目，创建新的 Web 页向导包括以下步骤。

1）开始。

2）创键 Web 页：定义 Web 的名称及描述。

3）选择图像类型：选择输出图像的格式，可支持 DWF、JPEG、PNG 三种。还可以选择输出图像的大小。

4）选择样板：允许将多个图形以单页图像方式或多页图像方式发布为网页。

5）应用主题：主题应用可以改变网页的颜色和字体。

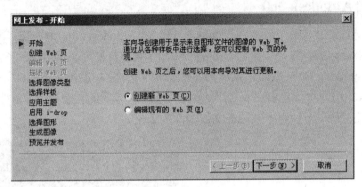

图 15-8 "网上发布"对话框

6）启用 i-drop 选择是否启用 i-drop 功能。i-drop 是一种拖放方法，用于将 Web 页的内容插入到当前图形中。使用 i-drop 可以简便地将网上的图形内容插入到本地计算机已打开的图形中，可以插入的 i-drop 内容的具体样例包括 AutoCAD 的椅子块、窗户块或漆布样品的位图。

7）选择图形：选择想要发布到网上的图形文件及其布局。

8）生成图像：生成图像文件。

9）预览并发布：预览和发布。

编辑已有的 Web 页向导基本与创建 Web 页向导相同，只是编辑已有 Web 页时，图 15-9 左侧不可用的"编辑 Web 页"及"描述 Web 页"变为可用，而"创建 Web 页"变为不可用，其他步骤相同。

15.4 使用 Autodesk 360 处理图像

Autodesk 360 是一组安全的联机服务器，用来存储、检索、组织和共享图形和其他文档。用户在创建创建 Autodesk 账户后，就可以访问由 Autodesk 360 提供的功能，主要包括：

1）安全异地存储：允许将图形保存到 Autodesk 360， 类似于将文件存储在安全的、受到维护的网络驱动器中。

2）自动联机更新：用户在本地修改图形时，可以选择是否要在 Autodesk 360 中自动更新这些文件。

3）远程访问：允许用户在任何地方工作时都可以访问 Autodesk 360 中的设计文档。

4）自定义设置同步：用户在不同的计算机上打开 AutoCAD 图形时，将自动使用用户的自定义工作空间、工具选项板、图案填充、图形样板文件等设置。

5）使用移动设备查看文件：用户可以和同事或客户使用智能手机和平板电脑通过 AutoCAD 手机和移动应用程序查看、编辑和共享 Autodesk 360 中的图形。

6）查看和协作：通过 Autodesk 360，用户可以单独或成组地授予协作人员访问指定图形文件或文件夹的权限级别，授予其查看或编辑的权限，允许对方可以使用 AutoCAD、AutoCAD WS 来访问这些文件。

7）联机软件和服务：用户可以使用 Autodesk 360 资源而非本地计算机来运行渲染、分析和管理文档。

15.4.1　登录到 Autodesk 360

启动 AutoCAD 2014 系统后，在界面的右上角有 Autodesk 360 的 登录 按钮，单击后会弹出"Autodesk-登录"窗口，如图 15-9 所示。若使用 Autodesk 360 的功能，用户需要注册一个 Autodesk ID。用户登录以后，会弹出"默认的 Autodesk 360 设置"对话框，如图 15-10 所示。用户可以选择"启动自动复制"和"同步我的设置"复选框，将所设计的图形以及其图形设置安全地保存在 Autodesk 360 的云端。

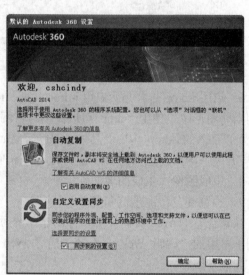

图 15-9　Autodesk 360 登录窗口　　　　图 15-10　"默认的 Autodesk 360 设置"对话框

将工作空间设置成"三维建模"或"三维基础"，AutoCAD 2014 会增加一项 Autodesk 360 菜单，选择该菜单，会弹出"Autodesk 360 工具"面板，如图 15-11 所示，通过该面板，用户就可以使用 Autodesk 360 所提供的功能。

图 15-11　"Autodesk 360 工具"面板

15.4.2　将设计文档上传到 Autodesk 360

利用 Autodesk 360 的"管理文档"功能，用户可以将文档方便地上传到 Autodesk 360 的云端。

1. 命令输入方式

命令行：ONLINEOPENFOLDER。

工具栏：Autodesk 360 → 管理文档。

2．操作步骤

单击"管理文档"按钮 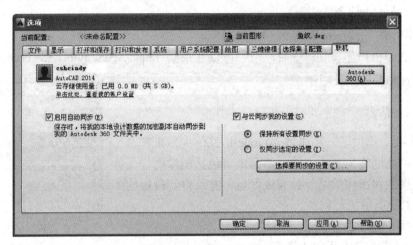 后，打开本地 Autodesk 360 文件夹。将要上传的文档和文件夹拖动到此文件夹中。这些文件将以较短的时间间隔安全地上载到 Autodesk 360，用户可以使用 Autodesk 账户访问它们。

保存时，也可以将图形自动上传到 Autodesk 360。该选项受"选项"对话框的"联机"选项卡中的"启用自动同步"选项控制，如图 15-12 所示。

图 15-12 "联机"选项卡

15.4.3 访问 Autodesk 360

利用 Autodesk 360 的"启动网站"功能，用户可以在浏览器中打开 Autodesk 360 文档列表和文件夹。

1．命令输入方式

命令行：ONLINEDOCS。

工具栏：Autodesk 360 → 。

2．操作步骤

单击"启动网站"按钮 后，将启动浏览器并打开网页 https://360.autodesk.com，用户用 Autodesk ID 登录后，就可以获得用于设计和协作的数字工作空间，使用 Autodesk 360 提供的强大功能。

15.4.4 共享文档

指定哪些用户可以从 Autodesk 360 访问当前图形。

1．命令输入方式

命令行：ONLINESHARE。

工具栏：Autodesk 360→ 。

2．操作步骤

单击"共享文档"按钮 后，用户可以将协作人员的电子邮件名称输入到受邀请人的列表中，向对方发送邀请函，共享保存在 Autodesk 360 云端的设计。

15.4.5　立即协作

使用 AutoCAD WS 启动联机任务，用户可以邀请协作人员立即查看和编辑当前图形。

1．命令输入方式

命令行：ONLINECOLNOW。

工具栏：Autodesk 360→ 。

2．操作步骤

单击"立即协作"按钮 后，用户可以登录到 https://www.autocadws.com，邀请协作
人员一起察看和编辑当前图像。

15.4.6　设计提要

"设计提要"提供了一种通过 Autodesk 360 向同事和客
户发布消息以及回复消息的方式，消息中可包括图像附件。
消息可以链接到图形内的某一位置或区域，并且得到授权的
他人可以对其进行联机访问。

1．命令输入方式

命令行：DESIGNFEEDCLOSE。

工具栏：Autodesk 360→ 。

2．操作步骤

单击"设计提要"按钮 后，弹出如图 15-13 所示的
"设计提要"选项板：通过该选项板，用户可以：

- 创建新帖子。
- 将此帖子与图形中的区域相关联。
- 将此帖子与图形中的点相关联。
- 将图像附着到该帖子。

图 15-13　"设计提要"选项板

支持的图像文件类型包括：BMP、DIB、JPEG、JPG、JPE、JFIF、JIF、GIF、TIF、
TIFF 和 PNG。

- 回复帖子。
- 删除帖子。
- 查看所有注释。

15.5　习题

1．如何在 Internet 上下载及上传图形文件？
2．利用某图形的超链接功能实现与某网页的链接。
3．利用网上发布向导将图形以网页的形式发布到 Internet 上。
4．练习使用 Autodesk 360 的各项功能。

第16章　AutoCAD 2014 二次开发基础

本章主要内容：
- AutoLISP 语言概述
- Visual LISP 应用基础
- 对话框及 DCL 代码

　　AutoCAD 有面向大多数用户、通用性高的优点，同时也导致了其针对性不强，用户需求与 CAD 系统规模之间的矛盾日益增加，设计效率不高的问题。在 CAD 软件平台上，结合具体的应用需求，总结行业的设计知识和经验，在 CAD 的开放体系结构中开发面向行业和设计流程的 CAD 系统，这就是 CAD 二次开发功能。AutoCAD 2014 中的主要开发工具包括 AutoLISP、VBA、Object ARX 和 Visual LISP。

　　AutoLISP 语言是嵌套于 AutoCAD 内部，是将 LISP 语言与 AutoCAD 有机结合的产物。使用 AutoLISP 语言可直接调用几乎所有的 AutoCAD 命令。 AutoLISP 语言既具备一般高级语言的基本功能，又具有一般高级语言所没有的强大的图形处理功能。是当今世界上 CAD 软件中被广泛应用的语言之一。

　　Visual LISP 是 AutoLISP 的换代产品。与 AutoLISP 完全兼容，并提供它所有的功能，是新一代的 AutoCAD LISP 语言。Visual LISP 对语言进行了扩展，可以通过 Microsoft ActiveX Automation 接口与对象交互。作为开发工具，Visual LISP 提供了一个完整的集成开发环境（IDE），包括编译器、调试器和其他工具，可以提高二次开发的效率。

16.1　AutoLISP 语言概述

　　LISP（List Processing Language）是人工智能领域广泛采用的一种程序设计语言，主要用于人工智能、机器人、专家系统、博弈、定理证明等领域。LISP 在多年的发展过程中产生了多种版本。

　　Autodesk 公司在 AutoCAD 内部嵌入 AutoLISP 语言的目的是使用户能充分利用 AutoCAD 进行二次开发，实现直接增加和修改 AutoCAD 命令，随意扩大图形编辑功能，建立图形库和数据库并对当前图形进行直接访问和修改，开发 CAD 软件包等。

　　自从 AutoLISP 嵌入 AutoCAD 之后，使仅仅作为交互图形编辑软件的 AutoCAD 通过编程能真正成为进行计算机辅助设计、绘图的 CAD 软件。由于 LISP 灵活多变、易于学习和使用，因而使 AutoCAD 成为了功能强大的工具性软件。

　　AutoLISP 具有如下的特点：

　　1）AutoLISP 语言是在普通 LISP 语言的基础上，扩充了许多适用于 CAD 应用的特殊功能而形成的，是一种仅能以解释方式运行于 AutoCAD 内部的解释型程序设计语言。

2）AutoLISP 语言中的一切成分都是以函数的形式给出的，它没有语句的概念和其他的语法结构。执行 AutoLISP 程序就是执行一些函数，再调用其他的函数。

3）AutoLISP 把数据和程序统一表达为表结构，因此可以把程序当数据来处理，也可以把数据当做程序来处理。

4）AutoLISP 语言中的程序运行过程就是对函数求值的过程，是在对函数求值的过程中实现函数的功能。

5）AutoLISP 语言的主要控制结构是采用递归方式。递归方式的使用，使得程序设计简单易懂。

16.1.1　数据类型

AutoLISP 语言使用以下 9 种类型的数据，它们是整型数、实型数、字符串、表、文件指针、图元名、AutoCAD 的选择集和 VAL 变量和符号，下面逐一加以简单的介绍。

1．整型数

AutoLISP 的整数为 32 位带符号的数字，其范围为-2 147 483 648～2 147 483 648，如果输入的数超过这个范围，AutoLISP 会将整数转化为实数。如果算术运算的结果超过了这个范围，那么所得的结果将是无效的。

2．实型数

实型数就是带小数点的数。AutoLISP 以双精度浮点格式保存实数，精度不低于 14 位有效数字，但是在 AutoCAD 命令行窗口中只显示 8 位有效数字。实数可以用科学计数法表示，科学计数法的格式中可包括 e 或 E 及指数。

3．字符串

字符串又称为字符常数，它是由双引号引起来的字符序列。在引号包括的字符串中，可以用反斜杠（\）添加控制字符。字符串在 AutoLISP 程序中常用于文件名、标志符及 DCL 中的控件名。

4．表

AutoLISP 存储和处理数据最有效的方式是表。鉴于 AutoCAD 的数据是以链表的方式进行存储的，所以 AutoLISP 使用表这一数据类型。读者可以认为，表就是包含在括号中以空格隔开的一组相关值。

5．文件指针

文件指针是 AutoLISP 需要读写文件时，赋予该文件的标志。

6．图元名图形

图元名是为图形对象指定的十六进制的数字标识。AutoLISP 通过该标识可以找到该图形对象在图形数据库中的位置，并可以进一步对其进行编辑。

7．选择集

选择集是一个或多个图形对象的集合，用户可以通过 AutoLISP 程序向选择集添加或者从选择集减少图形对象。

8．VLA 对象

VLA 对象是 VLISP 在 ActiveX 中使用的对象。AutoCAD 的对象如直线、圆、图层、视口等都属于 VLA 对象。AutoCAD 对象和 VLA 对象可以相互转换。

9．符号和变量

符号可以理解为标识，用来作为变量、函数的名字。符号不能只包含数字，它可以是包括除"("、")"、"."、"'"、";"以外的任何打印字符。长度没有限制，大小写等价。

16.1.2 表达式

AutoLISP 程序是由一系列的表达式组成的，表达式和数据类型都是 AutoLISP 程序的基础。下面简要介绍一下 AutoLISP 程序中表达式的两个主要特点。

1．操作符前置表示法

与大多数计算机语言的数学表达式不同的是，AutoLISP 的表达式采用操作符前置法，就是将函数名和操作符号放在所有操作数的前面，运算数与运算数之间至少要有一个空格。例如(setq a (*z(+x y)))就表示 a=(x+y)*z。

2．运算的优先级

在 AutoLISP 程序中，函数之间不存在是否优先的关系，运算的先后顺序仅仅由表的层次来决定。最里层的表最先被求值，把求值的结果返回给外面的层，一直到求出最终的结果。

16.1.3 基本程序控制结构

与常用的一些计算机高级语言相同，AutoLISP 语言也支持 3 种基本的程序控制结构，即顺序结构、分支结构和循环结构。相应地，AutoLISP 语言也提供了实现这 3 种结构所需的控制语句。

在任何实用程序中都不会仅仅用到上面提到的一种控制结构，在程序中，为了实现一定的目的，必须综合运用以上的 3 种控制结构。在这 3 种控制结构中，顺序结构比较简单，不再赘述，下面主要介绍一下分支和循环结构以及相应的语句。

1．分支结构及条件语句

分支结构是指根据给定的逻辑条件选择执行两个操作中的一个，并且只执行一个，因此分支结构又叫做选择结构，如图 16-1 所示。在 AutoLISP 语言中，实现分支结构的语句是 If 语句。

If 语句的基本形式为：

(if <测试式> <表达式 1> [<表达式 2>])

当<测试式>为真时，执行<表达式 1>，否则执行<表达式 2>；当没有<表达式 2>时，如果<测试式>为 nil 时，该函数返回 nil，否则返回<表达式 1>的值。例如：

（if（>a b）(setq c 3)(setq c 4)) 当a>b 时，c 值为 3，否则 c 值为 4。

在这里需要注意的是，If 语句是可以嵌套的。

在实际问题中，常常不是简单的二选一问题，而是需要根据一个表达式的取值在多个分支中选择使用哪个分支，即多分支结构，如图 16-2 所示。在 AutoLISP 语言中，实现多分支结构的语句是 Cond 语句。

Cond 语句的基本形式为：

（cond (<测试式 1> <表达式 1>) (<测试式 1> <表达式 1>)………）

该函数接管任意数目的表作为变元。它依次对各测试式进行计算，一旦该式不为 nil，则执行后面的表达式而不再测试以后的式子。

2. 循环结构及循环语句

循环结构包含两种类型：一种是直到型循环，是指在给定的逻辑条件不满足时执行所需操作，并在每次操作之后判断逻辑条件，直到条件满足为止，如图 16-3 所示。在 AutoLISP 语言中，实现直到型循环结构的语句是 While 语句。

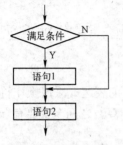

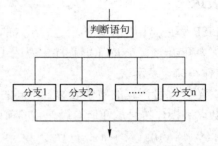

图 16-1　AutoLISP 语言中的分支结构　　　　图 16-2　AutoLISP 语言中的多分支结构

While 语句的基本形式为：

　　　　（while <测试式> <表达式>………）

该函数先计算<测试式>，如果不为 nil，就计算后面的<表达式>（可有多个），然后再计算<测试式>，这样一直循环到<测试式>为 nil 时停止，并返回最后计算的表达式的值。使用该函数时，注意要有适当条件保证程序不至于进入死循环。

另一种循环控制结构为当型循环，是指在满足给定的逻辑条件时反复执行给定操作，并在每次操作前判断逻辑条件，直到条件不满足为止，如图 16-4 所示。在 AutoLISP 语言中，实现当型循环结构的语句是 Repeat 语句。

Repeat 语句的基本形式为：

　　　　（repeat <正整数> <表达式>………）

该函数中的表达式无条件重复计算<正整数>次。例如：

```
(setq a 10)
(repeat 5
(setq a (+a 10))
)
```

结果 a 的值为 60。

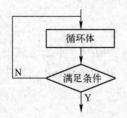

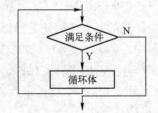

图 16-3　直到型循环结构　　　　　　　图 16-4　当型循环结构

16.1.4　函数类

函数是许多计算机语言的重要组成部分，在 AutoLISP 语言中，函数也占有非常重要的地位。进行 AutoLISP 程序设计时，通过众多函数才能实现赋值、计算、输入/输出以及编写子程序等。AutoLISP 语言以表的形式写出所有的函数，每个函数在程序中表现为一条或多条语句，执行特定的功能，最后返回某种 AutoLISP 数据。函数的名称是表中的第一个元素，后继元素是函数必需的参数。

AutoLISP 语言预定义了 140 多个函数，它们可以分为 14 类：赋值函数、计算函数和三角函数、逻辑函数和关系函数、交互性输入数据函数、输出和输入函数、文件操作函数、条件执行函数、循环函数、表处理函数、类型转换函数、字符串处理函数、求值函数、与 AutoCAD 交流函数。访问 AutoCAD 实体函数；定义、调用函数。限于本书的篇幅，各函数的具体格式就不再加以介绍。

16.2　Visual LISP 应用基础

Visual LISP（简称 VLISP）使得编写、修改代码以及测试和调试 AutoLISP 程序的过程可视化，是为加速 AutoLISP 程序开发而设计的软件工具。它提供的主要工具包括："文本编辑器"、"格式编辑器"、"语法检查器"、"源代码调试器"、"检验和监视工具"、"文本编译器"、"工程管理系统"、"上下文相关帮助"、"自动匹配功能"以及"智能控制台"等。本节将主要介绍 Visual LISP 的交互开发环境（简称 IDE），在此基础上简要讲述如何在 Visual LISP 中运行、调试 AutoLISP 程序。

16.2.1　启动 Visual LISP

Visual LISP 是运行在独立于 AutoCAD 的另外一个窗口中的。启动 Visual LISP 交互开发环境的方法有两种：

1）直接在命令行输入"VLISP"，然后按〈Enter〉键；

2）在 AutoCAD 的菜单中，执行"工具"→"Autolisp-Visual LISP 编辑器"命令。

这时就会弹出"Visual LISP for AutoCAD"界面，如图 16-5 所示。

16.2.2　Visual LISP 环境界面

一个完整的 Visual LISP 环境界面如图 16-6 所示，由下面几个部分组成：

1. 菜单项

用户可以通过选择各种各样的菜单项来调用 Visual LISP 的命令。如果某个菜单项高亮显示，Visual LISP 就会在屏幕底部的状态栏上显示关于此命令的说明文字。

2. 工具栏

通过单击"工具栏"按钮，用户可以快速调用 Visual LISP 命令。在 Visual LISP 中有"标准"、"查找"、"工具"、"调试"和"视图"这 5 个工具栏。每个工具栏代表一个实现不同功能的命令组，大多数命令都可以在工具栏中调用。如果鼠标在一个按钮图标上停留的时间超过 2s，Visual LISP 会显示按钮的提示文字，表明该按钮的功能，同时在状态栏给出较详细的描述。

3. 控制台窗口

该窗口是独立于主 Visual LISP 窗口的，在控制台窗口中，用户可以输入 AutoLISP 命令，这与在 AutoCAD 的命令行中输入的效果是一样的。此外，用户还可以在这个窗口输入

Visual LISP 命令，以代替使用菜单和工具栏命令。

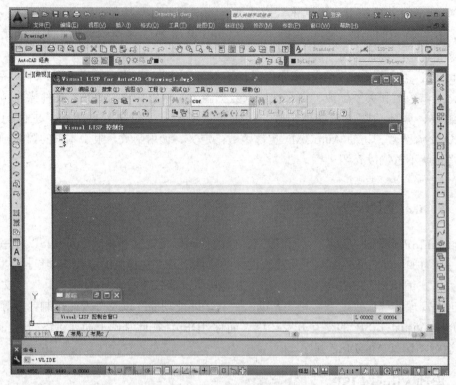

图 16-5　Visual LISP 界面

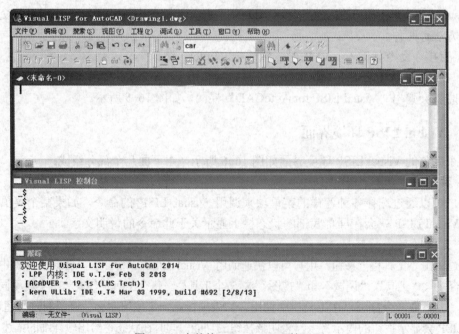

图 16-6　完整的 Visual LISP 环境界面

4．状态栏

位于屏幕的底部，显示当前 Visual LISP 的状态信息。信息的内容会根据当前在 Visual

LISP 中所作的工作的不同而实时变化。

5．跟踪窗口

在启动 Visual LISP 时，可以看到一个最小化的跟踪窗口。该窗口包含了一些关于 Visual LISP 当前版本的信息，以及当运行 Visual LISP 遇到错误时的其他一些信息。

6．文本编辑器

文本编辑器是 Visual LISP 的编程环境的核心部分，是一个集成的文本编辑器，可以用来编辑 AutoLISP 代码。其主要特征如下：

1）文本的颜色译码：文本编辑器可以识别一个 AutoLISP 程序的不同部分，并给它们设定不同的颜色。这可以使用户容易查找程序部件，如函数代码和变量名，并可以帮助用户发现输入的文字错误。

2）文本格式化：文本编辑器可以为用户格式化 AutoLISP 代码，使代码更加容易阅读。用户可以选择不同的格式化样式。

3）括号匹配：AutoLISP 程序中包含了许多括号，文本编辑器可以通过封闭括号与敞开括号的匹配帮助用户发现丢失的括号。

4）AutoLISP 表达式的执行：用户可以测试表达式和代码行，但不必离开文本编辑器。

5）多文件搜索：文本编辑器可以使用一个命令在多个文件中搜索一个字或一个表达式。

6）代码的语法检查：文本编辑器可以对 AutoLISP 代码进行求值并亮显语法错误。

16.2.3 加载、运行和退出 AutoLISP 程序

在开发 AutoLISP 应用程序的过程中，需要频繁地载入 AutoCAD 调试。因此必须了解如何加载、运行和退出 AutoLISP 程序和代码。

加载、运行 AutoLISP 应用程序的方法如下：

1）确保要加载的文本窗口是激活的，如果用户不能确保窗口是否是激活的，可以单击该窗口激活它。

2）在 Visual LISP 界面的菜单栏中执行"Tools-Load Text in Editor"命令，或者直接在工具栏上单击"加载活动编辑器窗口"按钮。Visual LISP 会在控制台窗口通过显示信息来表明程序是否加载成功。

3）如果加载成功，用户就可以在控制台窗口的命令行上运行该程序。只需要在提示符后面输入带括号的函数名，然后按〈Enter〉键即可。

4）当对所有的提示都做出了反应，控制又返回到了 Visual LISP，并且用户可以再次看到 Visual LISP 窗口。

在此过程中，用户可能会频繁在 Visual LISP 和 AutoCAD 窗口之间来回切换。当用户处于 Visual LISP 窗口时，可以使用 Visual LISP 菜单栏中"Windows-Active AutoCAD"命令，或单击工具栏中相应的按钮来切换；当用户处于 AutoCAD 窗口时，则可以在命令行输入"VLISP"命令，或者选择菜单栏中的"Tools-AutoLISP-Visual LISP Editor"选项。

当用户已经完成了 Visual LISP 操作，可以选择"File-Exit"命令，或者单击窗口右上角的"关闭"按钮来退出 Visual LISP 环境。

如果已经在文本编辑器窗口中进行过修改，但是没有保存，Visual LISP 在关闭前会提示用户保存所作的修改。

当用户退出 Visual LISP 后，它会保持退出时的状态，下一次启动时，它将自动打开上次退出时打开的文件和窗口。

16.3　对话框及 DCL 代码

为了使开发的程序与用户友好的交流数据，让不懂编程的用户方便地使用，设计对话框就成为程序开发不可或缺的工作。

AutoCAD 有自己的一套对话框设计语言，称为对话框控制语言（Dialogue Control Language，DCL），DCL 语言文件形式定义对话框，对话框中的各种元素（如按钮、列表框和编辑框等）称为控件，其布局、外观和动作由控件的属性指定。用户只需要提供最基本的位置信息，AutoCAD 就可以自动确定对话框的大小和控件的布局。

16.3.1　对话框的启动及运行过程

在 AutoLISP 主程序，只要有 load_dialog 表达式，即可启动指定的 DCL 对话框设计，在 AutoCAD 的操作界面中显示图形模式的对话框。

总的说来，对话框程序的运行，按先后次序可以分为以下 3 个步骤：

1）在 AutoLISP 文件里调用 "DCL" 对话框。

2）用户在 "图形模式" 对话框中输入数据。

3）将用户输入的数据返回 AutoLISP 文件执行。set_file()、get_file()、action_file()等函数将完成数据传输工作。

DCL 文件本身并不能单独运行，必须在 AutoLISP 主程序中进行初始设定，然后由主程序调用 DCL 文件，才能显示对话框。在用户输入数据后，单击对话框内 "设置" 的按钮，卸载对话框并将取得的数据传送给 AutoLISP 主程序执行。在关闭对话框之后，AutoLISP 主程序还将继续执行后继的程序代码。

由此可见，DCL 文件不过是 AutoLISP 程序执行过程中的一个 "外部子程序"，仅仅用于规划对话框和接收用户输入的数据而已，本身并不具备处理数据的能力，真正的运算功能都是 AutoLISP 程序的代码实现的。

16.3.2　对话框的基本架构及控件

一个对话框的 DCL 文件的基本架构如下：

```
对话框名：
{        Label="对话框标题";
        ：控件形式{
                Label="控件标题";
                控件属性设置……
                }//控件定义完毕
}                //对话框定义完毕
```

对话框的控件包括："说明文字"（Text）、"编辑框"（Edit_Box）、"选择按钮"（Button）、"单选按钮"（Radio_Button）、"复选框"（Toggle）、"列表框"（List_Box）、"下拉

式列表框"（Popup_List）、"行框"（Boxed_Row）、"滑竿"（Slider）和"图像"（Image）。其定义与设置的方法基本相似。

16.3.3　螺母主视图绘制器

在了解了对话框及 DCL 代码的基本知识后，下面来做一个简单的实例：螺母主视图绘制器。在本例中通过对话框获取螺母的中心点的坐标及螺纹规格，然后通过按比例绘图绘制螺母的主视图。

首先编制对话框的 DCL 代码（//后面的文字为注释）：

```
c_luomu:dialog{
//对话框的标题
label="螺母主视图绘制器";
//使用说明
:text{
label="先输入数据，然后单击 ok 按钮";
}
spacer_1;
//行框，用于确定螺母中心位置的数据
:boxed_row{
label="输入螺母的中心点";
//编辑框，用于确定螺母中心位置的 x 坐标
:edit_box{
label="x 轴坐标";
key="centerpx";
edit_width=5;
alignment=centered;
}
//编辑框，用于确定螺母中心位置的 y 坐标
:edit_box{
label="y 轴坐标";
key="centerpy";
edit_width=5;
alignment=centered;
}
}
spacer_1;

//编辑框，确定螺母的规格
:boxed_row{
:edit_box{
label="请输入螺纹的公称直径";
key="style_lm";
edit_width=16;
alignment=centered;
}
```

```
        }
        //间距加一行
        spacer_1;
        //ok 按钮
        ok_only;
        }
```

程序编写完毕后，将其保存在"support"子目录下，名称为"c_luomu.dcl"。
生成"螺母正视图绘制器"对话框，如图16-7所示。
然后编制 AutoLISP 主程序（；号后的文字为注释）：

```
        ;编制主程序
        (defun C:load_luomu()
            ;编制调入对话框的代码
            (setq id(load_dialog"c_luomu.dcl"))
            (if(not(new_dialog"c_luomu" id))(exit))
            ;单击 ok 按钮后调用处理输入数据的子程序
            (action_tile"accept" "(data_manage)")
            ;编写启动和卸载对话框的代码
            (start_dialog)
            (unload_dialog id)
            (princ)
            ;调用绘图的子程序
            (drawlm)
            (princ)
        );  主程序编制完毕


        ;用户用来处理输入数据的子程序
        (defun data_manage()
            ;将输入的字符转换为数值，确定螺母的中心点
            (setq x(atof(get_tile"centerpx")))
            (setq y(atof(get_tile"centerpy")))
            (setq centerp (list x y))
            ;确定螺纹的公称直径
            (setq sty(atof(get_tile"style_lm")))
            ;确定两条中心线的起点与终点
            (setq pt1(list (- x(+ 2 sty)) y))
            (setq pt2(list (+ x(+ 2 sty)) y))
            (setq pt3(list x (- y(+ 2 sty))))
            (setq pt4(list x (+ y(+ 2 sty))))
            ;确定大径四分之三圆弧的起点
            (setq pt5(list (- x(* 0.5 sty)) y))
        );  数据处理子程序编制完毕


        ;按比例绘图绘制螺母的子程序
        (defun drawlm()
            ;将线型改为中心线，线粗改为 0.25，绘制两条中心线
```

286

```
(command "linetype" "s" "center" "")
(command "lweight" 0.25)
(command "line" pt1 pt2 "")
(command "line" pt3 pt4 "")
;将线型改为粗实线
(command "linetype" "s" "continuous" "")
(command "lweight" 0.5)
;绘制正六边形，其外接圆半径与大径相等
(command "polygon" "6" centerp "i" sty)
;将刚才绘制的六边形旋转 30°
(setq temp (entlast))
(setq Rangle 30)
(command "rotate" temp "" centerp Rangle "")
;绘制倒角圆，其直径为大径的 1.7 倍
(setq s (* 1.7 sty))
(command "circle" centerp "D" s)
;绘制小径圆，其直径为大径的 0.85 倍
(command "circle" centerp "D" (* 0.85 sty))
;将线型改为细实线
(command "lweight" 0.25)
;绘制大径线的 3/4 圆弧
(command "arc" "c" centerp pt5 "a" "270.0")
)
```

程序编制完毕后，同样将其保存在"support"子目录下，名称为"load_luomu.lsp"。在
AutoCAD 中执行 tools-load application 命令，载入 load_luomu.lsp 文件。在命令行窗口输入命
令："load_luomu"，会弹出如图 16-7 所示的对话框，输入数据后单击"ok"按钮，
AutoCAD 会自行绘制螺母的主视图，效果如图 16-8 所示。

图 16-7 "螺母正视图绘制器"对话框

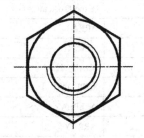

图 16-8 编程绘制的螺母主视图

16.4 习题

1. 简述 AutoLISP 的数据类型。
2. AutoLISP 程序表达式的主要特点有哪些？
3. 如何加载、运行和退出 AutoLISP 程序？
4. 简述对话框的启动及运行过程。

附　　录

附录 A　AutoCAD 2014 常用命令别名

别　　名	命　令　名	别　　名	命　令　名
3A	3DARRAY	-B	-BLOCK
3DMIRROR	MIRROR3D	BC	BCLOSE
3DNavigate	3DWALK	BE	BEDIT
3DO	3DORBIT	BH	BHATCH
3DP	3DPRINT	BLENDSRF	SURFBLEND
3DPLOT	3DPRINT	BO	BOUNDARY
3DW	3DWALK	-BO	-BOUNDARY
3F	3DFACE	BR	BREAK
3M	3DMOVE	BS	BSAVE
3P	3DPOLY	BVS	BVSTATE
3R	3DROTATE	C	CIRCLE
3S	3DSCALE	CAM	CAMERA
A	ARC	CBAR	CONSTRAINTBAR
AC	BACTION	CH	PROPERTIES
ADC	ADCENTER	-CH	CHANGE
AECTOACAD	-ExportToAutoCAD	CHA	CHAMFER
AA	AREA	CHK	CHECKSTANDARDS
AL	ALIGN	CLI	COMMANDLINE
3AL	3DALIGN	COL	COLOR
AP	APPLOAD	COLOUR	COLOR
APLAY	ALLPLAY	CO	COPY
AR	ARRAY	CONVTOMESH	MESHSMOOTH
-AR	-ARRAY	CP	COPY
ARR	ACTRECORD	CPARAM	BCPARAMETER
ARM	ACTUSERMESSAGE	CREASE	MESHCREASE
-ARM	-ACTUSERMESSAGE	CREATESOLID	SURFSCULPT
ARU	ACTUSERINPUT	CSETTINGS	CONSTRAINTSETTINGS
ARS	ACTSTOP	CT	CTABLESTYLE
-ARS	-ACTSTOP	CUBE	NAVVCUBE
ATI	ATTIPEDIT	CYL	CYLINDER
ATT	ATTDEF	D	DIMSTYLE

别　名	命　令　名	别　名	命　令　名
-ATT	-ATTDEF	DAL	DIMALIGNED
ATE	ATTEDIT	DAN	DIMANGULAR
-ATE	-ATTEDIT	DAR	DIMARC
B	BLOCK	DELETE	ERASE
JOG	DIMJOGGED	EXTENDSRF	SURFEXTEND
DBA	DIMBASELINE	F	FILLET
DBC	DBCONNECT	FI	FILTER
DC	ADCENTER	FILLETSRF	SURFFILLET
DCE	DIMCENTER	FREEPOINT	POINTLIGHT
DCO	DIMCONTINUE	FSHOT	FLATSHOT
DCON	DIMCONSTRAINT	G	GROUP
DDA	DIMDISASSOCIATE	-G	-GROUP
DDI	DIMDIAMETER	GCON	GEOMCONSTRAINT
DED	DIMEDIT	GD	GRADIENT
DELCON	DELCONSTRAINT	GEO	GEOGRAPHICLOCATION
DI	DIST	GR	DDGRIPS
DIV	DIVIDE	H	BHATCH
DJL	DIMJOGLINE	-H	-HATCH
DJO	DIMJOGGED	HE	HATCHEDIT
DL	DATALINK	HB	HATCHTOBACK
DLI	DIMLINEAR	HI	HIDE
DLU	DATALINKUPDAT	I	INSERT
DO	DONUT	-I	-INSERT
DOR	DIMORDINATE	IAD	IMAGEADJUST
DOV	DIMOVERRIDE	IAT	IMAGEATTACH
DR	DRAWORDER	ICL	IMAGECLIP
DRA	DIMRADIUS	IM	IMAGE
DRE	DIMREASSOCIATE	IMP	IMPORT
DS	DSETTINGS	IN	INTERSECT
DST	DIMSTYLE	INF	INTERFERE
DT	TEXT	IO	INSERTOBJ
DV	DVIEW	ISOLATE	ISOLATEOBJECTS
DX	DATAEXTRACTION	QVD	QVDRAWING
E	ERASE	QVDC	QVDRAWINGCLOSE
ED	DDEDIT	QVL	QVLAYOUT
EL	ELLIPSE	QVLC	QVLAYOUTCLOSE
ER	EXTERNALREFERENCES	J	JOIN
ESHOT	EDITSHOT	JOGSECTION	SECTIONPLANEJOG
EX	EXTEND	L	LINE

别　名	命　令　名	别　名	命　令　名
EXIT	QU IT	LA	LAYER
EXP	EXPORT	-LA	-LAYER
EXT	EXTRUDE	LAS	LAYERSTATE
LEN,	LENGTHEN	O	OFFSET
LESS	MESHSMOOTHLESS	OFFSETSRF	SURFOFFSET
LI	LIST	OP	OPTIONS
LINEWEIGHT	LWEIGHT	ORBIT	3DORBIT
LMAN	LAYERSTATE	OS	OSNAP
LO	-LAYOUT	-OS	-OSNAP
LS	LIST	P	PAN
LT	LINETYPE	-P	-PAN
-LT	-LINETYPE	PA	PASTESPEC
LTYPE	LINETYPE	RAPIDPROTOTYP	3DPRINT
-LTYPE	-LINETYPE	PAR	PARAMETERS
LTS	LTSCALE	-PAR	-PARAMETERS
LW	LWEIGHT	PARAM	BPARAMETER
M	MOVE	PARTIALOPEN	-PARTIALOPEN
MA	MATCHPROP	PATCH	SURFPATCH
MAT	MATBROWSEROPEN	PC	POINTCLOUD
ME	MEASURE	PCATTACH	POINTCLOUDATTACH
MEA	MEASUREGEOM	PCINDEX	POINTCLOUDINDEX
MI	MIRROR	PE	PEDIT
ML	MLINE	PL	PLINE
MLA	MLEADERALIGN	PO	POINT
MLC	MLEADERCOLLECT	POFF	HIDEPALETTES
MLD	MLEADER	POINTON	CVSHOW
MLE	MLEADEREDIT	POINTOFF	CVHIDE
MLS	MLEADERSTYLE	POL	POLYGON
MO	PROPERTIES	PON	SHOWPALETTES
MORE	MESHSMOOTHMORE	PR	PROPERTIES
MOTION,	NAVSMOTION	PRCLOSE	PROPERTIESCLOSE
MOTIONCLS	NAVSMOTIONCLOSE	PROPS	PROPERTIES
MS	MSPACE	PRE	PREVIEW
MSM	MARKUP	PRINT	PLOT
MT	MTEXT	PS	PSPACE
MV	MVIEW	PSOLID	POLYSOLID
NETWORKSRF	SURFNETWORK	PTW	PUBLISHTOWEB
NORTH	GEOGRAPHICLOCATION	PU	PURGE
NORTHDIR	GEOGRAPHICLOCATION	-PU	-PURGE

别　　名	命　令　名	别　　名	命　令　名
NSHO	NEWSHOT	PYR	PYRAMID
NVIEW	NEWVIEW	QC	QUICKCALC
QCUI	QUICKCUI	ST	STYLE
QP	QUICKPROPERTIES	STA	STANDARDS
R	REDRAW	SU	SUBTRACT
RA	REDRAWALL	T	MTEXT
RC	RENDERCROP	-T	-MTEXT
RE	REGEN	TA	TABLET
REA	REGENALL	TB	TABLE
REBUILD	CVREBUILD	TEDIT	TEXTEDIT
REC	RECTANG	TH	THICKNESS
REFINE	MESHREFINE	TI	TILEMODE
REG	REGION	TO	TOOLBAR
REN	RENAME	TOL	TOLERANCE
-REN	-RENAME	TOR	TORUS
REV	REVOLVE	TP	TOOLPALETTES
RO	ROTATE	TR	TRIM
RP	RENDERPRESETS	TS	TABLESTYLE
RPR	RPREF	UC	UCSMAN
RR	RENDER	UN	UNITS
RW	RENDERWIN	UNCREASE	MESHUNCREASE
S	STRETCH	UNHIDE	UNISOLATEOBJECTS
S	STRETCH	UNI	UNION
SC	SCALE	UNISOLATE	UNISOLATEOBJECTS
SCR	SCRIPT	V	VIEW
SE	DSETTINGS	VGO	VIEWGO
SEC	SECTION	VPLAY	VIEWPLAY
SET	SETVAR	VP	DDVPOINT
SHA	SHADEMODE	VS	VSCURRENT
SL	SLICE	VSM	VISUALSTYLES
SMOOTH	MESHSMOOTH	W	WBLOCK
SN	SNAP	WE	WEDGE
SO	SOLID	X	EXPLODE
SP	SPELL	XA	XATTACH
SPL	SPLINE	XB	XBIND
SPLANE	SECTIONPLANE	XC	XCLIP
SPLAY	SEQUENCEPLAY	XL	XLINE
SPLIT	MESHSPLIT	XR	XREF
SPE	SPLINEDIT	Z	ZOOM
SSM	SHEETSET	ZEBRA	ANALYSISZEBRA

附录 B AutoCAD 2014 快捷键

快　捷　键	功　能	快　捷　键	功　能
Ctrl+A	选择全部对象	Ctrl+Z	撤销上一个操作
Ctrl+B	切换捕捉	Ctrl+[	取消当前命令
Ctrl+C	将对象复制到剪贴板	Ctrl+\	取消当前命令
Ctrl+D	切换动态 UCS	Ctrl+0	切换清理屏幕
Ctrl+E	在等轴测平面之间循环	Ctrl+1	打开/关闭特性面板
Ctrl+F	切换执行对象捕捉	Ctrl+2	打开/关闭设计中心
Ctrl+G	切换栅格	Ctrl+3	打开/关闭工具选项板
Ctrl+H	打开/关闭 PICKSTYLE	Ctrl+4	打开/关闭图纸集管理器
Ctrl+I	切换坐标显示	Ctrl+6	打开/关闭数据库连接管理器
Ctrl+J	重复上一个命令	Ctrl+7	打开/关闭标记集管理器
Ctrl+K	超链接	Ctrl+8	打开/关闭快速计算器
Ctrl+L	切换正交模式	Ctrl+9	打开/关闭命令窗口
Ctrl+M	重复上一个命令	F1	显示帮助
Ctrl+N	创建新图形	F2	打开/关闭文本窗口
Ctrl+O	打开现有图形	F3	切换自动对象捕捉
Ctrl+P	打印当前图形	F4	切换数字化仪模式
Ctrl+Q	退出当前图形	F5	切换等轴测平面
Ctrl+R	切换视口	F6	切换动态 UCS 模式
Ctrl+S	保存当前图形	F7	切换栅格模式
Ctrl+T	切换数字化仪模式	F8	切换正交模式
Ctrl+U	打开或关闭极轴追踪	F9	切换捕捉模式
Ctrl+V	粘贴剪贴板中的数据	F10	打开或关闭极轴追踪
Ctrl+W	切换捕捉模式	F11	打开或关闭对象捕捉追踪
Ctrl+X	将对象剪切到剪贴板	F12	打开或关闭动态输入
Ctrl+Y	重复上一个操作		